智能无人系统研究丛书（第一辑）

多智能体系统的分布式非光滑优化控制
——连续时间算法设计

DISTRIBUTED OPTIMIZATION AND CONTROL OF MULTI-AGENT SYSTEM
——DESIGN OF CONTINUOUS-TIME ALGORITHM

曾宪琳　洪奕光　方　浩◎著

北京理工大学出版社
BEIJING INSTITUTE OF TECHNOLOGY PRESS

内 容 简 介

本书从连续时间的角度介绍了典型分布式非光滑优化控制的基本模型、典型连续时间分布式优化控制算法设计和分析方法。书中介绍了非光滑分析、凸优化、图论的相关数学概念（包括微分包含、次梯度、最优性条件等），还介绍了针对分布式非光滑优化控制问题的两类典型方法——基于次梯度的方法（第 2 章、第 3 章、第 6 章）和基于算子分割的方法（第 4 章、第 5 章）。

本书既可作为自动化专业高年级本科生和研究生的教材，也可作为相关科研人员的参考书。

图书在版编目（CIP）数据

多智能体系统的分布式非光滑优化控制：连续时间算法设计 / 曾宪琳，洪奕光，方浩著. -- 北京：北京理工大学出版社，2023. 1

ISBN 978 - 7 - 5763 - 1987 - 3

Ⅰ. ①多… Ⅱ. ①曾… ②洪… ③方… Ⅲ. ①最优化算法 - 教材②最佳控制 - 教材 Ⅳ. ①O224 ②O232

中国国家版本馆 CIP 数据核字(2023)第 003576 号

出版发行 / 北京理工大学出版社有限责任公司
社　　址 / 北京市海淀区中关村南大街 5 号
邮　　编 / 100081
电　　话 / (010) 68914775（总编室）
　　　　　(010) 82562903（教材售后服务热线）
　　　　　(010) 68944723（其他图书服务热线）
网　　址 / http://www. bitpress. com. cn
经　　销 / 全国各地新华书店
印　　刷 / 廊坊市印艺阁数字科技有限公司
开　　本 / 710 毫米 × 1000 毫米　1/16
印　　张 / 10
彩　　插 / 8
字　　数 / 175 千字
版　　次 / 2023 年 1 月第 1 版　2023 年 1 月第 1 次印刷
定　　价 / 62. 00 元

责任编辑 / 曾　仙
文案编辑 / 曾　仙
责任校对 / 周瑞红
责任印制 / 李志强

前　　言

多智能体系统是由具备一定的传感、计算、执行和通信能力的智能体组成的互相关联的系统。多智能体系统自20世纪70年代出现以来发展迅速，在自动控制、计算机、人工智能领域得到了高度重视。分布式优化控制是指智能体通过与邻居交互和局部行为实现控制和优化，可完成单体无法完成的复杂任务，拓展智能体处理任务的维度和能力。多智能体系统的协同控制与决策任务中存在不可微指标和约束、不连续模型和控制，其面临的挑战是模型和方法中的不可微、不连续等非光滑性特征。多智能体系统分布式非光滑控制与优化研究不仅是一个重要的、富有挑战性的学术前沿，还为当今智能无人搜索救援队、智能无人部队等的构建提供理论技术支持，具有重要的现实意义，符合国家发展重大战略需求。

本书针对多智能体系统的分布式非光滑优化控制问题，详细介绍了几种典型的分布式连续时间优化控制算法的设计与分析方法。首先，介绍了典型的分布式非光滑优化模型；其次，介绍了基于次梯度的分布式连续时间算法设计和分析方法，该方法所得到的算法是非光滑的；再次，介绍了基于算子分割法的分布式连续时间算法设计和分析方法，这类方法得到的算法是连续变化的；最后，介绍了基于混杂控制的分布式连续时间算法设计和分析方法，该方法具有更好的动态性能。

本书的阅读对象是自动化专业的本科生或研究生，可以作为多智能体系统的分布式控制与决策研究和教学的参考书。其中的每一章均可独立阅读，因此讲授或阅读本书时可以根据具体情况进行选择，而不拘泥于各章的顺序安排。

本书由曾宪琳、洪奕光、方浩撰写，我们在多智能体系统分布式控制与优化方面已进行了长期的合作研究，书中的内容基于我们及合作者（陈杰院士、谢立华教授、孙健教授、辛斌教授、衣鹏教授、王晴博士等）发表的学术论文。本书相关内容的研究得到了国家自然科学基金面上项目（62073035）和重点项目（62133002）的支持，本书的出版得到了北京理工大学“十四五”（2022 年）规划教材的资助，在此表示衷心感谢。此外，还要感谢研究生姜霞、侯洁、邢介邦、成子君、王凯在本书的初稿整理过程中所做的贡献。最后，感谢北京理工大学出版社的曾仙编辑对本书所做的细致工作。

限于笔者的知识水平，书中难免有不妥之处，恳请广大读者不吝批评和指正。

曾宪琳

2022 年 12 月

目 录

第 1 章
绪　　论

1.1 引　　言

多智能体系统通常是指由一组具备感知（perception）、通信（communication）、计算（computation）、自主（autonomy）能力的个体所组成的系统，其中的个体通常被称作智能体，智能体间通过通信网络连接，通过局部的控制实现全局的目标和任务．随着无人系统、人工智能、通信技术的不断发展，多智能体系统的研究受到国内外学术界和工业界的高度重视，其中一个重要的学术前沿是多智能体系统的协同控制与优化决策，国务院印发的《新一代人工智能发展规划》也将自主协同控制与优化决策理论作为亟待突破的八个基础理论瓶颈之一．多智能体系统适用于个体数量多、数据量大、个体间信息分散的复杂任务，多智能体系统的协同作业在智能交通控制、多智能机器人协同、多装备协同生产制造、多传感器预测监控等领域都有重要的应用．

多智能体系统所执行的很多任务中蕴含着任务性能指标复杂、信息数据分布化、个体模型多样等现象，可以抽象成分布式优化问题，包括最优一致性（optimal consensus）问题[1-3]、覆盖（coverage）问题、资源分配（resource allocation）问题[1,4-6]等．在多智能体系统的分布式优化问题中，每个智能体仅能获取部分信息且仅能与邻居通信，算法的设计需要满足问题的信息分布约束，如某些信息（系统参数等重要隐私信息）不能进行通信．分布式优化具有鲁棒性高、扩展性高、安全性高等优势，近年来得到越来越多专家学者的关注[1,3,5-19]，相关的分布式优化方法的设计与分析研究已经成为多智能体系统分布式控制与决策领域的一个重要前沿方向．多无人机最优搜索区域分配、多无人车协同运动的最优编队、多航天器位置姿态能量最优控制等现实需求都对多智能体系统的分布式优化研究提出了迫切需求．针对多智能体系统任务，建立有效的协同机制和分布式优化控制算法设计方法，对提升多智能体的整体效能、完成任务至关重要．

然而，实际任务中的很多典型系统的模型、任务指标、控制方法都是非光滑的（如强风、摩擦等强扰动下的控制系统模型常常是非光滑的），多智能体学习任务中的指标/约束可能是不可求导的（如代表稀疏性的一范数），利用非光滑/混杂的控制方法可以获得比光滑控制方法更好的动态性能（如有限时间稳定）[2,12-13,20-21]．非光滑性作为一种强非线性，广泛存在于实际控制和优化决策问题中，多智能体系统的分布式非光滑优化控制也面临着重要挑战．

离散时间算法是数值计算和优化的主流方法：一方面，现在的数据处理主要依赖数字处理器和数字芯片；另一方面，数据的存储格式通常是基于二进制的离散数据．近年来，连续时间的分布式优化算法研究受到很多关注[6,12,15-16]，尤其是在控制领域中，多智能体的分布式连续时间优化控制算法的设计与分析逐渐成为一个重要的研究热点．

首先，连续时间的分布式优化控制算法直接作为求解器．在多智能体系统的分布式优化领域，很多任务是由实际系统完成的（如多运动体的最优编队、多机器臂的最优位置姿态控制等），因此需要设计连续时间的分布式优化控制算法；同时，相比于数字电路的高功耗、高成本，利用模拟电路可以实现低功耗、低成本的连续时间求解器．

其次，连续时间的分布式优化控制算法可以作为离散时间算法的原型．离散时间算法的分析中需要同时兼顾算法的形式和步长，因此往往分析的复杂度高．连续时间算法可以看成是离散时间算法在步长趋于0时的极限，在某些条件下离散时间算法和与之对应的连续时间算法具有相似的收敛性．由于连续时间算法的设计和分析无须考虑步长，更易于解释和进行理论分析，因此可以作为原型算法来指导离散时间算法的设计．

1.2 多智能体系统的分布式非光滑优化问题概述

在多智能体系统的分布式优化问题中，每个智能体仅知道自己的局部目标函数和约束信息，且这些信息由于隐私、安全等原因无法通信，导致分布式优化算法的设计和分析变得复杂. 在由 m 个智能体构成的网络系统中，智能体之间通过通信网络、分享局部优化决策变量来共同最小化（最大化）一个全局目标函数，这称为分布式优化问题. 其常见的数学模型可以表示为

$$\min_{x \in \mathcal{X}} \sum_{i=1}^{m} f_i(x_i) \tag{1.1}$$

式中，x_i 是第 i 个智能体的决策变量，其相关的局部目标函数是 $f_i(x_i)$，智能体通过网络 $\mathcal{G}$ 相连. 分布式优化的目标是设计算法使得智能体 i 在不通信目标函数 $f_i(\cdot)$ 的情况下共同找到优化问题的最优解.

1.2.1 分布式优化问题的要素

分布式优化问题的优化模型包含以下要素：变量、代价函数、约束、通信网络和智能体模型.

1）变量 x

在分布式优化中，不同个体之间由于隐私、安全或者带宽限制等原因，无法共享局部函数信息和约束信息，只通信局部优化变量；对于带约束的问题，根据算法设计的需要，共享对偶变量和辅助变量. 因此，分布式算法可以有效地保护局部信息的隐私.

2）代价函数 f_i

对于不同的应用场景，分布式优化会有不同类型的代价函数. 不同的代价函数有其特定的性质，影响分布式优化算法的收敛性能和适用范围. 按照函数是否光滑，可将其分为光滑函数、非光滑函数. 按照函数的凹凸性，可将其分为凸函数、严格凸函数、强凸函数和非凸函数. 按照函数信息是否随时间实时变化，可将其分为时变函数和时不变函数. 一个分布式优化问题的代价函数可以由不同类型的函数构成，比如在经典线性回归问题中，目标函数由光滑凸函数和非光滑 L_1 正则函数构成.

3）约束 $x \in \mathcal{X}$

实践应用中的分布式优化问题，往往存在一些现实的约束. 按照约束的类型，可将其分为集合约束、等式约束和不等式约束. 根据不同的实际应用，集合约束既可以是全局的集合约束，也可以是多个局部集合约束的交集；等式约束可以是线性的或非线性的；不等式约束可以是凸的，也可以是非凸的.

4）通信网络$\mathcal{G}$

分布式优化基于传输网络进行个体间信息的交互. 根据实践中网络拓扑结构是否时变，可将其分为固定拓扑和动态拓扑. 根据信息传递是否具有方向性，可将其分为无向图和有向图. 根据网络拓扑的连接结构，可将其分为平衡图和非平衡图. 在实际应用中，网络通信往往会出现拥堵，造成通信延迟，因此很多工作研究存在时间延迟的通信网络下的分布式优化.

5）智能体模型

在很多问题中，执行优化智能体可能存在具体的动力学模型. 按照模型的类型，可将其分为一阶动力学模型、二阶动力学模型、欧拉－拉格朗日系统模型、高阶模型等. 根据是否可以容忍非光滑的反馈信号，可将其表示为微分方程和微分包含两类. 根据状态是否存在脉冲变化，可将其分为连续时间模型和混杂模型. 实际应用中，分布式算法的设计需要与智能体的模型匹配.

1.2.2 典型分布式优化模型

分布式优化问题有多种模型，其中最常见的两类模型是具有一致性约束的优化模型、具有资源分配约束的优化模型，很多其他模型可以看作这两类模型的组合和变化，因此大部分研究都聚焦于这两类模型展开.

1.2.2.1 具有一致性约束的优化模型

在分布式优化中，研究得最为广泛的一类模型是具有一致性约束的模型，即约束集合$\mathcal{X}$中包含 $x_i = x_j$，$\forall i,j \in \{1,2,\cdots,n\}$. 这类问题中要求所有智能体的决策变量达到一致，其模型在机器学习、最优编队控制、多传感器定位中得到广泛应用.

以机器学习为例，很多实际问题的数据规模庞大，无法全部在一个服务器上进行存储和计算；另外，不同数据来源于不同的群体，由于隐私和安全等原因而不存储在同一个服务器上. 因此，数据需要分布在不同的服务器上，多个服务器在不通信数据（式（1.1）中的$f_i(\cdot)$）的情况下来协同优化一个神经网络的（相对数据量小的）参数x_i，服务器之间通过通信参数x_i使得它们所求解的参数达到一致，保证所求得的参数x_i与直接用所有数据优化出来的参数一致.

1.2.2.2 具有资源分配约束的优化模型

在分布式优化中，另一类被广泛研究的模型是具有资源分配约束的优化模型，即约束集合$\mathcal{X}$中包含$\sum_{i=1}^{n} M_i x_i \leqslant d$. 在这类问题中，所有智能体的决策变量间需要满足一个耦合关系，其模型广泛存在于智能电网、资源分配、交通流控制中.

以智能电网的能源调度为例，智能电网由大量基于太阳能、风能、核能的发电机构组成，每个发电机构产生能源量x_i的成本是$f_i(x_i)$，用户所需的能源总量为d，即能源生产方案需要满足$\sum_{i=1}^{n} x_i = d$. 针对这类问题，集中式方法存在诸多缺点，如通信成本高、计算中心计算负荷极大、计算资源分配不合理、传输过程中信息不安全、没有考虑隐私等. 因此，需要设计分布式的方法，使得多个发电机构通过分布式的网络通信共同确定最佳的能源生产方案.

1.3 分布式非光滑优化的连续时间算法概述

面向分布式优化问题已有丰富的研究成果，本书主要面向分布式非光滑优化问题，重点介绍基于原始-对偶框架的分布式连续时间算法. 现有的求解分布式非光滑优化问题的算法主要有两类：一类是次梯度法，该方法利用非光滑分析对算法收敛性进行证明；另一类是分割法，该方法采用基于近端分割的分布式光滑算法来解决分布式非光滑优化问题.

1.3.1 次梯度法

次梯度法是传统梯度下降法在非光滑优化问题中的直接推广，是求解非光滑优化问题的一类经典算法. 针对代价函数可导的、具有一致性约束的分布式优化问题，文献［9］利用比例－积分控制策略提出了一类连续时间的分布式优化算法，之后的大部分基于次梯度的分布式优化算法都是基于文献［9］的思路开展的. 文献［15］针对代价函数非光滑的情况提出了基于次梯度的连续时间分布式优化算法，与文献［9］不同，文献［15］的另一部分工作还考虑了有向通信拓扑情况，降低了文献［9］中通信需要双向的要求，但是有向通信拓扑情况对代价函数的要求更高（需要强凸）.

近些年，连续系统的分布式次梯度算法被大量提出. 文献［1］针对分布式约束非光滑优化问题，设计了一种分布式连续时间投影算法. 文献［9］提出了一种新的求解分布式优化问题的计算模型，并设计了离散时间和连续时间算法. 文献［11］~［13］、［22］提出了多种（带集合投影的）微分包含形式的投影原始－对偶算法来求解带有约束的分布式非光滑优化问题. 文献［14］提出了一种不依赖于惩罚参数先验知识的集值鞍点动力学方法来解决非光滑优化问题. 考虑到在集合约束的情况下，直接使用带投影的微分包含分布式算法可能会使得微分包含非凸，从而导致算法解的存在性难以保证，文献［10］提出了一种新的避免直接投影次梯度的分布式算法. 针对扩展单变量优化问题，文献［16］提出了利用次梯度信息的原始对偶分布式非光滑优化算法，并给出了算法的收敛速度. 文献［19］进一步给出了一种具有指数收敛速度的投影微分包含分布式优化算法，解决了有投影的算法指数收敛速度难以保证的问题.

虽然次梯度法可以有效地解决非光滑优化问题，但是非光滑代价函数的次梯度是不连续的，利用次梯度法求解分布式非光滑优化问题可能导致系统剧烈振动，这对于多智能体动力系统来说是不可接受的. 此外，非光滑算法的收敛性也很难证明.

1.3.2 分割法

分割法是采用近端方法[23]来解决分布式非光滑优化问题的一类光滑算法[2-3,20-21]. 基于分割法的多智能体系统分布式光滑优化控制非常适用于求解大数据、高维度等大规模问题，因此近端算法成为当前的研究热点. 文献［20］、［21］提出了几种近端梯度算法来求解具有局部非光滑代价函数的分布式优化问题. 文献［2］、［3］针对分布式非光滑凸优化问题设计了近端梯度交替方向乘子法. 文献［24］设计了一个近端增广拉格朗日函数，实现了用乘子法和连续时间原始－对偶动力学法求解非光滑优化问题.

文献［17］提出了一种多近端算子的分布式优化算法，可以求解代价函数中包含多个非光滑部分的情况，但其前提是假设非光滑部分的近端算子具有较低的计算复杂度. 文献［18］将近端算子推广到具有二阶动力学的系统上，并证明了分布式优化算法的有效性.

理论上，分割法和次梯度方法具有相似的收敛速度，但分割法的实际求解问题速度通常更快，而且能避免算法的非光滑性，因此受到很多学者的关注. 分割法的不足是其基于一个假设，即非光滑函数的近端算子求解很容易，这导致它的应用范围不如次梯度方法广.

1.4 本书的内容和结构

本书的第 2 章考虑带有一致性约束的分布式非光滑优化控制问题，给出了基于投影微分包含和基于精确罚函数的分布式非光滑一致性优化控制方法. 第 3 章考虑分布式非光滑资源分配控制问题，给出了两种基于分布连续时间次梯度的算法. 第 4 章考虑两类分布式非光滑优化控制问题，与第 2 章所考虑的问题不同，其代价函数可以表示成一个可导代价函数和一个非光滑函数之和，并基于分割法给出了两种具有一阶动力学的分布式优化控制算法. 第 5 章考虑与第 4 章相同的分布式非光滑优化控制问题，给出了具有二阶动力学的分布式优化控制算法. 第 6 章考虑带有一致性约束的分布式非光滑优化控制问题和分布式非光滑资源分配控制问题，给出了具有混杂动力学模型的分布式非光滑优化控制算法.

参考文献

［1］QIU Z, LIU S, XIE L. Distributed constrained optimal consensus of multi-agent systems［J］. Automatica, 2016, 68: 209-215.

［2］HONG M, CHANG T H. Stochastic proximal gradient consensus over random network［J］. IEEE Transactions on Signal Processing, 2017, 65(11): 2933-948.

[3] AYBAT N S, WANG Z, LIN T, et al. Distributed linearized alternating direction method of multipliers for composite convex consensus optimization [J]. IEEE Transactions on Automatic Control, 2018, 63 (1): 5 -20.

[4] DENG Z, LIANG S, YU W. Distributed optimal resource allocation of second - order multiagent systems [J]. International Journal of Robust and Nonlinear Control, 2018, 28 (14): 4246 -4260.

[5] YI P, HONG Y G, LIU F. Initialization - free distributed algorithms for optimal resource allocation with feasibility constraints and application to economic dispatch of power systems [J]. Automatica, 2016, 74: 259 -269.

[6] ZHU Y, REN W, YU W, et al. Distributed resource allocation over directed graphs via continuous - stime algorithms [J]. IEEE Transactions on Systems, Man, and Cybernetics: Systems, 2019, 51 (2): 1 -10.

[7] BOYD S, PARIKH N, CHU E, et al. Distributed optimization and statistical learning via the alternating direction method of multipliers [J]. Foundations and Trends in Machine Learning, 2011, 3 (1): 1 -122.

[8] NEDIC A, QZDAGLAR A. Distributed subgradient methods for multiagent optimization [J]. IEEE Transactions on Automatic Control, 2009, 54 (1): 48 -61.

[9] WANG J, ELIA N. Control approach to distributed optimization [C] // Proceedings of the 48th Annual Allerton Conference on Communication, Control, and Computing, Monticello, 2011: 557 -561.

[10] YANG S, LIU Q, WANG J. A multi - agent system with a proportional integral protocol for distributed constrained optimization [J]. IEEE Transactions on Automatic Control, 2017, 62 (7): 3461 -3467.

[11] LIU Q, WANG J. A second - order multi - agent network for bound constrained distributed optimization [J]. IEEE Transactions on Automatic Control, 2015, 60 (12): 3310 -3315.

[12] ZENG X L, YI P, HONG Y G. Distributed continuous - time algorithm for constrained convex optimizations via nonsmooth analysis approach [J]. IEEE Transactions on Automatic Control, 2017, 62 (10): 5227 -5233.

[13] LIANG S, ZENG X L, HONG Y G. Distributed nonsmooth optimization with coupled inequality constraints via modied Lagrangian function [J]. IEEE Transactions on Automatic Control, 2018, 63 (6): 1753 -1759.

[14] CORTES J, NIEDERLANDER S K. Distributed coordination for nonsmooth convex optimization via saddle point dynamics [J]. Journal of Nonlinear Science, 2019, 29: 1247 - 1272.
[15] GHARESIFARD B, CORTES J. Distributed continuous - time convex optimization on weight - balanced digraphs [J]. IEEE Transactions on Automatic Control, 2014, 59 (3): 781 - 786.
[16] ZENG X L, YI P, HONG Y G, et al. Distributed continuous - time algorithms for nonsmooth extended monotropic optimization problems [J]. SIAM Journal on Control and Optimization, 2018, 56 (6): 3973 - 3993.
[17] WEI Y, FANG H, ZENG X L, et al. A smooth double proximal primal - dual algorithm for a class of distributed nonsmooth optimization problem [J]. IEEE Transactions on Automatic Control, 2020, 65 (4): 1800 - 1806.
[18] WANG Q, CHEN J, ZENG X L, et al. Distributed proximal - gradient algorithms for nonsmooth convex optimization of second - order multiagent systems [J]. International Journal of Robust and Nonlinear Control, 2020, 30 (17): 7574 - 7592.
[19] LI W, ZENG X L, LIANG S, et al. Exponentially convergent algorithm design for constrained distributed optimization via nonsmooth approach [J]. IEEE Transactions on Automatic Control, 2022, 67 (2): 934 - 940.
[20] SHI W, LING Q, WU G, et al. A proximal gradient algorithm for decentralized composite optimization [J]. IEEE Transactions on Signal Processing, 2015, 63 (22): 6013 - 6023.
[21] LI Z, SHI W, YAN M. A decentralized proximal - gradient method with network independent step - sizes and separated convergence rates [J]. IEEE Transactions on Signal Processing, 2019, 67 (17): 4494 - 4506.
[22] MATEOS - NUNEZ D, CORTES J. Distributed saddle - point subgradient algorithms with Laplacian averaging [J]. IEEE Transactions on Automatic Control, 2017, 62 (6): 2720 - 2735.
[23] PARIKH N, BOYD S. Proximal algorithms [J]. Foundations and Trends in Optimization, 2014, 1 (3): 123 - 231.
[24] DHINGRA N K, KHONG S Z, JOVANVIC M R. The proximal augmented Lagrangian method for nonsmooth composite optimization [J]. IEEE Transactions on Automatic Control, 2018, 64 (7): 2861 - 2868.

第2章

一致性约束下的多智能体系统分布式非光滑优化控制

2.1 引　言

多智能体系统的分布式优化领域中，最重要的问题之一是具有一致性约束的分布式非光滑优化问题. 在该问题中，代价函数是多个局部非光滑凸代价函数的和，其可行解被约束在多个闭凸集的交集内，每个智能体仅知道自己对应的代价函数和约束集合，且不同智能体的变量应相同，即满足一致性约束. 该问题旨在通过多智能体系统执行的分布式算法，利用局部信息和邻居通信变量来求解优化问题的一个解. 该问题在多运动体的最优编队、通信网络资源分配、电网调度、社交网络等多智能体系统的控制和决策问题上有广泛的应用场景.

本章首先介绍具有一致性约束的分布式非光滑优化问题；然后介绍一种基于投影算子的分布式非光滑一致性优化控制；最后介绍基于精确罚函数的分布式非光滑一致性优化控制，并证明算法的收敛性.

2.2 具有一致性约束的分布式非光滑优化问题

2.2.1 相关数学概念

本章用$\mathbb{R}$表示实数集，$\mathbb{R}^n$表示所有 n 维实向量集合，$\mathbb{R}^{n\times m}$表示所有

$n\times m$维实矩阵集合，$\mathfrak{B}(\mathbb{R}^q)$表示$\mathbb{R}^q$的所有子集，$\boldsymbol{I}_n$ 表示 $n\times n$ 维单位矩阵，$(\cdot)^{\mathrm{T}}$ 表示矩阵的转置. 给定凸集 $\Omega\subset\mathbb{R}^n$，$\Omega$ 的内部记为 $\mathrm{int}(\Omega)$，Ω 的边界记为 $\mathrm{bd}(\Omega)$，Ω 在点 $\boldsymbol{x}\in\Omega$ 的法锥记为

$$\mathcal{N}_\Omega(\boldsymbol{x})=\{\boldsymbol{z}\in\mathbb{R}^n\mid\forall\boldsymbol{y}\in\Omega,\boldsymbol{z}^{\mathrm{T}}(\boldsymbol{y}-\boldsymbol{x})<0\},$$

Ω 在点 $\boldsymbol{x}\in\Omega$ 的切锥表示为

$$\mathcal{T}_\Omega(\boldsymbol{x})=\{\boldsymbol{y}\in\mathbb{R}^n\mid\lim_{k\to\infty}c_k(\boldsymbol{x}^k-\boldsymbol{x})=\boldsymbol{y},\lim_{k\to\infty}\boldsymbol{x}^k=\boldsymbol{x},\boldsymbol{x}^k\in\Omega,c_k\geqslant0,k=1,2,\cdots\}.$$

符号$\|\cdot\|$表示欧几里得范数（$\|\boldsymbol{x}\|=\sqrt{\boldsymbol{x}^{\mathrm{T}}\boldsymbol{x}}$），集合 $\boldsymbol{B}(\boldsymbol{x};r)=\{\boldsymbol{y}\mid\|\boldsymbol{y}-\boldsymbol{x}\|<r\}$ 是以 $\boldsymbol{x}$ 为中心、$r>0$ 为半径的 n 维开球. 用 $\mathrm{dist}(\boldsymbol{p},\mathcal{M})$ 表示一个点 $\boldsymbol{x}$ 到集合$\mathcal{M}$的距离（即 $\mathrm{dist}(\boldsymbol{p},\mathcal{M})\triangleq\inf_{\boldsymbol{x}\in\mathcal{M}}\|\boldsymbol{p}-\boldsymbol{x}\|$），如果 $t\to\infty$ 时的$\boldsymbol{x}(t)\to\mathcal{M}$，则称 $\boldsymbol{x}(t)$ 趋近于$\mathcal{M}$(即：对于任意的 $\epsilon>0$ 都存在一个有限的时间 $T>0$，使得对于所有的 $t>T$，都有 $\mathrm{dist}(\boldsymbol{x}(t),\mathcal{M})<\epsilon$). 给定连续凸函数 f: $\mathbb{R}^q\to\mathbb{R}$，$\partial f(\boldsymbol{x})$ 表示 f 在点 $\boldsymbol{x}\in\mathbb{R}^q$的次微分. 如果对于所有的 $\boldsymbol{x},\boldsymbol{y}\in\mathbb{R}^n$，有 $|f(\boldsymbol{x})-f(\boldsymbol{y})|\leqslant M\|\boldsymbol{x}-\boldsymbol{y}\|$，则称函数 f 在$\mathbb{R}^n$上是 M – Lipschitz 连续的. 给定矩阵 $\boldsymbol{A}$，$\mathrm{rank}(\boldsymbol{A})$ 表示矩阵的秩，$\mathrm{range}(\boldsymbol{A})$ 表示 $\boldsymbol{A}$ 的值域，$\ker(\boldsymbol{A})$ 表示 $\boldsymbol{A}$ 的零域，$\lambda_{\max}(\boldsymbol{A})$ 表示 $\boldsymbol{A}$ 的最大特征值，$\boldsymbol{1}_n$ 表示 $n\times1$ 的全一向量，$\boldsymbol{0}_n$ 表示 $n\times1$ 的全零向量. $\boldsymbol{A}\otimes\boldsymbol{B}$ 表示矩阵 $\boldsymbol{A}$ 与 $\boldsymbol{B}$ 的克罗内克（Kronecker）积，$\times$表示笛卡儿积，$\boldsymbol{A}>0$ 表示 $\boldsymbol{A}$ 正定，$\boldsymbol{A}\geqslant0$ 表示 $\boldsymbol{A}$ 半正定. 假设 $K\subset\mathbb{R}^n$是一个闭凸集，定义投影算子 $P_K(\cdot)$ 为 $P_K(\boldsymbol{u})=\arg\min\limits_{\boldsymbol{v}\in K}\|\boldsymbol{u}-\boldsymbol{v}\|$.

2.2.2　问题描述

考虑一个由 n 个智能体组成的网络系统拓扑$\mathcal{G}$，定义局部代价函数 f_i: $\mathbb{R}^q\to\mathbb{R}$以及局部约束条件集 $\Omega_i\subset\mathbb{R}^q$，$i\in\{1,2,\cdots,n\}$，网络的全局代价函数是$f(\boldsymbol{x})=\sum\limits_{i=1}^{n}f_i(\boldsymbol{x})$，可行域是每个局部约束的交集，即 $\boldsymbol{x}\in\Omega_0\triangleq\bigcap\limits_{i=1}^{n}\Omega_i\subset\mathbb{R}^q$. 目标是利用分布式的算法来求解如下问题：

$$\min_{\boldsymbol{x}\in\Omega_0}f(\boldsymbol{x}),\quad f(\boldsymbol{x})=\sum_{i=1}^{n}f_i(\boldsymbol{x}),\quad \boldsymbol{x}\in\Omega_0\subset\mathbb{R}^q,\tag{2.1}$$

其中，每个智能体 $i\in\{1,2,\cdots,n\}$ 只知道自己的局部代价函数、局部约束，并且通过固定拓扑与邻居节点进行局部的信息交流.

为了确保式（2.1）的适定性，做以下假设：

假设2.1

(1) 网络系统拓扑$\mathcal{G}$是连通且无向的，即其拉普拉斯（Laplacian）矩阵$\boldsymbol{L}_n$满足$\boldsymbol{L}_n=\boldsymbol{L}_n^{\mathrm{T}}$且$\operatorname{rank}(\boldsymbol{L}_n)=n-1$.

(2) 对于所有的智能体$i\in\{1,2,\cdots,n\}$，代价函数$f_i(\cdot)$在包含Ω_i的开集上是利普希茨（Lipschitz）连续的凸函数，而$\Omega_i\subset\mathbb{R}^q$是闭凸集，且$\bigcap_{i=1}^{n}\operatorname{int}(\Omega_i)\neq\varnothing$.

(3) 式（2.1）至少存在一个最优解.

2.3 基于投影算子的分布式非光滑一致性优化控制

2.3.1 算法设计

针对式（2.1），令$\boldsymbol{x}_i(t)\in\Omega_i\subset\mathbb{R}^q$是智能体$i$在$t\geqslant 0$时刻对最优解的估计值，给出如下投影算子的分布式非光滑一致性优化控制算法：

$$\dot{\boldsymbol{x}}_i(t)=P_{\mathcal{T}_{\Omega_i}(\boldsymbol{x}_i(t))}\left[-\boldsymbol{g}_i(\boldsymbol{x}_i(t))-\alpha\sum_{j=1}^{n}a_{i,j}(\boldsymbol{x}_i(t)-\boldsymbol{x}_j(t))-\alpha\sum_{j=1}^{n}a_{i,j}(\boldsymbol{\lambda}_i(t)-\boldsymbol{\lambda}_j(t))\right],\boldsymbol{g}_i(\boldsymbol{x}_i(t))\in\partial f_i(\boldsymbol{x}_i(t)),\tag{2.2a}$$

$$\dot{\boldsymbol{\lambda}}_i(t)=\alpha\sum_{j=1}^{n}a_{i,j}(\boldsymbol{x}_i(t)-\boldsymbol{x}_j(t)),\tag{2.2b}$$

式中，$t\geqslant 0;i\in\{1,2,\cdots,n\};\boldsymbol{x}_i(0)=\boldsymbol{x}_{i0}\in\Omega_i\subset\mathbb{R}^q;\boldsymbol{\lambda}_i(0)=\boldsymbol{\lambda}_{i0}\in\mathbb{R}^q;\alpha>0;a_{i,j}$是图$\mathcal{G}$的邻接矩阵的第$(i,j)$个元素. $\mathcal{T}_{\Omega}(\hat{\boldsymbol{x}}^*)$是$\Omega\triangleq\prod_{i=1}^{n}\Omega_i$在$\hat{\boldsymbol{x}}^*\in\Omega$的切锥；$P_{\mathcal{T}_{\Omega}(\hat{\boldsymbol{x}}^*)}(\cdot)$是向切锥$\mathcal{T}_{\Omega}(\hat{\boldsymbol{x}}^*)$的投影算子.

注 式（2.2）由原始－对偶连续时间算法推广而来，该算法在文献［1］中首次提出，文献[2]～[5]对其进行推广. 如果状态约束放宽到$\Omega_i=\mathbb{R}^q$，$i\in\{1,2,\cdots,n\}$，那么式（2.2）与文献［2］中第四部分提出的算法一致. 式（2.2)还结合了投影算法来处理约束项，在文献［6］和文献［5］中也使用了该方法. 但是，文献［6］的算法只适用于齐次约束，文献［5］的算法可能产生无界的状态，在实际使用时无法实现，本书提出的式（2.2）能够处理具有局部约束的问题且能够保证状态的有界性.

2.3.2 收敛性分析

定义函数 $\hat{f}(\hat{\boldsymbol{x}})=\sum_{i=1}^{n}f_i(\boldsymbol{x}_i)$；定义矩阵 $\boldsymbol{L}\triangleq\boldsymbol{L}_n\otimes\boldsymbol{I}_q\in\mathbb{R}^{nq\times nq}$，其中 $\boldsymbol{L}_n\in\mathbb{R}^{n\times n}$是图$\mathcal{G}$的 Laplacian 矩阵；将每个智能体的最优值的估计值记为：$\hat{\boldsymbol{x}}\triangleq[\boldsymbol{x}_1^{\mathrm{T}},\boldsymbol{x}_2^{\mathrm{T}},\cdots,\boldsymbol{x}_n^{\mathrm{T}}]^{\mathrm{T}}\in\Omega\subset\mathbb{R}^{nq}$，其中$\Omega\triangleq\prod_{i=1}^{n}\Omega_i$ 是 $\Omega_i(i\in\{1,2,\cdots,n\})$的笛卡儿积. 然后，直接分析最优性条件，得到引理 2.1.

引理 2.1

在满足假设 2.1 且 $\alpha>0$ 的条件下，$\boldsymbol{x}^*\in\Omega_0\subset\mathbb{R}^q$是优化目标（2.1）的最优解的充要条件是：存在 $\hat{\boldsymbol{x}}^*=\boldsymbol{1}_n\otimes\boldsymbol{x}^*\in\Omega\subset\mathbb{R}^{nq}$和 $\boldsymbol{\lambda}^*\in\mathbb{R}^{nq}$满足

$$\boldsymbol{0}_{nq}\in\{P_{\mathcal{T}_{\Omega}(\hat{\boldsymbol{x}}^*)}(-\boldsymbol{g}(\hat{\boldsymbol{x}}^*)-\alpha\boldsymbol{L}\boldsymbol{\lambda}^*):\boldsymbol{g}(\hat{\boldsymbol{x}}^*)\in\partial\hat{f}(\hat{\boldsymbol{x}}^*)\},\tag{2.3a}$$

$$\boldsymbol{L}\hat{\boldsymbol{x}}^*=\boldsymbol{0}_{nq}.\tag{2.3b}$$

证明　根据非光滑优化的最优性条件[7]，$\boldsymbol{x}^*$是式（2.1）的最优解的充要条件是：

$$\boldsymbol{0}_q\in\partial f(\boldsymbol{x}^*)+\mathcal{N}_{\Omega_0}(\boldsymbol{x}^*),\tag{2.4}$$

式中，$\mathcal{N}_{\Omega_0}(\boldsymbol{x}^*)$是 Ω_0 在 $\boldsymbol{x}^*\in\Omega_0=\bigcap_{i=1}^{n}\Omega_i$ 的法锥. 注意到$f_i(\cdot)$，$i=1,2,\cdots,n$ 是凸的，并且由假设 2.1 可知$\bigcap_{i=1}^{n}\mathrm{int}(\Omega_i)\neq\varnothing$. 根据文献［7］中的定理 2.85 和引理 2.40 可以得到$\partial f(\boldsymbol{x}^*)=\sum_{i=1}^{n}\partial f_i(\boldsymbol{x}^*)$且$\mathcal{N}_{\Omega_0}(\boldsymbol{x}^*)=\sum_{i=1}^{n}\mathcal{N}_{\Omega_i}(\boldsymbol{x}^*)$. 要想证明本引理，只需要证明式（2.4）成立等价于式（2.3）成立.

假设式（2.3）成立. 由于图$\mathcal{G}$是连通的，根据式（2.3b）可知必然存在 $\boldsymbol{x}^*\in\mathbb{R}^q$满足 $\hat{\boldsymbol{x}}^*=\boldsymbol{1}_n\otimes\boldsymbol{x}^*\in\mathbb{R}^{nq}$. 注意到 $\boldsymbol{0}_{nq}=P_{\mathcal{T}_{\Omega}(\hat{\boldsymbol{x}}^*)}(-\boldsymbol{g}(\hat{\boldsymbol{x}}^*)-\alpha\boldsymbol{L}\boldsymbol{\lambda}^*)$等价于 $-\boldsymbol{g}(\hat{\boldsymbol{x}}^*)-\alpha\boldsymbol{L}\boldsymbol{\lambda}^*\in\mathcal{N}_{\Omega}(\hat{\boldsymbol{x}}^*)$. 记 $a_{i,j}$是图$\mathcal{G}$的邻接矩阵的第(i,j)个元素，构建 $\boldsymbol{\lambda}^*=[(\boldsymbol{\lambda}_1^*)^{\mathrm{T}},(\boldsymbol{\lambda}_2^*)^{\mathrm{T}},\cdots,(\boldsymbol{\lambda}_n^*)^{\mathrm{T}}]^{\mathrm{T}}\in\mathbb{R}^{nq}$，其中 $\boldsymbol{\lambda}_i^*\in\mathbb{R}^q$，$i\in\{1,2,\cdots,n\}$. 那么式（2.3a)成立等价于存在 $\boldsymbol{g}_i(\boldsymbol{x}^*)\in\partial f_i(\boldsymbol{x}^*)$使得 $-\boldsymbol{g}_i(\boldsymbol{x}^*)-\alpha\sum_{j=1}^{n}a_{i,j}(\boldsymbol{\lambda}_i^*-$

$\boldsymbol{\lambda}_j^*) \in \mathcal{N}_{\Omega_i}(\boldsymbol{x}^*)$，$i=1,2,\cdots,n$. 根据假设2.1可知 $\boldsymbol{L}_n=\boldsymbol{L}_n^{\mathrm{T}}$，从而有

$$\sum_{i=1}^{n}\sum_{j=1}^{n} a_{i,j}(\boldsymbol{\lambda}_i^*-\boldsymbol{\lambda}_j^*)=\frac{1}{2}\sum_{i=1}^{n}\sum_{j=1}^{n}(a_{i,j}-a_{j,i})(\boldsymbol{\lambda}_i^*-\boldsymbol{\lambda}_j^*)=\mathbf{0}_q,$$

以及 $-\sum_{i=1}^{n}\boldsymbol{g}_i(\boldsymbol{x}^*)\in\sum_{i=1}^{n}\mathcal{N}_{\Omega_i}(\boldsymbol{x}^*)\in\mathcal{N}_{\Omega_0}(\boldsymbol{x}^*)$. 由于 $\sum_{i=1}^{n}\boldsymbol{g}_i(\boldsymbol{x}^*)\in\sum_{i=1}^{n}\partial f_i(\boldsymbol{x}^*)=\partial f(\boldsymbol{x}^*)$，可证得式（2.4）成立.

反向证明，假设式（2.4）成立. 令 $\hat{\boldsymbol{x}}^*=\mathbf{1}_n\otimes\boldsymbol{x}^*$，易知满足式（2.3b）. 由式（2.4）可知存在 $\boldsymbol{g}_i(\boldsymbol{x}^*)\in\partial f_i(\boldsymbol{x}^*)$，使得 $-\sum_{i=1}^{n}\boldsymbol{g}_i(\boldsymbol{x}^*)\in\sum_{i=1}^{n}\mathcal{N}_{\Omega_i}(\boldsymbol{x}^*)$成立. 选择合适的 $z_i(\boldsymbol{x}^*)\in\mathcal{N}_{\Omega_i}(\boldsymbol{x}^*),i=1,2,\cdots,n$，使之满足 $-\sum_{i=1}^{n}\boldsymbol{g}_i(\boldsymbol{x}^*)=\sum_{i=1}^{n}z_i(\boldsymbol{x}^*)$. 定义向量 $\boldsymbol{l}_i(\boldsymbol{x}^*)\triangleq z_i(\boldsymbol{x}^*)+\boldsymbol{g}_i(\boldsymbol{x}^*),i=1,2,\cdots,n$. 显然有 $\sum_{i=1}^{n}\boldsymbol{l}_i(\boldsymbol{x}^*)=\mathbf{0}_q$. 注意到由假设2.1可知 $\boldsymbol{L}$ 是对称的. 根据线性代数基本定理，$\mathbb{R}^{nq}$可以正交分解为集合 $\ker(\boldsymbol{L})$ 和 $\mathrm{range}(\boldsymbol{L})$. 定义 $\boldsymbol{l}(\boldsymbol{x}^*)\triangleq[\boldsymbol{l}_1(\boldsymbol{x}^*)^{\mathrm{T}},\boldsymbol{l}_2(\boldsymbol{x}^*)^{\mathrm{T}},\cdots,\boldsymbol{l}_n(\boldsymbol{x}^*)^{\mathrm{T}}]^{\mathrm{T}}\in\mathbb{R}^{nq}$. 对于所有的 $\hat{\boldsymbol{x}}=\mathbf{1}_n\otimes\boldsymbol{x}\in\ker(\boldsymbol{L})$，$\boldsymbol{l}(\boldsymbol{x}^*)^{\mathrm{T}}\hat{\boldsymbol{x}}=\sum_{i=1}^{n}\boldsymbol{l}_i(\boldsymbol{x}^*)^{\mathrm{T}}\boldsymbol{x}=0$，都有 $\boldsymbol{l}(\boldsymbol{x}^*)\in\mathrm{range}(\boldsymbol{L})$ 且存在 $\boldsymbol{\lambda}^*\in\mathbb{R}^{nq}$ 使得 $\boldsymbol{l}(\boldsymbol{x}^*)=-\alpha\boldsymbol{L}\boldsymbol{\lambda}^*$成立.

因此，存在 $\boldsymbol{\lambda}^*=[(\boldsymbol{\lambda}_1^*)^{\mathrm{T}},(\boldsymbol{\lambda}_2^*)^{\mathrm{T}},\cdots,(\boldsymbol{\lambda}_n^*)^{\mathrm{T}}]^{\mathrm{T}}\in\mathbb{R}^{nq}(\boldsymbol{\lambda}_i^*\in\mathbb{R}^q$，$i=1,2,\cdots,n)$，使得

$$\begin{aligned}-\boldsymbol{g}_i(\boldsymbol{x}^*)-\alpha\sum_{j=1}^{n}a_{i,j}(\boldsymbol{\lambda}_i^*-\boldsymbol{\lambda}_j^*)&=-\boldsymbol{g}_i(\boldsymbol{x}^*)+\boldsymbol{l}_i(\boldsymbol{x}^*)\\&=z_i(\boldsymbol{x}^*)\in\mathcal{N}_{\Omega_i}(\boldsymbol{x}^*),\end{aligned}$$

式中，$a_{i,j}$是图$\mathcal{G}$的邻接矩阵的第(i,j)个元素. 因此，存在 $\boldsymbol{g}(\hat{\boldsymbol{x}}^*)\in\partial\hat{f}(\hat{\boldsymbol{x}}^*)$和$\boldsymbol{\lambda}^*\in\mathbb{R}^{nq}$，使得 $-\boldsymbol{g}(\hat{\boldsymbol{x}}^*)-\alpha\boldsymbol{L}\boldsymbol{\lambda}^*\in\mathcal{N}_{\Omega}(\hat{\boldsymbol{x}}^*)$，等价于 $\mathbf{0}_{nq}=P_{\mathcal{T}_{\Omega}(\hat{\boldsymbol{x}}^*)}(-\boldsymbol{g}(\hat{\boldsymbol{x}}^*)-\alpha\boldsymbol{L}\boldsymbol{\lambda}^*)$. 式（2.3a）得证.

定义 $\hat{\boldsymbol{x}}\triangleq[\boldsymbol{x}_1^{\mathrm{T}},\boldsymbol{x}_2^{\mathrm{T}},\cdots,\boldsymbol{x}_n^{\mathrm{T}}]^{\mathrm{T}}\in\Omega\subset\mathbb{R}^{nq}$以及 $\boldsymbol{\lambda}\triangleq[\boldsymbol{\lambda}_1^{\mathrm{T}},\boldsymbol{\lambda}_2^{\mathrm{T}},\cdots,\boldsymbol{\lambda}_n^{\mathrm{T}}]^{\mathrm{T}}\in\mathbb{R}^{nq}$，其中 $\Omega\triangleq\prod_{i=1}^{n}\Omega_i$. 式（2.2）可以被改写成如下紧凑写法：

$$\begin{bmatrix}\dot{\hat{\boldsymbol{x}}}(t)\\ \dot{\boldsymbol{\lambda}}(t)\end{bmatrix}\in\mathcal{F}(\hat{\boldsymbol{x}}(t),\boldsymbol{\lambda}(t)),\quad \hat{\boldsymbol{x}}(0)=\hat{\boldsymbol{x}}_0\in\Omega,\quad \boldsymbol{\lambda}(0)=\boldsymbol{\lambda}_0\in\mathbb{R}^{nq},\tag{2.5}$$

式中，$\mathcal{F}(\hat{\boldsymbol{x}},\boldsymbol{\lambda}) \triangleq \left\{ \begin{bmatrix} P_{\mathcal{T}_{\Omega}(\hat{\boldsymbol{x}})}[-\alpha\boldsymbol{L}\hat{\boldsymbol{x}}-\alpha\boldsymbol{L}\boldsymbol{\lambda}-\boldsymbol{g}(\hat{\boldsymbol{x}})] \\ \alpha\boldsymbol{L}\hat{\boldsymbol{x}} \end{bmatrix} : \boldsymbol{g}(\hat{\boldsymbol{x}}) \in \partial\hat{f}(\hat{\boldsymbol{x}}) \right\}$，$\boldsymbol{L} = \boldsymbol{L}_n \otimes \boldsymbol{I}_q \in \mathbb{R}^{nq\times nq}$.

注　式 (2.5) 可以描述为 $\dot{\boldsymbol{x}}(t) \in P_{\mathcal{T}_K(\boldsymbol{x}(t))}[\mathcal{H}(\boldsymbol{x}(t))]$的形式，其中 $\boldsymbol{x}(0)=\boldsymbol{x}_0 \in K$，$K$ 是定义在$\mathbb{R}^q$上的凸集，并且$\mathcal{H}$是上半连续的(upper semicontinuous)映射，值域是非空的紧凸集. 根据投影微分包含的解存在性条件[8]，可知式 (2.5) 在$[0,\infty)$范围内存在解. 由于 $P_{\mathcal{T}_K(\boldsymbol{x}(t))}[\mathcal{H}(\boldsymbol{x}(t))] \subset \mathcal{T}_K(\boldsymbol{x}(t))$，因此$\boldsymbol{x}(t)$不会离开集合 K，即 K 是 $\dot{\boldsymbol{x}}(t) \in P_{\mathcal{T}_K(\boldsymbol{x}(t))}[\mathcal{H}(\boldsymbol{x}(t))]$的严格不变集.

除此之外，因为$\mathcal{H}(\boldsymbol{x}(t))$和$\mathcal{N}_k(\boldsymbol{x}(t))$是上半连续的，所以$\mathcal{H}(\boldsymbol{x}(t))-\mathcal{N}_k(\boldsymbol{x}(t))$也是上半连续的，且有 $P_{\mathcal{T}_K(\boldsymbol{x}(t))}[\mathcal{H}(\boldsymbol{x}(t))] \subset \mathcal{H}(\boldsymbol{x}(t))-\mathcal{N}_k(\boldsymbol{x}(t))$以及 $\boldsymbol{0}_q \in P_{\mathcal{T}_K(\boldsymbol{x}(t))}[\mathcal{H}(\boldsymbol{x}(t))]$等价于 $\boldsymbol{0}_q \in \mathcal{H}(\boldsymbol{x}(t))-\mathcal{N}_k(\boldsymbol{x}(t))$. 因此，引理 A. 6 可以应用于式 (2. 5)的收敛性分析.

根据假设 2. 1 可知 $\boldsymbol{L}_n$ 是对称的，因此 $\boldsymbol{L}_n$ 可以特征值分解为 $\boldsymbol{L}_n = \boldsymbol{Q}\boldsymbol{\Lambda}\boldsymbol{Q}^{\mathrm{T}}$，其中 $\boldsymbol{Q}$ 是正交阵，$\boldsymbol{\Lambda}$ 是对角阵，对角线元素是 $\boldsymbol{L}_n$ 的特征值. 定义一个对角阵 $\overline{\boldsymbol{\Lambda}} \in \mathbb{R}^{n\times n}$，有这样的特性：对任意的 $i\in\{1,2,\cdots,n\}$，如果 $\Lambda_{i,i}>0$，则 $\overline{\Lambda}_{i,i}=1/\overline{\Lambda}_{i,i}$；如果 $\Lambda_{i,i}=0$ 则 $\overline{\Lambda}_{i,i}=2k\alpha$. 当 $\alpha>0$ 且 $0<k<\dfrac{1}{\alpha\lambda_{\max}(\boldsymbol{L}_n)}$时，存在如下引理：

引理 2. 2

如果式 (2.5) 满足假设 2.1，且满足 $0<k<\dfrac{1}{\alpha\lambda_{\max}(\boldsymbol{L}_n)}$，则有：
$\boldsymbol{Q}_n = k\alpha^2\boldsymbol{Q}\left(\dfrac{1}{k\alpha}\overline{\boldsymbol{\Lambda}}-\boldsymbol{I}_n\right)\boldsymbol{Q}^{\mathrm{T}}>0$ 以及 $\alpha\boldsymbol{L}_n-k\alpha^2\boldsymbol{L}_n^2=\boldsymbol{L}_n\boldsymbol{Q}_n\boldsymbol{L}_n$.

证明　在 $0<k<\dfrac{1}{\alpha\lambda_{\max}(\boldsymbol{L}_n)}$的条件下，容易推出 $\boldsymbol{Q}_n>0$.

另一方面，因为 $\boldsymbol{L}_n=\boldsymbol{Q}\boldsymbol{\Lambda}\boldsymbol{Q}^{\mathrm{T}}$ 且从 $\overline{\boldsymbol{\Lambda}}$ 的定义有 $\boldsymbol{\Lambda}\overline{\boldsymbol{\Lambda}}\boldsymbol{\Lambda}=\boldsymbol{\Lambda}$，则

$$\begin{aligned}\boldsymbol{L}_n\boldsymbol{Q}_n\boldsymbol{L}_n &= k\alpha^2\boldsymbol{L}_n\boldsymbol{Q}\left(\frac{1}{k\alpha}\overline{\boldsymbol{\Lambda}}-\boldsymbol{I}_n\right)\boldsymbol{Q}^{\mathrm{T}}\boldsymbol{L}_n = k\alpha^2\boldsymbol{Q}\boldsymbol{\Lambda}\boldsymbol{Q}^{\mathrm{T}}\left[\boldsymbol{Q}\left(\frac{1}{k\alpha}\overline{\boldsymbol{\Lambda}}-\boldsymbol{I}_n\right)\boldsymbol{Q}^{\mathrm{T}}\right]\boldsymbol{Q}\boldsymbol{\Lambda}\boldsymbol{Q}^{\mathrm{T}} \\ &= \alpha\boldsymbol{Q}\boldsymbol{\Lambda}\overline{\boldsymbol{\Lambda}}\boldsymbol{\Lambda}\boldsymbol{Q}^{\mathrm{T}} - k\alpha^2(\boldsymbol{Q}\boldsymbol{\Lambda}\boldsymbol{Q}^{\mathrm{T}})^2 = \alpha\boldsymbol{Q}\boldsymbol{\Lambda}\boldsymbol{Q}^{\mathrm{T}} - k\alpha^2(\boldsymbol{Q}\boldsymbol{\Lambda}\boldsymbol{Q}^{\mathrm{T}})^2 \\ &= \alpha\boldsymbol{L}_n - k\alpha^2\boldsymbol{L}_n^2.\end{aligned}$$

因此引理得证.

如果假设2.1中的条件（3）满足，则根据引理2.1，存在$(\hat{\boldsymbol{x}}^*,\boldsymbol{\lambda}^*)\in\Omega\times\mathbb{R}^{nq}$满足式（2.3）．定义函数：

$$V_1^*(\hat{\boldsymbol{x}},\boldsymbol{\lambda})\triangleq\frac{1}{2}\|\hat{\boldsymbol{x}}-\hat{\boldsymbol{x}}^*\|^2+\frac{1}{2}\|\boldsymbol{\lambda}-\boldsymbol{\lambda}^*\|^2, \tag{2.6}$$

$$V_2^*(\hat{\boldsymbol{x}},\boldsymbol{\lambda})\triangleq\hat{f}(\hat{\boldsymbol{x}})-\hat{f}(\hat{\boldsymbol{x}}^*)+\alpha\frac{1}{2}\hat{\boldsymbol{x}}^{\mathrm{T}}\boldsymbol{L}\hat{\boldsymbol{x}}+\alpha\hat{\boldsymbol{x}}^{\mathrm{T}}\boldsymbol{L}\boldsymbol{\lambda}. \tag{2.7}$$

注　函数$V_1^*(\hat{\boldsymbol{x}},\boldsymbol{\lambda})$和$V_2^*(\hat{\boldsymbol{x}},\boldsymbol{\lambda})$是构造李雅普诺夫（Lyapunov）函数的候选函数．函数$V_1^*(\hat{\boldsymbol{x}},\boldsymbol{\lambda})$在文献［2］中也被选作Lyapunov函数，用于证明无约束分布式优化算法的收敛性，并有较好的结果．在文献［2］的分析中，假设代价函数拥有有限个数的平衡点，且使用了二次型Lyapunov函数．然而在本章中，假设代价函数是凸的，这意味着代价函数可能有无穷个最优解（无穷个平衡点）．函数$V_2^*(\hat{\boldsymbol{x}},\boldsymbol{\lambda})$利用凸函数的性质来处理凸目标函数（见引理2.3证明中的（ⅲ）和（ⅳ）部分）．

考虑如果$\boldsymbol{\phi}(\cdot)$是微分包含附录中的式（A.3）的解，V：$\mathbb{R}^q\to\mathbb{R}$是局部Lipschitz映射并且是正规的，那么$\dot{\boldsymbol{\phi}}(t)$和$\dot{V}(\boldsymbol{\phi}(t))$几乎处处存在．接下来给出以下引理：

引理2.3

考虑式（2.2）或其等价式（式（2.5）），如果假设2.1满足，令$V_1^*(\hat{\boldsymbol{x}},\boldsymbol{\lambda})$和$V_2^*(\hat{\boldsymbol{x}},\boldsymbol{\lambda})$是在式（2.6）和式（2.7）定义过的形式，然后令$(\hat{\boldsymbol{x}}(t),\boldsymbol{\lambda}(t))$是式（2.2）或式（2.5）中$\hat{\boldsymbol{x}},\boldsymbol{\lambda}$的轨迹．

（ⅰ）对几乎所有的$t\geqslant0$，都有$\dot{V}_1^*(\hat{\boldsymbol{x}}(t),\boldsymbol{\lambda}(t))\leqslant-\alpha\hat{\boldsymbol{x}}^{\mathrm{T}}(t)\boldsymbol{L}\hat{\boldsymbol{x}}(t)\leqslant0$．

（ⅱ）对几乎所有的$t\geqslant0$，都有$\dot{V}_2^*(\hat{\boldsymbol{x}}(t),\boldsymbol{\lambda}(t))\leqslant-\|\dot{\hat{\boldsymbol{x}}}(t)\|^2+\alpha^2\hat{\boldsymbol{x}}^{\mathrm{T}}(t)\boldsymbol{L}^2\hat{\boldsymbol{x}}(t)$．

（ⅲ）若$0<k<\dfrac{1}{\alpha\lambda_{\max}(\boldsymbol{L}_n)}$，则函数$V^*(\hat{\boldsymbol{x}},\boldsymbol{\lambda})=V_1^*(\hat{\boldsymbol{x}},\boldsymbol{\lambda})+kV_2^*(\hat{\boldsymbol{x}},\boldsymbol{\lambda})$对所有的$(\hat{\boldsymbol{x}},\boldsymbol{\lambda})\in\Omega\times\mathbb{R}^{nq}$都是非负的．

（ⅳ）令$V^*(\hat{\boldsymbol{x}},\boldsymbol{\lambda})$同在（ⅲ）中的定义，且$0<k<\dfrac{1}{\alpha\lambda_{\max}(\boldsymbol{L}_n)}$，那么对几乎所有的$t\geqslant0$，都有$\dot{V}^*(\hat{\boldsymbol{x}}(t),\boldsymbol{\lambda}(t))\leqslant-k\|\dot{\hat{\boldsymbol{x}}}(t)\|^2-\dot{\boldsymbol{\lambda}}^{\mathrm{T}}(t)\boldsymbol{Q}\dot{\boldsymbol{\lambda}}(t)\leqslant0$，其中$\boldsymbol{Q}\in\mathbb{R}^{nq\times nq}$是正定的．

证明　（ⅰ）令$(\hat{\boldsymbol{x}}(t),\boldsymbol{\lambda}(t))$是式（2.2）或式（2.5）中$\hat{\boldsymbol{x}},\boldsymbol{\lambda}$的轨迹. 注意到对于几乎所有$t\geqslant 0$都有$\dot{V}_1^*(\hat{\boldsymbol{x}}(t),\boldsymbol{\lambda}(t))$和$(\dot{\hat{\boldsymbol{x}}}(t),\dot{\boldsymbol{\lambda}}(t))$，假设在某个正的瞬时时刻$t$，存在$\dot{V}_1^*(\hat{\boldsymbol{x}}(t),\boldsymbol{\lambda}(t))$和$(\dot{\hat{\boldsymbol{x}}}(t),\dot{\boldsymbol{\lambda}}(t))$. 根据式（2.5），必然存在$\boldsymbol{g}(\hat{\boldsymbol{x}}(t))\in\partial\hat{f}(\hat{\boldsymbol{x}}(t))$使得$\dot{\hat{\boldsymbol{x}}}(t)=P_{\mathcal{T}_\Omega(\hat{\boldsymbol{x}}(t))}[-\alpha\boldsymbol{L}\hat{\boldsymbol{x}}(t)-\alpha\boldsymbol{L}\boldsymbol{\lambda}(t)-\boldsymbol{g}(\hat{\boldsymbol{x}}(t))]$且$\dot{\boldsymbol{\lambda}}(t)=\alpha\boldsymbol{L}\hat{\boldsymbol{x}}(t)$.

由$\dot{\hat{\boldsymbol{x}}}(t)=P_{\mathcal{T}_\Omega(\hat{\boldsymbol{x}}(t))}[-\alpha\boldsymbol{L}\hat{\boldsymbol{x}}(t)-\alpha\boldsymbol{L}\boldsymbol{\lambda}(t)-\boldsymbol{g}(\hat{\boldsymbol{x}}(t))]$，可得

$$-\alpha\boldsymbol{L}\hat{\boldsymbol{x}}(t)-\alpha\boldsymbol{L}\boldsymbol{\lambda}(t)-\boldsymbol{g}(\hat{\boldsymbol{x}}(t))+\dot{\hat{\boldsymbol{x}}}(t)\in\mathcal{N}_\Omega(\hat{\boldsymbol{x}}(t)),$$

式中，$\mathcal{N}_\Omega(\hat{\boldsymbol{x}}(t))\triangleq\{\boldsymbol{d}\in\mathbb{R}^{nq}:\ \boldsymbol{d}^{\mathrm{T}}(\tilde{\hat{\boldsymbol{x}}}-\hat{\boldsymbol{x}}(t))\leqslant 0,\ \forall\tilde{\hat{\boldsymbol{x}}}\in\Omega\}$是$\Omega$在元素$\hat{\boldsymbol{x}}(t)\in\Omega$处的法锥. 因此，对于所有$\tilde{\hat{\boldsymbol{x}}}\in\Omega$，都有

$$(\alpha\boldsymbol{L}\hat{\boldsymbol{x}}(t)+\alpha\boldsymbol{L}\boldsymbol{\lambda}(t)+\boldsymbol{g}(\hat{\boldsymbol{x}}(t))+\dot{\hat{\boldsymbol{x}}}(t))^{\mathrm{T}}(\hat{\boldsymbol{x}}(t)-\tilde{\hat{\boldsymbol{x}}})\leqslant 0.$$

选择$\tilde{\hat{\boldsymbol{x}}}=\hat{\boldsymbol{x}}^*$，则有

$$(\alpha\boldsymbol{L}\hat{\boldsymbol{x}}(t)+\alpha\boldsymbol{L}\boldsymbol{\lambda}(t)+\boldsymbol{g}(\hat{\boldsymbol{x}}(t))+\dot{\hat{\boldsymbol{x}}}(t))^{\mathrm{T}}(\hat{\boldsymbol{x}}(t)-\hat{\boldsymbol{x}}^*)\leqslant 0. \tag{2.8}$$

由假设 2.1 和式（2.3b）可以得到$\boldsymbol{L}\hat{\boldsymbol{x}}^*=\boldsymbol{0}_{nq}$以及$\boldsymbol{L}_n=\boldsymbol{L}_n^{\mathrm{T}}$. 因此，

$$\begin{aligned}\dot{\hat{\boldsymbol{x}}}^{\mathrm{T}}(t)(\hat{\boldsymbol{x}}(t)-\hat{\boldsymbol{x}}^*)\leqslant&-\alpha\hat{\boldsymbol{x}}^{\mathrm{T}}(t)\boldsymbol{L}\hat{\boldsymbol{x}}(t)-\alpha\hat{\boldsymbol{x}}^{\mathrm{T}}(t)\boldsymbol{L}\boldsymbol{\lambda}(t)-\\&\boldsymbol{g}(\hat{\boldsymbol{x}}(t))^{\mathrm{T}}(\hat{\boldsymbol{x}}(t)-\hat{\boldsymbol{x}}^*).\end{aligned}\tag{2.9}$$

此外，因为$\dot{\boldsymbol{\lambda}}(t)=\alpha\boldsymbol{L}\hat{\boldsymbol{x}}(t)$，所以

$$\frac{1}{2}\frac{\mathrm{d}}{\mathrm{d}t}\|\boldsymbol{\lambda}(t)-\boldsymbol{\lambda}^*\|^2=\alpha(\boldsymbol{\lambda}(t)-\boldsymbol{\lambda}^*)^{\mathrm{T}}\boldsymbol{L}\hat{\boldsymbol{x}}(t). \tag{2.10}$$

由式（2.9）和式（2.10）可得

$$\begin{aligned}\frac{\mathrm{d}}{\mathrm{d}t}V_1^*(\hat{\boldsymbol{x}}(t),\boldsymbol{\lambda}(t))\leqslant&-\alpha\hat{\boldsymbol{x}}^{\mathrm{T}}(t)\boldsymbol{L}\hat{\boldsymbol{x}}(t)-\boldsymbol{g}(\hat{\boldsymbol{x}}(t))^{\mathrm{T}}(\hat{\boldsymbol{x}}(t)-\hat{\boldsymbol{x}}^*)-\alpha\boldsymbol{\lambda}^{*\mathrm{T}}\boldsymbol{L}\hat{\boldsymbol{x}}(t)\\=&-\alpha\hat{\boldsymbol{x}}^{\mathrm{T}}(t)\boldsymbol{L}\hat{\boldsymbol{x}}(t)-(\boldsymbol{g}(\hat{\boldsymbol{x}}(t))-\boldsymbol{g}(\hat{\boldsymbol{x}}^*))^{\mathrm{T}}(\hat{\boldsymbol{x}}(t)-\hat{\boldsymbol{x}}^*)-\\&(\boldsymbol{g}(\hat{\boldsymbol{x}}^*)+\alpha\boldsymbol{L}\boldsymbol{\lambda}^*)^{\mathrm{T}}(\hat{\boldsymbol{x}}(t)-\hat{\boldsymbol{x}}^*),\end{aligned}\tag{2.11}$$

其中，选择合适的$\boldsymbol{g}(\hat{\boldsymbol{x}}^*)\in\partial\hat{f}(\hat{\boldsymbol{x}}^*)$满足$P_{\mathcal{T}_\Omega(\hat{\boldsymbol{x}}^*)}(-\boldsymbol{g}(\hat{\boldsymbol{x}}^*)-\alpha\boldsymbol{L}\boldsymbol{\lambda}^*)=\boldsymbol{0}_{nq}$.

注意到$P_{\mathcal{T}_\Omega(\hat{\boldsymbol{x}}^*)}(-\boldsymbol{g}(\hat{\boldsymbol{x}}^*)-\alpha\boldsymbol{L}\boldsymbol{\lambda}^*)=\boldsymbol{0}_{nq}$意味着$-\boldsymbol{g}(\hat{\boldsymbol{x}}^*)-\alpha\boldsymbol{L}\boldsymbol{\lambda}^*\in\mathcal{N}_\Omega(\hat{\boldsymbol{x}}^*)$，其中$\mathcal{N}_\Omega(\hat{\boldsymbol{x}}^*)$是$\Omega$在元素$\hat{\boldsymbol{x}}^*\in\Omega$的法锥. 因此对所有$\boldsymbol{p}\in\Omega$，都有$(-\boldsymbol{g}(\hat{\boldsymbol{x}}^*)-\alpha\boldsymbol{L}\boldsymbol{\lambda}^*)^{\mathrm{T}}\cdot(\boldsymbol{p}-\hat{\boldsymbol{x}}^*)\leqslant 0$. 因为$\hat{\boldsymbol{x}}(t)\in\Omega$，故

$$(-\boldsymbol{g}(\hat{\boldsymbol{x}}^*)-\alpha\boldsymbol{L}\boldsymbol{\lambda}^*)^{\mathrm{T}}(\hat{\boldsymbol{x}}(t)-\hat{\boldsymbol{x}}^*)\leqslant 0. \tag{2.12}$$

因为$\hat{f}(\hat{\boldsymbol{x}})$是凸函数，故当$\boldsymbol{g}(\hat{\boldsymbol{x}}(t))\in\partial\hat{f}(\hat{\boldsymbol{x}}(t))$且$\boldsymbol{g}(\hat{\boldsymbol{x}}^*)\in\partial\hat{f}(\hat{\boldsymbol{x}}^*)$时，有$(\boldsymbol{g}(\hat{\boldsymbol{x}}(t))-\boldsymbol{g}(\hat{\boldsymbol{x}}^*))^{\mathrm{T}}(\hat{\boldsymbol{x}}(t)-\hat{\boldsymbol{x}}^*)\geqslant 0$，由式（2.11）可得

$$\frac{\mathrm{d}}{\mathrm{d}t}V_1^*(\hat{\boldsymbol{x}}(t),\boldsymbol{\lambda}(t))\leqslant-\alpha\hat{\boldsymbol{x}}^{\mathrm{T}}(t)\boldsymbol{L}\hat{\boldsymbol{x}}(t)\leqslant 0. \tag{2.13}$$

（ⅱ）令$(\hat{\boldsymbol{x}}(t),\boldsymbol{\lambda}(t))$是式（2.2）或式（2.5）中$\hat{\boldsymbol{x}},\boldsymbol{\lambda}$的轨迹. 注意到对于几乎所有$t\geqslant 0$，$\dot{V}_2^*(\hat{\boldsymbol{x}}(t),\boldsymbol{\lambda}(t))$和$(\dot{\hat{\boldsymbol{x}}}(t),\dot{\boldsymbol{\lambda}}(t))$都是存在的. 假设在某个正的瞬时时刻$t$，存在$\dot{V}_2^*(\hat{\boldsymbol{x}}(t),\boldsymbol{\lambda}(t))$和$(\dot{\hat{\boldsymbol{x}}}(t),\dot{\boldsymbol{\lambda}}(t))$. 因为$f(\hat{\boldsymbol{x}})$是凸函数，故对于所有$\boldsymbol{p}\in\partial f(\hat{\boldsymbol{x}}(t))$和$h\in(0,t]$，有

$$\hat{f}(\hat{\boldsymbol{x}}(t))-\hat{f}(\hat{\boldsymbol{x}}(t-h))\leqslant\langle\boldsymbol{p},\hat{\boldsymbol{x}}(t)-\hat{\boldsymbol{x}}(t-h)\rangle,$$
$$\hat{f}(\hat{\boldsymbol{x}}(t+h))-\hat{f}(\hat{\boldsymbol{x}}(t))\geqslant\langle\boldsymbol{p},\hat{\boldsymbol{x}}(t+h)-\hat{\boldsymbol{x}}(t)\rangle.$$

两边同时除以$h\in(0,t]$并令$h\to 0$，可得

$$\frac{\mathrm{d}}{\mathrm{d}t}\hat{f}(\boldsymbol{x}(t))=\langle\boldsymbol{p},\dot{\hat{\boldsymbol{x}}}(t)\rangle,\quad\forall\boldsymbol{p}\in\partial\hat{f}(\boldsymbol{x}(t)). \tag{2.14}$$

由式（2.5）可知存在$\boldsymbol{g}(\hat{\boldsymbol{x}}(t))\in\partial\hat{f}(\hat{\boldsymbol{x}}(t))$使得$\dot{\hat{\boldsymbol{x}}}(t)=P_{\mathcal{T}_\Omega(\hat{\boldsymbol{x}}(t))}[-\alpha\boldsymbol{L}\hat{\boldsymbol{x}}(t)-\alpha\boldsymbol{L}\boldsymbol{\lambda}(t)-\boldsymbol{g}(\hat{\boldsymbol{x}}(t))]$且$\dot{\boldsymbol{\lambda}}(t)=\alpha\boldsymbol{L}\hat{\boldsymbol{x}}(t)$. 选择$\boldsymbol{p}=\boldsymbol{g}(\hat{\boldsymbol{x}}(t))$，则式（2.14）变为$\frac{\mathrm{d}}{\mathrm{d}t}\hat{f}(\hat{\boldsymbol{x}}(t))=\boldsymbol{g}(\hat{\boldsymbol{x}}(t))^{\mathrm{T}}\dot{\hat{\boldsymbol{x}}}(t)$.

因此，

$$\frac{\mathrm{d}}{\mathrm{d}t}V_2^*(\hat{\boldsymbol{x}}(t),\boldsymbol{\lambda}(t))=[\alpha\boldsymbol{L}\hat{\boldsymbol{x}}(t)+\alpha\boldsymbol{L}\boldsymbol{\lambda}(t)+\boldsymbol{g}(\hat{\boldsymbol{x}}(t))]^{\mathrm{T}}\dot{\hat{\boldsymbol{x}}}(t)+\alpha^2\hat{\boldsymbol{x}}^{\mathrm{T}}(t)\boldsymbol{L}^2\hat{\boldsymbol{x}}(t). \tag{2.15}$$

令附录中的式（A.2）的集合$K=\mathcal{T}_\Omega(\hat{\boldsymbol{x}}(t))$，$\boldsymbol{v}=\boldsymbol{0}_{nq}\in K$，$\boldsymbol{u}=-[\alpha\boldsymbol{L}\hat{\boldsymbol{x}}(t)+\alpha\boldsymbol{L}\boldsymbol{\lambda}(t)+\boldsymbol{g}(\hat{\boldsymbol{x}}(t))]\in\mathbb{R}^{nq}$，$P_K(\boldsymbol{u})=\dot{\hat{\boldsymbol{x}}}(t)$，则有：$[\alpha\boldsymbol{L}\hat{\boldsymbol{x}}(t)+\alpha\boldsymbol{L}\boldsymbol{\lambda}(t)+\boldsymbol{g}(\hat{\boldsymbol{x}}(t))]^{\mathrm{T}}\dot{\hat{\boldsymbol{x}}}(t)\leqslant-\|\dot{\boldsymbol{x}}(t)\|^2$. 因此，由式（2.15）可得

$$\frac{\mathrm{d}}{\mathrm{d}t}V_2^*(\hat{\boldsymbol{x}}(t),\boldsymbol{\lambda}(t))\leqslant-\|\dot{\hat{\boldsymbol{x}}}(t)\|^2+\alpha^2\hat{\boldsymbol{x}}^{\mathrm{T}}(t)\boldsymbol{L}^2\hat{\boldsymbol{x}}(t).$$

（ⅲ）令$0<k<\dfrac{1}{\alpha\lambda_{\max}(\boldsymbol{L}_n)}$，记$\boldsymbol{L}\hat{\boldsymbol{x}}^*=\boldsymbol{L}^{\mathrm{T}}\hat{\boldsymbol{x}}^*=\boldsymbol{0}_{nq}$，容易证明：

$$V^*(\hat{\boldsymbol{x}},\boldsymbol{\lambda})=V_1^*(\hat{\boldsymbol{x}},\boldsymbol{\lambda})+kV_2^*(\hat{\boldsymbol{x}},\boldsymbol{\lambda})=J_1(\hat{\boldsymbol{x}},\boldsymbol{\lambda})+J_2(\hat{\boldsymbol{x}})+J_3(\hat{\boldsymbol{x}}),$$

其中，$J_1(\hat{\boldsymbol{x}},\boldsymbol{\lambda})=\frac{1}{2}\|\hat{\boldsymbol{x}}-\hat{\boldsymbol{x}}^*\|^2+\frac{1}{2}\|\boldsymbol{\lambda}-\boldsymbol{\lambda}^*\|^2+k\alpha(\hat{\boldsymbol{x}}-\hat{\boldsymbol{x}}^2)^{\mathrm{T}}\boldsymbol{L}(\boldsymbol{\lambda}-\boldsymbol{\lambda}^*)$，$J_2(\hat{\boldsymbol{x}})=$

$k\alpha \dfrac{1}{2}\hat{\boldsymbol{x}}^{\mathrm{T}}\boldsymbol{L}\hat{\boldsymbol{x}}$，且 $J_3(\hat{\boldsymbol{x}}) = k[\hat{f}(\hat{\boldsymbol{x}}) - \hat{f}(\hat{\boldsymbol{x}}) + \alpha(\hat{\boldsymbol{x}} - \hat{\boldsymbol{x}}^*)^{\mathrm{T}}\boldsymbol{L}\boldsymbol{\lambda}^*]$. 为了证明对于所有的$(\hat{\boldsymbol{x}},\boldsymbol{\lambda}) \in \Omega \times \mathbb{R}^{nq}$，$V^*(\hat{\boldsymbol{x}},\boldsymbol{\lambda})$都是非负的，这里验证对于所有$(\hat{\boldsymbol{x}},\boldsymbol{\lambda}) \in \Omega \times \mathbb{R}^{nq}$，$J_1(\hat{\boldsymbol{x}},\boldsymbol{\lambda}) \geqslant 0$，$J_2(\hat{\boldsymbol{x}}) \geqslant 0$ 且 $J_3(\hat{\boldsymbol{x}}) \geqslant 0$ 都成立.

由于 $\boldsymbol{L}$ 是半正定的，因此有

$$J_2(\hat{\boldsymbol{x}}) = k\alpha \frac{1}{2}\hat{\boldsymbol{x}}^{\mathrm{T}}\boldsymbol{L}\hat{\boldsymbol{x}} \geqslant 0, \tag{2.16}$$

且对于所有$(\hat{\boldsymbol{x}},\boldsymbol{\lambda}) \in \Omega \times \mathbb{R}^{nq}$都有$((\hat{\boldsymbol{x}} - \hat{\boldsymbol{x}}^*) + (\boldsymbol{\lambda} - \boldsymbol{\lambda}^*))^{\mathrm{T}}\boldsymbol{L}((\hat{\boldsymbol{x}} - \hat{\boldsymbol{x}}^*) + (\boldsymbol{\lambda} - \boldsymbol{\lambda}^*)) \geqslant 0$，因此有

$$(\hat{\boldsymbol{x}} - \hat{\boldsymbol{x}}^*)^{\mathrm{T}}\boldsymbol{L}(\hat{\boldsymbol{x}} - \hat{\boldsymbol{x}}^*) + (\boldsymbol{\lambda} - \boldsymbol{\lambda}^*)^{\mathrm{T}}\boldsymbol{L}(\boldsymbol{\lambda} - \boldsymbol{\lambda}^*) \geqslant -(\hat{\boldsymbol{x}} - \hat{\boldsymbol{x}}^*)^{\mathrm{T}}(\boldsymbol{L} + \boldsymbol{L}^{\mathrm{T}})(\boldsymbol{\lambda} - \boldsymbol{\lambda}^*). \tag{2.17}$$

记$\mu_i(i = 1,2,\cdots,n)$是$\boldsymbol{L}_n \in \mathbb{R}^{n\times n}$的特征值. 由于 $\boldsymbol{I}_q$ 的特征值是 1，由 Kronecker 积的性质可知，$\boldsymbol{L} = \boldsymbol{L}_n \otimes \boldsymbol{I}_q$ 的特征值是μ_i，因此$\lambda_{\max}(\boldsymbol{L}_n) = \lambda_{\max}(\boldsymbol{L})$.

由于假设 2.1，$\boldsymbol{L} = \boldsymbol{L}^{\mathrm{T}}$. 由式（2.17）可得

$$\begin{aligned} k\alpha(\hat{\boldsymbol{x}} - \hat{\boldsymbol{x}}^*)^{\mathrm{T}}\boldsymbol{L}(\boldsymbol{\lambda} - \boldsymbol{\lambda}^*) &\geqslant -\frac{k\alpha}{2}(\hat{\boldsymbol{x}} - \hat{\boldsymbol{x}}^*)^{\mathrm{T}}\boldsymbol{L}(\hat{\boldsymbol{x}} - \hat{\boldsymbol{x}}^*) - \frac{k\alpha}{2}(\boldsymbol{\lambda} - \boldsymbol{\lambda}^*)^{\mathrm{T}}\boldsymbol{L}(\boldsymbol{\lambda} - \boldsymbol{\lambda}^*) \\ &\geqslant -\frac{k\alpha\lambda_{\max}(\boldsymbol{L}_n)}{2}\|\hat{\boldsymbol{x}} - \hat{\boldsymbol{x}}^*\|^2 - \frac{k\alpha\lambda_{\max}(\boldsymbol{L}_n)}{2}\|\boldsymbol{\lambda} - \boldsymbol{\lambda}^*\|^2. \end{aligned}$$

由于 $0 < k < \dfrac{1}{\alpha\lambda_{\max}(\boldsymbol{L}_n)}$，$1 - k\alpha\lambda_{\max}(\boldsymbol{L}_n) > 0$，得

$$J_1(\hat{\boldsymbol{x}},\boldsymbol{\lambda}) \geqslant \frac{1}{2}(1 - k\alpha\lambda_{\max}(\boldsymbol{L}_n))\|\hat{\boldsymbol{x}} - \hat{\boldsymbol{x}}^*\|^2 + \frac{1}{2}(1 - k\alpha\lambda_{\max}(\boldsymbol{L}_n))\|\boldsymbol{\lambda} - \boldsymbol{\lambda}^*\|^2 \geqslant 0. \tag{2.18}$$

因为$\hat{f}(\hat{\boldsymbol{x}})$在集合 $\hat{\boldsymbol{x}} \in \Omega$ 上是凸函数，所以：

$$\begin{aligned} J_3(\hat{\boldsymbol{x}}) &= k[\hat{f}(\hat{\boldsymbol{x}}) - \hat{f}(\hat{\boldsymbol{x}}^*) + \alpha(\hat{\boldsymbol{x}} - \hat{\boldsymbol{x}}^*)^{\mathrm{T}}\boldsymbol{L}\boldsymbol{\lambda}] \\ &\geqslant k[(\boldsymbol{p} + \alpha\boldsymbol{L}\boldsymbol{\lambda}^*)^{\mathrm{T}}(\hat{\boldsymbol{x}} - \hat{\boldsymbol{x}}^*)], \quad \forall \boldsymbol{p} \in \partial\hat{f}(\hat{\boldsymbol{x}}^*). \end{aligned}$$

由式（2.3a）可知，存在$\boldsymbol{g}(\hat{\boldsymbol{x}}^*) \in \partial\hat{f}(\boldsymbol{x}^*)$使得$P_{T_\Omega(\hat{\boldsymbol{x}}^*)}(-\boldsymbol{g}(\hat{\boldsymbol{x}}^*) - \alpha\boldsymbol{L}\boldsymbol{\lambda}^*) = \boldsymbol{0}_{nq}$. 选择$\boldsymbol{p} \triangleq \boldsymbol{g}(\hat{\boldsymbol{x}}^*)$. 根据式（2.12）以及类似式（2.12）的结论，对于所有$\hat{\boldsymbol{x}} \in \Omega$，当 $\boldsymbol{p} \triangleq \boldsymbol{g}(\hat{\boldsymbol{x}}^*)$时，有$(\boldsymbol{p} + \alpha\boldsymbol{L}\boldsymbol{\lambda}^*)^{\mathrm{T}}(\hat{\boldsymbol{x}} - \hat{\boldsymbol{x}}^*) \geqslant 0$. 因此，

$$J_3(\hat{\boldsymbol{x}}) \geqslant 0, \quad \forall \hat{\boldsymbol{x}} \in \Omega. \tag{2.19}$$

（iv）由（i）和（ii）可得，对于几乎所有 $t \geqslant 0$，都有 $\dot{V}^*(\hat{\boldsymbol{x}},\boldsymbol{\lambda}) \leqslant -\hat{\boldsymbol{x}}^{\mathrm{T}}(t)\cdot$

$[\alpha L - k\alpha^2 L^2]\hat{x}(t) - k\|\dot{\hat{x}}(t)\|^2$. 注意到 $\dot{\lambda}(t) = \alpha L x(t)$，容易证得$\hat{x}^{\mathrm{T}}(t)(\alpha L - k\alpha^2 L^2)\hat{x}(t) = \dot{\lambda}^{\mathrm{T}}(t) Q \dot{\lambda}(t)$. 因此，对于几乎所有 $t \geqslant 0$，都有 $\dot{V}^*(\hat{x}(t), \lambda(t)) \leqslant -k\|\dot{\hat{x}}(t)\|^2 - \dot{\lambda}^{\mathrm{T}}(t) Q \dot{\lambda}(t) \leqslant 0$.

基于引理 2.3 和引理 A.7，可以得到关于算法有界性和收敛性的结论.

定理 2.1

如果假设 2.1 全部成立，令$(\hat{x}(t), \lambda(t))$是式（2.2）或式（2.5）的解轨迹，则

（ⅰ）$(\hat{x}(t), \lambda(t))$是有界的；

（ⅱ）$(\hat{x}(t), \lambda(t))$收敛到点 $(\tilde{\bar{x}}, \bar{\lambda})$，其中 $\tilde{\bar{x}} = \mathbf{1}_n \otimes \bar{x}$ 且 $\bar{x}$ 是式（2.1）的一个最优解.

证明 分两部分证明该定理：（ⅰ）证明式（2.4）的平衡点是 Lyapunov 稳定的且式（2.5）的所有轨迹是收敛的；（ⅱ）进一步证明式（2.5）的任何轨迹都将收敛到式（2.5）的其中一个平衡点.

（ⅰ）依照式（2.6）定义 $V_1^*(\hat{x}, \lambda)$. 显然 $V_1^*(\hat{x}, \lambda)$是正定的、径向无界的，因此 $V_1^*(\hat{x}, \lambda) = 0$ 等价于$(\hat{x}, \lambda) = (\hat{x}^*, \lambda^*)$，且 $V_1^*(\hat{x}, \lambda) \to \infty$ 等价于$(\hat{x}, \lambda) \to \infty$.

由引理 2.3 的（ⅰ）部分，对于几乎所有 $t \geqslant 0$，都有 $\dot{V}_1^*(\hat{x}(t), \lambda(t)) \leqslant 0$. 因此，对任意的 $M > 0$，集合$\mathcal{D} \triangleq \{(\hat{x}, \lambda) \in \Omega \times \mathbb{R}^{nq}: V_1^*(\hat{x}, \lambda) \leqslant M\}$是强不变集. 注意到 $V_1^*(\cdot, \cdot)$正定且 $V_1^*(\hat{x}, \lambda) \to \infty$ 等价于$(\hat{x}, \lambda) \to \infty$. 集合$\mathcal{D}$是有界的，因此解的轨迹$(\hat{x}(t), \lambda(t))$也是有界的.（ⅰ）证毕.

（ⅱ）依照引理 2.3 的（ⅲ）定义 $V^*(\hat{x}, \lambda)$，由引理 2.3 的（ⅳ）可知，对于几乎所有的 $t \geqslant 0$，都有 $\dot{V}^*(\hat{x}(t), \lambda(t)) \leqslant -k\|\dot{\hat{x}}(t)\|^2 - \dot{\lambda}^{\mathrm{T}}(t) \cdot Q \dot{\lambda}(t) \leqslant 0$，其中 $Q \in \mathbb{R}^{nq \times nq}$是正定的. 定义$W(\dot{\hat{x}}, \dot{\lambda}) = k\|\dot{\hat{x}}^*\|^2 + \dot{\lambda}^{\mathrm{T}} Q \dot{\lambda}$. 显然 $W(\dot{\hat{x}}, \dot{\lambda}) = 0$ 等价于 $\dot{\hat{x}} = \mathbf{0}_{nq}$且 $\dot{\lambda} = \mathbf{0}_{nq}$.

注意到（ⅰ）中的$(\hat{x}(t), \lambda(t))$是有界的. 根据引理 2.3 的（ⅲ），对所有的$(\hat{x}, \lambda) \in \Omega \times \mathbb{R}^{nq}$，$V^*(\hat{x}, \lambda)$都是非负的. 注意到对任意的$t \geqslant s \geqslant 0$，

$$V^*(\hat{\boldsymbol{x}}(t),\boldsymbol{\lambda}(t)) - V^*(\hat{\boldsymbol{x}}(s),\boldsymbol{\lambda}(s)) = \int_s^t \dot{V}^*(\hat{\boldsymbol{x}}(\tau),\boldsymbol{\lambda}(\tau))\mathrm{d}\tau$$

$$\leqslant -\int_s^t W(\dot{\hat{\boldsymbol{x}}}(\tau),\dot{\boldsymbol{\lambda}}(\tau))\mathrm{d}\tau.$$

由附录中的引理 A. 6 可知，$(\hat{\boldsymbol{x}}(t),\boldsymbol{\lambda}(t))$有一个近似聚点$(\bar{\hat{\boldsymbol{x}}},\bar{\boldsymbol{\lambda}}) \in \Omega\times\mathbb{R}^{nq}$且$(\bar{\hat{\boldsymbol{x}}},\bar{\boldsymbol{\lambda}})$是式（2. 5）的一个平衡点.

定义函数$\overline{V}(\hat{\boldsymbol{x}},\boldsymbol{\lambda}) \triangleq \frac{1}{2}\|\hat{\boldsymbol{x}}-\bar{\hat{\boldsymbol{x}}}\|^2+\frac{1}{2}\|\boldsymbol{\lambda}-\bar{\boldsymbol{\lambda}}\|^2$. 显然$\overline{V}(\hat{\boldsymbol{x}},\boldsymbol{\lambda})$是正定的，因此$\overline{V}(\hat{\boldsymbol{x}},\boldsymbol{\lambda})=0$等价于$(\hat{\boldsymbol{x}},\boldsymbol{\lambda})=(\bar{\hat{\boldsymbol{x}}},\bar{\boldsymbol{\lambda}})$，且如果$(\hat{\boldsymbol{x}},\boldsymbol{\lambda})\to\infty$，则$\overline{V}(\hat{\boldsymbol{x}},\boldsymbol{\lambda})\to\infty$. 因为$(\bar{\hat{\boldsymbol{x}}},\bar{\boldsymbol{\lambda}})$是式（2. 5）的平衡点，因此$(\bar{\hat{\boldsymbol{x}}},\bar{\boldsymbol{\lambda}})$满足式（2. 3）. 此外，根据引理 2.3 的（ⅰ）可知，式（2.2）的解轨迹$\overline{V}(\hat{\boldsymbol{x}}(t),\boldsymbol{\lambda}(t))$对于几乎所有的$t\geqslant 0$都满足$\dot{\overline{V}}(\hat{\boldsymbol{x}}(t),\boldsymbol{\lambda}(t))\leqslant 0$. 因此$(\bar{\hat{\boldsymbol{x}}},\bar{\boldsymbol{\lambda}})$是式（2.2)的 Lyapunov 稳定的平衡点.

简而言之，$(\bar{\hat{\boldsymbol{x}}},\bar{\boldsymbol{\lambda}})$是$(\hat{\boldsymbol{x}}(t),\boldsymbol{\lambda}(t))$的一个近似聚点，且$(\bar{\hat{\boldsymbol{x}}},\bar{\boldsymbol{\lambda}})$是 Lyapunov 稳定的平衡点. 根据引理 A. 7，随着$t\to\infty$，$(\hat{\boldsymbol{x}}(t),\boldsymbol{\lambda}(t))$收敛到$(\bar{\hat{\boldsymbol{x}}},\bar{\boldsymbol{\lambda}})$. 由于$(\bar{\hat{\boldsymbol{x}}},\bar{\boldsymbol{\lambda}})$是式（2. 5）稳定的平衡点，根据引理 2. 1，存在$\bar{x}\in\Omega_0\subset\mathbb{R}^q$使得$\bar{\hat{\boldsymbol{x}}}=\mathbf{1}_n\otimes\bar{x}$和$\bar{x}$是式（2. 1）的最优解.（ⅱ）证毕.

注　定理 2. 1 表明本章所提出的算法是收敛的，收敛性分析实际上也可以按照文献［9］中的方法进行.

注　定理 2. 1 的收敛性分析是基于非光滑的 Lyapunov 函数，它可以看作文献［1］、［2］、［4］中使用的光滑 Lyapunov 函数的拓展. 此外，式（2. 2)能够求解具有一个联通解集的分布式优化问题，而文献［1］、［4］中只能求解仅有一个最优解的问题.

2. 3. 3　数值仿真

案例 1：分布式连续时间投影算法收敛性仿真

考虑式（2. 1）所述的问题，$x\in\mathbb{R}$，$\Omega_i=\{x\in\mathbb{R}: i-12\leqslant x\leqslant i-2\}$，有非光滑的代价函数：

$$f_i(x)=\begin{cases}-x+i-5, & x<i-5,\\ 0, & i-5\leqslant x<i+5,\\ x-i-5, & x\geqslant i+5\end{cases}\qquad i=1,2,\cdots,5$$

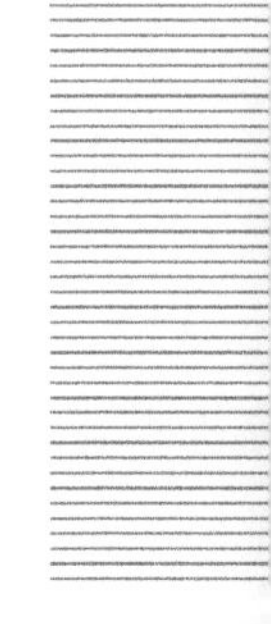

假设式（2.2）的多智能体信息传递拓扑图$\mathcal{G}$的邻接矩阵为

$$\boldsymbol{A}=\begin{bmatrix}0&1&0&0&1\\1&0&1&0&1\\0&1&0&1&0\\0&0&1&0&1\\1&1&0&1&0\end{bmatrix}.$$

可以简单进行证明：约束集是 $\Omega_0=\bigcap_{i=1}^{5}\Omega_i=[-7,-1]$，最优解是 $x=-1$，恰好在约束集 Ω_0 的边界上．若没有约束($\Omega_i=\mathbb{R}$)，则$[0,6]$上的每一个点都是最优解.

图 2.1 所示为最优解 x 的估计值随时间变化的曲线，可以看到所有的 5 个智能体都收敛到同样的最优解，尽管每个智能体不知道邻居的局部约束和可行域，但每个智能体的最优解都满足各自的局部约束，并且使得全局代价函数最小．图 2.2 所示为辅助变量 $\boldsymbol{\lambda}_i$ 随时间的变化曲线，能够证明算法的有界性．图 2.3 所示为函数$V_1^*(\hat{\boldsymbol{x}},\boldsymbol{\lambda})$与 $V_2^*(\hat{\boldsymbol{x}},\boldsymbol{\lambda})$随时间变化的曲线.

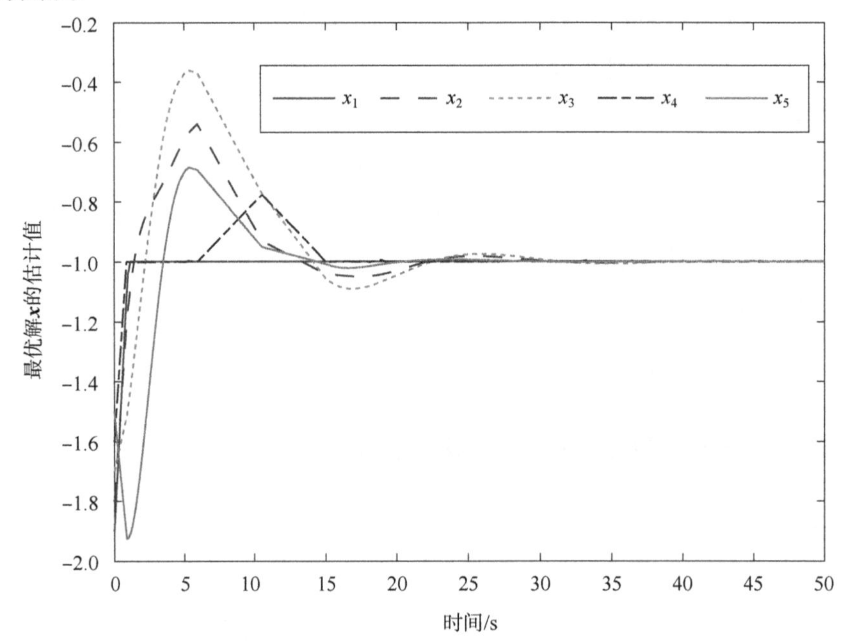

图 2.1　案例 1：最优解 x 的估计值随时间变化的曲线（附彩图）

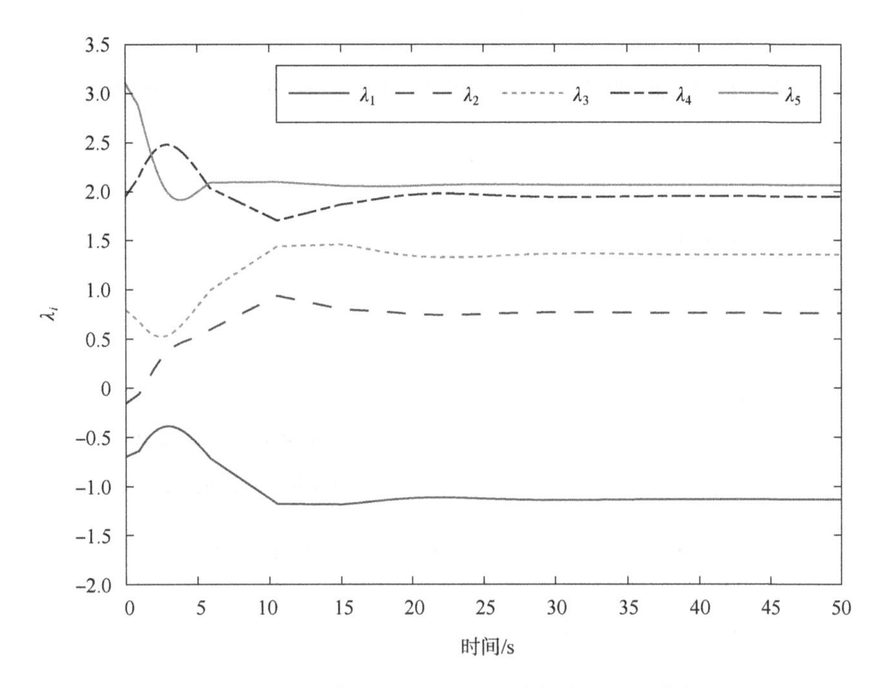

图 2.2　案例 1：辅助变量 $\boldsymbol{\lambda}_i$ 随时间变化的曲线（附彩图）

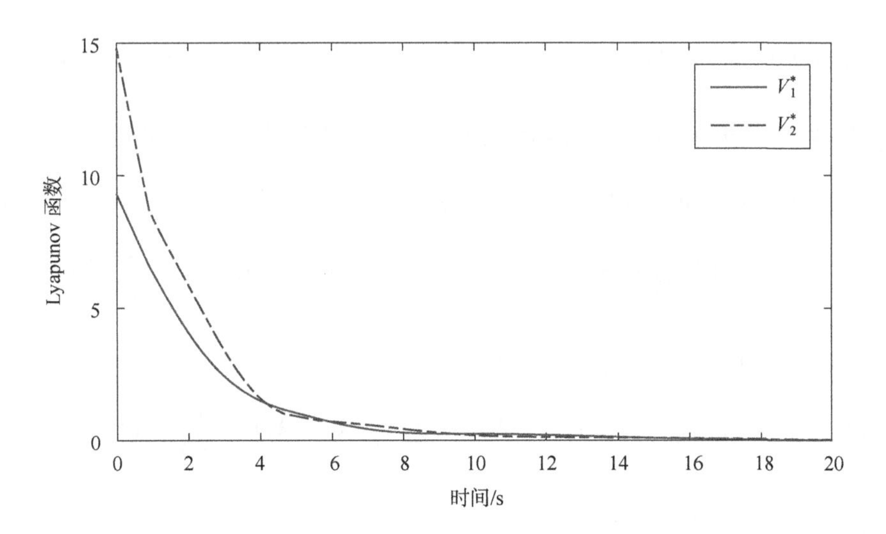

图 2.3　案例 1：函数 $V_1^*(\hat{\boldsymbol{x}},\boldsymbol{\lambda})$ 与 $V_2^*(\hat{\boldsymbol{x}},\boldsymbol{\lambda})$ 随时间变化的曲线

2.4 基于精确罚函数的分布式非光滑一致性优化控制

2.4.1 算法设计

本小节需要如下假设:

假设 2.2

假设式(2.1)至少存在一个最优解且下列条件之一满足:

(1)对任意的 i, $f_i(\cdot)$是凸函数且是全局 Lipschitz 连续的.

(2)对任意的 i, $f_i(\cdot)$是强凸函数且$\bigcap_{i=1}^{n}\mathrm{int}(\Omega_i)\neq\varnothing$.

(3)对任意的 i, $f_i(\cdot)$是凸二次函数, Ω_i 是凸紧集且$\bigcap_{i=1}^{n}\mathrm{int}(\Omega_i)\neq\varnothing$.

以假设2.2的(1)为例. 假设$f_i(\cdot)$在$\mathbb{R}^n$是M_i – Lipschitz 连续的. 定义式子$\sum_{i=1}^{n} f_i(\boldsymbol{x}_i)+c_i d(\boldsymbol{x}_i,\Omega_i)$. 如果 $c_i>\sum_{j=1}^{n}M_j+\sum_{j=1}^{i-1}c_j$, 且 $\bar{\boldsymbol{x}}=(\tilde{\boldsymbol{x}}^{\mathrm{T}},\cdots,\tilde{\boldsymbol{x}}^{\mathrm{T}})^{\mathrm{T}}$ 是$\sum_{i=1}^{n} f_i(\boldsymbol{x}_i)+c_i d(\boldsymbol{x}_i,\Omega_i)$在$\boldsymbol{x}_i=\boldsymbol{x}_j$约束条件下的最优解, 那么根据附录中的引理 A.2, 有 $\bar{\boldsymbol{x}}\in\arg\min_{\hat{\boldsymbol{x}}\in\Omega}\hat{f}(\hat{\boldsymbol{x}})$. 然而在本例中 M_i 是未知的, 因此主要的难点是如何选择合适的 c_i 使得 $\sum_{i=1}^{n} f_i(\boldsymbol{x}_i)+c_i d(\boldsymbol{x}_i,\Omega_i)$的最优解是 $\min_{\boldsymbol{x}_i\in\Omega_i,\boldsymbol{x}_i=\boldsymbol{x}_j}\sum_{i=1}^{n} f_i(\boldsymbol{x}_i)$的一个解.

提出一种分布式自适应 $\boldsymbol{c}$ 更新算法:

$$\begin{cases}\dot{\boldsymbol{x}}_i\in-\left(\partial f_i(\boldsymbol{x}_i)+c_i\partial d(\boldsymbol{x}_i,\Omega_i)+\sum_{j=1}^{n}a_{ij}(\boldsymbol{\lambda}_i-\boldsymbol{\lambda}_j)+\sum_{j=1}^{n}a_{ij}(\boldsymbol{x}_i-\boldsymbol{x}_j)\right)\\ \dot{\boldsymbol{\lambda}}_i=\sum_{j=1}^{n}a_{ij}(\boldsymbol{x}_i-\boldsymbol{x}_j)\\ \dot{c}_i=d(\boldsymbol{x}_i,\Omega_i)\end{cases}\tag{2.20}$$

式中，$c_i(0)>0, \boldsymbol{x}_i(0), \boldsymbol{\lambda}_i(0) \in \mathbb{R}^q (i=1,2,\cdots,n)$，$\boldsymbol{x}_i$ 是智能体 i 的估计的最优解，$\boldsymbol{\lambda}_i$ 是用来估计智能体 i 的拉格朗日乘子，并且 c_i 是智能体 i 的自适应惩罚增益.

注　如果在此处使用投影算法，可以得到 $\dot{\boldsymbol{x}}_i \in P_{\Omega_i}(\boldsymbol{x}_i - \partial f_i(\boldsymbol{x}_i) - \sum_{j=1}^{n} a_{ij}(\boldsymbol{\lambda}_i - \boldsymbol{\lambda}_j) - \alpha \sum_{j=1}^{n} a_{ij}(\boldsymbol{x}_i - \boldsymbol{x}_j)) - \boldsymbol{x}_i$. 然而，它的 Caratheodory 解的存在性难以检验，因为投影部分是非凸的. 例如，令 $f(x_1,x_2)=|x_1|+|x_2|$ 以及 $\Omega=\{(x_1,x_2)\,|\,x_2 \geqslant |x_1|+1\}$. 如果 $x_1=x_2=0$，$\boldsymbol{\lambda}_1=\boldsymbol{\lambda}_2$，那么 $\partial f(0,0)=[-1,1]\times[-1,1]$. 然而，$P_{\Omega}(-\partial f(0,0))=\{(x_1,x_2)\,|\,x_2=|x_1|+1,\ x_1\in[-0.5,0.5]\}$ 是非凸的集合.

记 $\tilde{f}_i(\boldsymbol{x}_i,c_i)=f_i(\boldsymbol{x}_i)+c_i d(\boldsymbol{x}_i,\Omega_i)$，$\tilde{f}(\hat{\boldsymbol{x}},\boldsymbol{c})=\sum_{i=1}^{n}(f_i(\boldsymbol{x}_i)+c_i d(\boldsymbol{x}_i,\Omega_i))$，且 $\boldsymbol{\eta}=[\hat{\boldsymbol{x}}^{\mathrm{T}},\boldsymbol{\lambda}^{\mathrm{T}},\boldsymbol{c}^{\mathrm{T}}]^{\mathrm{T}}$，其中 $\hat{\boldsymbol{x}}=[\boldsymbol{x}_1^{\mathrm{T}},\boldsymbol{x}_2^{\mathrm{T}},\cdots,\boldsymbol{x}_n^{\mathrm{T}}]^{\mathrm{T}}$，$\boldsymbol{\lambda}=[\boldsymbol{\lambda}_1^{\mathrm{T}},\boldsymbol{\lambda}_2^{\mathrm{T}},\cdots,\boldsymbol{\lambda}_n^{\mathrm{T}}]^{\mathrm{T}}$，$\boldsymbol{c}=[c_1,c_2,\cdots,c_n]^{\mathrm{T}}$. 将式（2.20）写成紧凑格式：

$$\dot{\boldsymbol{\eta}}(t) \in \ (\boldsymbol{\eta}(t)), \tag{2.21}$$
$$\boldsymbol{\eta}(0)=(\hat{\boldsymbol{x}}_0^{\mathrm{T}},\boldsymbol{\lambda}_0^{\mathrm{T}},\boldsymbol{c}_0^{\mathrm{T}})^{\mathrm{T}} \in \mathbb{R}^{nq}\times\mathbb{R}^{nq}\times\mathbb{R}_{>0}^{n},$$

式中，

$$(\boldsymbol{\eta})=\begin{bmatrix} \partial_x \tilde{f}(\hat{\boldsymbol{x}},\boldsymbol{c}) - \tilde{\boldsymbol{L}}\hat{\boldsymbol{x}} - \tilde{\boldsymbol{L}}\lambda \\ \tilde{\boldsymbol{L}}\hat{\boldsymbol{x}} \\ D(\hat{\boldsymbol{x}},\Omega) \end{bmatrix},$$

$\Omega=\Omega_1\times\Omega_2\times\cdots\times\Omega_n$，$D(\hat{\boldsymbol{x}},\Omega)=(d(\boldsymbol{x}_1,\Omega_1),d(\boldsymbol{x}_2,\Omega_2),\cdots,d(\boldsymbol{x}_n,\Omega_n))^{\mathrm{T}}$，$\tilde{\boldsymbol{L}}=\boldsymbol{L}_n\otimes\boldsymbol{I}_q$，其中 $\boldsymbol{L}_n$ 是图 $\mathcal{G}$ 的 Laplacian 矩阵.

引理 2.4

式（2.21）存在 Caratheodory 解.

其证明可由引理 2.4 以及以下事实简单的验证：对于任意 $(\hat{\boldsymbol{x}},\boldsymbol{\lambda},\boldsymbol{c})$，集函数 $-\partial_{\hat{x}}\tilde{f}(\hat{\boldsymbol{x}},\boldsymbol{c})-\tilde{\boldsymbol{L}}\hat{\boldsymbol{x}}-\tilde{\boldsymbol{L}}\boldsymbol{\lambda}$ 是上半连续且局部有界的凸的紧集.

注意到紧凑格式式（2.21）中的 $\partial_{\hat{x}}\tilde{f}(\hat{\boldsymbol{x}},\boldsymbol{c})$ 取决于 $\boldsymbol{c}=[c_1,c_2,\cdots,c_n]$，由于算法中的 $\boldsymbol{c}$ 持续变化，因此难以对其进行分析. 后续内容将证明该自适应设计能够确保式（2.21）的收敛性.

注　与分布式交替方向乘子算法（简记为 ADMM）相比，式（2.21）

的优点是：它适用于具有连续凸目标函数（可能是非光滑）的问题. 尽管ADMM算法通过使用近端算子，也可以解决非光滑的代价函数（见文献[10]、[11]），但是需要代价函数具有特殊的结构. 另一方面，式（2.21）的局限性在于它不能处理不连续的代价函数.（注意：如果代价函数具有一定的特殊结构，则ADMM算法只需要代价函数是下半连续的就能使用.）

2.4.2 算法的收敛性

在本部分开始之前，首先考虑一个新的优化问题：

$$\min_{\hat{\boldsymbol{x}}} \tilde{f}(\hat{\boldsymbol{x}},\boldsymbol{c}) = \sum_{i=1}^{n} \tilde{f}_i(\boldsymbol{x}_i,c_i) \tag{2.22}$$
$$\text{s. t. } \boldsymbol{x}_i=\boldsymbol{x}_j,(i,j)\in E$$

式中，$\tilde{f}_i(\boldsymbol{x}_i,c_i)=f_i(\boldsymbol{x}_i)+c_i d(\boldsymbol{x}_i,\Omega_i)$；$\boldsymbol{c}$ 是$\mathbb{R}^n$中的常向量. 下面的引理说明了式（2.1）和式（2.22）之间的关系.

引理2.5

假设2.1和假设2.2全部成立的情况下，存在一个常向量 $\boldsymbol{c}\in\mathbb{R}^n_{>0}$ 使得

$$\arg\min_{\hat{\boldsymbol{x}}\in\Omega,\boldsymbol{x}_i=\boldsymbol{x}_j} \hat{f}(\hat{\boldsymbol{x}}) = \arg\min_{\hat{\boldsymbol{x}}_i=\boldsymbol{x}_j} \tilde{f}(\hat{\boldsymbol{x}},\boldsymbol{c}).$$

证明 （ⅰ）假定假设2.2的（1）成立. 令f_i是M_i-Lipschitz，则$\sum_{i=1}^{n} f_i(\boldsymbol{y})$在$\mathbb{R}^q$是$\sum_{i=1}^{n} M_i$-Lipschitz，将$\bar{\boldsymbol{a}}$按照附录中的引理A.2来定义. 那么对于满足$c_i>\bar{a}_i$的$\boldsymbol{c}\in\mathbb{R}^n$，根据引理A.2，有

$$\min_{\boldsymbol{z}\in\mathbb{R}^q\cap\Omega_0} \sum_{i=1}^{n} f_i(\boldsymbol{z}) < \sum_{i=1}^{n} (f_i(\boldsymbol{y})+c_i d(\boldsymbol{y},\Omega_i)), \quad \boldsymbol{y}\in\mathbb{R}^q\setminus\Omega_0.$$

因此，$\arg\min_{\boldsymbol{x}_i=\boldsymbol{x}_j,\boldsymbol{x}_i\in\Omega_i} \hat{f}(\hat{\boldsymbol{x}}) = \arg\min_{\boldsymbol{x}_i=\boldsymbol{x}_j} \tilde{f}(\hat{\boldsymbol{x}},\boldsymbol{c})$. 在$\Omega$上$\tilde{f}(\hat{\boldsymbol{x}},\boldsymbol{c})=\hat{f}(\hat{\boldsymbol{x}})$成立，否则$\tilde{f}(\hat{\boldsymbol{x}},\boldsymbol{c})>\hat{f}(\hat{\boldsymbol{x}})$，因此可证明结论成立.

（ⅱ）假定假设2.2的（2）成立. 注意到，由于对于任意的$\boldsymbol{s}\in\operatorname{int}(\Omega_i)$都有$\partial d(\boldsymbol{s},\Omega_i)=0$成立，因此如果$\boldsymbol{s}\in\operatorname{int}(\bigcap_{i=1}^{n}\Omega_i)$，记$\bar{\boldsymbol{s}}=[\boldsymbol{s}^{\mathrm{T}},\cdots,\boldsymbol{s}^{\mathrm{T}}]^{\mathrm{T}}$，那么对于任意

的 $\boldsymbol{c}$ 都有 $\partial f(\bar{\boldsymbol{s}})=\partial_{\bar{s}}\tilde{f}(\bar{\boldsymbol{s}},\boldsymbol{c})$. 因此，如果 f_i 是 μ_i-强凸的，且 $\boldsymbol{s}\in\operatorname{int}(\bigcap_{i=1}^{n}\Omega_i)$，

$$M=\max\{\|\boldsymbol{g}_i\|\,|\,\boldsymbol{g}_i\in\partial f_i(s),\quad i=1,2,\cdots,n\},$$

则对于任意的 $\boldsymbol{c}\in\mathbb{R}^n_{>0}$，$\arg\min_{\hat{\boldsymbol{x}}\in\Omega,\boldsymbol{x}_i=\boldsymbol{x}_j}\hat{f}(\hat{\boldsymbol{x}})$ 和 $\arg\min_{\boldsymbol{x}_i=\boldsymbol{x}_j}\tilde{f}(\hat{\boldsymbol{x}},\boldsymbol{c})$ 都停留在有界集 $C_s=\left\{\hat{\boldsymbol{x}}\,\middle|\,\|\boldsymbol{x}_i-\boldsymbol{s}\|\leqslant\frac{2M}{\mu},\ \boldsymbol{x}_i=\boldsymbol{x}_j\right\}$中，其中 $\mu=\min\{\mu_1,\mu_2,\cdots,\mu_n\}$. 从 f_i 的凸性可以看出，f_i 在紧集 C_s 上是 Lipschitz 连续的. 如果 f_i 是 M_i-Lipschitz，则 $\sum_{i=1}^{n}f_i(\boldsymbol{y})$ 是 Lipschitz 连续的（且 Lipschitz 常数是 $\sum_{i=1}^{n}M_i$）. 使用与（ⅰ）中类似的分析方法，可以得出结论：$\arg\min_{\hat{\boldsymbol{x}}\in\Omega,\boldsymbol{x}_i=\boldsymbol{x}_j,\boldsymbol{x}\in C_s}\hat{f}(\hat{\boldsymbol{x}})=\arg\min_{\boldsymbol{x}_i=\boldsymbol{x}_j,\hat{\boldsymbol{x}}\in C_s}\tilde{f}(\hat{\boldsymbol{x}},\boldsymbol{c})$. 因此，有

$$\begin{aligned}\arg\min_{\hat{\boldsymbol{x}}\in\Omega,\boldsymbol{x}_i=\boldsymbol{x}_j}\hat{f}(\hat{\boldsymbol{x}})&=\arg\min_{\hat{\boldsymbol{x}}\in\Omega,\boldsymbol{x}_i=\boldsymbol{x}_j,\boldsymbol{x}\in C_s}\hat{f}(\hat{\boldsymbol{x}})\\&=\arg\min_{\boldsymbol{x}_i=\boldsymbol{x}_j,\hat{\boldsymbol{x}}\in C_s}\tilde{f}(\hat{\boldsymbol{x}},\boldsymbol{c})\\&=\arg\min_{\boldsymbol{x}_i=\boldsymbol{x}_j}\tilde{f}(\hat{\boldsymbol{x}},\boldsymbol{c}).\end{aligned}\tag{2.23}$$

（ⅲ）假定假设 2.2 的（3）成立，只需要证明：

$$\arg\min_{\boldsymbol{y}\in\bigcap_{i=1}^{n}\Omega_i}f(\boldsymbol{y})=\arg\min\left[f(\boldsymbol{y})+\sum_{i=1}^{n}c_i d(\boldsymbol{s},\Omega_i)\right].$$

令 $\hat{\boldsymbol{y}}\in\arg\min_{\boldsymbol{y}\in\Omega_0}f(\boldsymbol{y})$，因为 f 是凸的二次型函数，并且距离函数在正交变换下是不变的（即 $d(\boldsymbol{O}\boldsymbol{y},\boldsymbol{O}\Omega_0)=d(\boldsymbol{y},\Omega_0)$，其中 $\boldsymbol{O}$ 是正交矩阵），我们假设 $f(\boldsymbol{y})=\sum_{j=1}^{k}a_j(y_j-b_j)^2+\sum_{j=k+1}^{n}a_jy_j+a_{n+1}$，其中 $a_1,a_2,\cdots,a_k>0$. 记 $\tilde{\Omega}=\{\boldsymbol{y}\,|\,f(\boldsymbol{y})\leqslant f(\hat{\boldsymbol{y}})\}$，由 f 的凸性可知 $\tilde{\Omega}$ 是凸集. 由于 Ω_0 和 $\tilde{\Omega}$ 没有交集，因此有一个支撑超平面分离 Ω_0 和 $\tilde{\Omega}$. 记 $\sum_{j=k+1}^{m}a_j\hat{y}_j+a_{m+1}=\hat{p}$. 挑选合适的 $\boldsymbol{y}$ 使得 $\boldsymbol{y}\in\tilde{\Omega}$ 而 $\boldsymbol{y}\notin\Omega_0$. 定义 $\bar{\boldsymbol{y}}=[\bar{y}_1,\bar{y}_2,\cdots,\bar{y}_n]^{\mathrm{T}}\in\mathbb{R}^{nq}$ 满足 $\bar{y}_i=\hat{y}_i(i=1,2,\cdots,k)$ 且 $\bar{y}_j=y_j(j>k)$. 记 $\sum_{j=k+1}^{m}a_jy_j+a_{m+1}=p$ 以及 $\Omega_0=\{(y_1,y_2,\cdots,y_n)\,|\,y_i=\hat{y}_i,\ i=1,2,\cdots,k,\ \sum_{j=k+1}^{m}a_jy_j=\hat{p}\}$. 简言之，$\hat{\Omega}$ 是分离 Ω_0 和 $\tilde{\Omega}$ 的超平面. 因此我们可以得到 $d(\boldsymbol{y},\Omega_0)\geqslant d(\boldsymbol{y},\hat{\Omega})\geqslant d(\bar{\boldsymbol{y}},\hat{\Omega})=\gamma\,|p-\hat{p}|$，其中 $\gamma>0$ 是由 a_{k+1}，

$a_k,\cdots,a_n$ 决定的常量. 对于 $c_0>1/\gamma$，可以得到$f(\boldsymbol{y})+c_0d(\boldsymbol{y},\Omega_0)\geqslant\sum_{j=1}^{k}a_j(y_j-b_j)^2+p+c_i\gamma|p-\hat{p}|\geqslant\sum_{i=1}^{k}a_i(y_i-b_i)^2$，反复使用精确罚函数技术[12]，则存在 $c_1,c_2,\cdots,c_n$ 使得 $\sum_{i=1}^{n}c_id(\boldsymbol{y},\Omega_i)\geqslant c_0d(\boldsymbol{y},\Omega_0)$. 因此$f(\boldsymbol{y})+\sum_{i=1}^{n}c_id(\boldsymbol{y},\Omega_i)$的最小值停留在集合$\{\boldsymbol{y}\in\Omega|\sum_{i=1}^{k}a_i(y_i-b_i)^2\leqslant\sum_{i=1}^{k}a_i(\hat{y}_i-b_i)^2\}$，其中$f$是 Lipschitz 连续的. 因此对于足够大的 c_i，有$\arg\min_{\boldsymbol{y}\in\Omega_0}f(\boldsymbol{y})=\arg\min_{\boldsymbol{y}\in\mathbb{R}^q}f(\boldsymbol{y})+\sum_{i=1}^{n}c_id(\boldsymbol{y},\Omega_i)$.

接下来给出式（2.22）的解的一些性质.

引理2.6[7]

假设 $\hat{\boldsymbol{x}}$ 是式（2.22）的一个解，$\tilde{f}(\hat{\boldsymbol{x}},\boldsymbol{c})$ 在可行点 $\hat{\boldsymbol{x}}$ 是连续的，并且 Slater 条件满足，那么存在 $\hat{\boldsymbol{\lambda}}\in\mathbb{R}^{nq}$ 满足

$$0\in\partial_{\boldsymbol{x}}\tilde{f}(\hat{\boldsymbol{x}},\boldsymbol{c})+\tilde{\boldsymbol{L}}\hat{\boldsymbol{\lambda}}.$$

相反，如果式（2.24）在某些$(\hat{\boldsymbol{x}},\hat{\boldsymbol{\lambda}})$成立，并且 $\tilde{\boldsymbol{L}}\hat{\boldsymbol{x}}=0$，那么 $\hat{\boldsymbol{x}}$ 是式（2.22）的解.

因为式（2.1）和式（2.22）都没有不等式约束，Slater 条件满足. 根据以上两个引理可以建立式（2.1）的解与式（2.21）的平衡点之间的关系：

定理 2.2

假设2.1和假设2.2都成立的条件下，如果$(\hat{\boldsymbol{x}}^*,\boldsymbol{\lambda}^*,\boldsymbol{c}^*)\in\mathbb{R}^{nq}\times\mathbb{R}^{nq}\times\mathbb{R}^n$是式（2.21）的平衡态，那么 $\hat{\boldsymbol{x}}^*$是式（2.1）的解. 相反，如果 $\hat{\boldsymbol{x}}$ 是式（2.1）的解，那么存在 $\hat{\boldsymbol{\lambda}}$, $\hat{\boldsymbol{c}}$ 使得（$\hat{\boldsymbol{x}}$, $\hat{\boldsymbol{\lambda}}$, $\hat{\boldsymbol{c}}$）是式（2.21）的平衡点.

证明 充分性：令$(\hat{\boldsymbol{x}}^*,\boldsymbol{\lambda}^*,\boldsymbol{c}^*)$是式（2.21）的平衡态，那么有 $\tilde{\boldsymbol{L}}\hat{\boldsymbol{x}}^*=0$,

$\hat{\boldsymbol{x}}^* \in \Omega$ 以及 $0 \in (\partial_{\hat{x}}\tilde{f}(\hat{\boldsymbol{x}}^*,\boldsymbol{c}^*) + \tilde{\boldsymbol{L}}\hat{\boldsymbol{x}}^* + \tilde{\boldsymbol{L}}\boldsymbol{\lambda}^*) = \partial_{\hat{x}}\tilde{f}(\hat{\boldsymbol{x}}^*,\boldsymbol{c}^*) + \tilde{\boldsymbol{L}}\boldsymbol{\lambda}^*$. 由引理 2.6 可知 $\hat{\boldsymbol{x}}^* \in \arg\min_{\boldsymbol{x}_i=\boldsymbol{x}_j}\tilde{f}(\hat{\boldsymbol{x}},\boldsymbol{c}^*)$. 因为对于 $\hat{\boldsymbol{x}} \in \Omega = \prod_{i=1}^{n}\Omega_i$ 有 $\tilde{f}(\hat{\boldsymbol{x}},\boldsymbol{c}^*) = \sum_{i=1}^{n} f_i(\boldsymbol{x}_i) + c_i^* d(\boldsymbol{x}_i,\Omega_i) = \hat{f}(\hat{\boldsymbol{x}})$，所以 $\hat{\boldsymbol{x}}^* \in \arg\min_{\boldsymbol{x}_i=\boldsymbol{x}_j,\boldsymbol{x}_i\in\Omega_i}\hat{f}(\hat{\boldsymbol{x}})$，这意味着 $\hat{\boldsymbol{x}}^*$ 是式（2.1）的一个解.

必要性：令 $\hat{\boldsymbol{x}}$ 是式（2.1）的解，那么有 $\tilde{\boldsymbol{L}}\hat{\boldsymbol{x}} = 0$ 以及 $d(\hat{\boldsymbol{x}}_i,\Omega_i) = 0$. 令 $\hat{\boldsymbol{c}}$ 满足引理 2.5 中 $\boldsymbol{c}$ 的条件，由引理 2.5 可知 $\hat{\boldsymbol{x}}$ 也是式（2.22）的解，且 $\boldsymbol{c} = \hat{\boldsymbol{c}}$. 由引理 2.6 可知，存在 $\hat{\boldsymbol{\lambda}}$ 满足 $0 \in (\partial_{\hat{x}}\tilde{f}(\hat{\boldsymbol{x}},\hat{\boldsymbol{c}}) + \tilde{\boldsymbol{L}}\hat{\boldsymbol{\lambda}}) = (\partial_{\hat{x}}\tilde{f}(\hat{\boldsymbol{x}},\hat{\boldsymbol{c}}) + \tilde{\boldsymbol{L}}\hat{\boldsymbol{x}} + \tilde{\boldsymbol{L}}\hat{\boldsymbol{\lambda}})$，这意味着 $(\hat{\boldsymbol{x}},\hat{\boldsymbol{\lambda}},\hat{\boldsymbol{c}})$ 是式（2.21）的平衡态.

注　在假设 2.2 成立的情况下，式（2.1）至少有一个解. 由定理 2.2，式（2.21）有平衡点.

定义函数 $V_1(\hat{\boldsymbol{x}},\boldsymbol{\lambda},\boldsymbol{c}) = \frac{1}{2}(\|\hat{\boldsymbol{x}} - \hat{\boldsymbol{x}}^*\|^2 + \|\boldsymbol{\lambda} - \boldsymbol{\lambda}^*\|^2 + \|\boldsymbol{c} - \boldsymbol{c}^*\|^2)$ 以及 $V_2(\hat{\boldsymbol{x}},\boldsymbol{\lambda},\boldsymbol{c}) = \tilde{f}(\hat{\boldsymbol{x}},\boldsymbol{c}) - \tilde{f}(\hat{\boldsymbol{x}}^*,\boldsymbol{c}^*) + \frac{1}{2}\hat{\boldsymbol{x}}^{\mathrm{T}}\tilde{\boldsymbol{L}}\hat{\boldsymbol{x}} + (\hat{\boldsymbol{x}} - \hat{\boldsymbol{x}}^*)^{\mathrm{T}}\tilde{\boldsymbol{L}}\boldsymbol{\lambda} + \boldsymbol{1}_n^{\mathrm{T}}(\bar{\boldsymbol{c}} - \boldsymbol{c}) + \frac{\|\boldsymbol{c}^*\|_1}{2}$，$\bar{\boldsymbol{c}} \in \mathbb{R}^n$，其中 $(\hat{\boldsymbol{x}}^*,\boldsymbol{\lambda}^*,\boldsymbol{c}^*)$ 是式（2.21）的平衡态，接下来给出类 Lyapunov 函数的一些性质.

引理 2.7

如果假设 2.1 和假设 2.2 都成立，则

（ⅰ）V_1 沿式（2.21）的轨迹满足

$$\max \mathcal{L}_{\mathcal{F}}V_1(\hat{\boldsymbol{x}},\boldsymbol{\lambda},\boldsymbol{c}) \leqslant -\hat{\boldsymbol{x}}^{\mathrm{T}}\tilde{\boldsymbol{L}}\hat{\boldsymbol{x}} \leqslant 0.$$

（ⅱ）存在 $\bar{\boldsymbol{c}} \in \mathbb{R}^n$ 使得 $\bar{\boldsymbol{c}}$ 是 $\boldsymbol{c}$ 的上边界，且 V_2 沿式（2.21）的轨迹满足：

对于任意的 $v_2 \in \mathcal{L}_{\mathcal{F}}V_2(\hat{\boldsymbol{x}},\boldsymbol{\lambda},\boldsymbol{c})$，对某个 $\tilde{\boldsymbol{v}}_1 \in -\partial_{\hat{x}}\tilde{f}(\hat{\boldsymbol{x}},\boldsymbol{c}) - \tilde{\boldsymbol{L}}\hat{\boldsymbol{x}} - \tilde{\boldsymbol{L}}\boldsymbol{\lambda}$ 有

$$v_2 = -\|\tilde{\boldsymbol{v}}_1\|^2 + \|\tilde{\boldsymbol{L}}\hat{\boldsymbol{x}}\|^2 + \sum_{i=1}^{n} d(\boldsymbol{x}_i(t),\Omega_i)^2 - \sum_{i=1}^{n} d(\boldsymbol{x}_i(t),\Omega_i). \tag{2.24}$$

（ⅲ）如果 $0<\alpha<\dfrac{1}{\lambda_{\max}(\tilde{L})}$ 且 $\beta=(1-\alpha\lambda_{\max}(\tilde{L}))$，那么存在 $T(\boldsymbol{x}_0,\boldsymbol{\lambda}_0,\boldsymbol{c}_0)>0$ 使得 $V_1(\hat{\boldsymbol{x}}(t),\boldsymbol{\lambda}(t),\boldsymbol{c}(t))+\alpha V_2(\hat{\boldsymbol{x}}(t),\boldsymbol{\lambda}(t),\boldsymbol{c}(t))$ 沿式（2.21）的轨迹满足：

对于任意的 $\boldsymbol{v}_1\in\mathcal{L}_{\mathcal{F}}V_1(\hat{\boldsymbol{x}},\boldsymbol{\lambda},\boldsymbol{c})$，$\boldsymbol{v}_2\in\mathcal{L}_{\mathcal{F}}V_2(\hat{\boldsymbol{x}},\boldsymbol{\lambda},\boldsymbol{c})$，$t\geqslant T(\hat{\boldsymbol{x}}_0,\boldsymbol{\lambda}_0,\boldsymbol{c}_0)$ 有：$V_1(\hat{\boldsymbol{x}}(t),\boldsymbol{\lambda}(t),\boldsymbol{c}(t))+\alpha V_2(\hat{\boldsymbol{x}}(t),\boldsymbol{\lambda}(t),\boldsymbol{c}(t))\geqslant 0$，而对某个 $\tilde{\boldsymbol{v}}\in-\partial_{\hat{\boldsymbol{x}}}\tilde{f}(\hat{\boldsymbol{x}},\boldsymbol{c})-\tilde{\boldsymbol{L}}\hat{\boldsymbol{x}}-\tilde{\boldsymbol{L}}\boldsymbol{\lambda}$ 有

$$\boldsymbol{v}_1+\alpha\boldsymbol{v}_2\leqslant-\alpha\|\tilde{\boldsymbol{v}}\|^2-\beta\hat{\boldsymbol{x}}(t)^{\mathrm{T}}\tilde{\boldsymbol{L}}\hat{\boldsymbol{x}}(t)-0.5\alpha\sum_{i=1}^{n}d(\boldsymbol{x}_i(t),\Omega_i).\tag{2.25}$$

证明 （ⅰ）V_1 沿式（2.21）的轨迹满足 $\mathcal{L}_{\mathcal{F}}V_1(\hat{\boldsymbol{x}},\boldsymbol{\lambda},\boldsymbol{c})=(\hat{\boldsymbol{x}}-\hat{\boldsymbol{x}}^*)^{\mathrm{T}}\cdot(-\partial_{\hat{\boldsymbol{x}}}\tilde{f}(\hat{\boldsymbol{x}},\boldsymbol{c})-\tilde{\boldsymbol{L}}\hat{\boldsymbol{x}}-\tilde{\boldsymbol{L}}\boldsymbol{\lambda})+(\boldsymbol{\lambda}-\boldsymbol{\lambda}^*)^{\mathrm{T}}\tilde{\boldsymbol{L}}\hat{\boldsymbol{x}}+(\boldsymbol{c}-\boldsymbol{c}^*)^{\mathrm{T}}D(\hat{\boldsymbol{x}},\Omega)$，其中 $\partial_{\hat{\boldsymbol{x}}}\tilde{f}(\hat{\boldsymbol{x}},\boldsymbol{c})=\{\boldsymbol{g}+\boldsymbol{C}\boldsymbol{h}\mid\boldsymbol{g}_i\in\partial f_i(\boldsymbol{x}_i),\ \boldsymbol{h}_i\in\partial d(\boldsymbol{x}_i,\Omega_i),\boldsymbol{C}=\mathrm{diag}\{c_1,c_2,\cdots,c_n\}\}$.

令 $\boldsymbol{g}_i\in\partial f_i(\boldsymbol{x}_i)$，$\boldsymbol{h}_i\in\partial d(\boldsymbol{x}_i,\Omega_i)$. 记 $\boldsymbol{g}=[\boldsymbol{g}_1^{\mathrm{T}},\boldsymbol{g}_2^{\mathrm{T}},\cdots,\boldsymbol{g}_n^{\mathrm{T}}]^{\mathrm{T}}$，$\boldsymbol{h}=[\boldsymbol{h}_1^{\mathrm{T}},\boldsymbol{h}_2^{\mathrm{T}},\cdots,\boldsymbol{h}_n^{\mathrm{T}}]^{\mathrm{T}}$，以及 $H=(\hat{\boldsymbol{x}}-\hat{\boldsymbol{x}}^*)^{\mathrm{T}}(-\boldsymbol{g}-\boldsymbol{C}\boldsymbol{h}-\tilde{\boldsymbol{L}}\hat{\boldsymbol{x}}-\tilde{\boldsymbol{L}}\boldsymbol{\lambda})+(\boldsymbol{\lambda}-\boldsymbol{\lambda}^*)^{\mathrm{T}}\tilde{\boldsymbol{L}}\hat{\boldsymbol{x}}+(\boldsymbol{c}-\boldsymbol{c}^*)^{\mathrm{T}}D(\hat{\boldsymbol{x}},\Omega)$，则 $\mathcal{L}_{\mathcal{F}}V_1(\hat{\boldsymbol{x}},\boldsymbol{\lambda},\boldsymbol{c})=\{H\mid\boldsymbol{g}_i\in\partial f_i(\boldsymbol{x}_i),\ \boldsymbol{h}_i\in\partial d(\boldsymbol{x}_i,\Omega_i)\}$ 且

$$\begin{aligned}H&=(\hat{\boldsymbol{x}}-\hat{\boldsymbol{x}}^*)^{\mathrm{T}}(-\boldsymbol{g}-\boldsymbol{C}\boldsymbol{h}-\tilde{\boldsymbol{L}}\hat{\boldsymbol{x}}-\tilde{\boldsymbol{L}}\boldsymbol{\lambda})+(\boldsymbol{\lambda}-\boldsymbol{\lambda}^*)^{\mathrm{T}}\tilde{\boldsymbol{L}}\hat{\boldsymbol{x}}+(\boldsymbol{c}-\boldsymbol{c}^*)^{\mathrm{T}}D(\hat{\boldsymbol{x}},\Omega)\\&=(\hat{\boldsymbol{x}}-\hat{\boldsymbol{x}}^*)^{\mathrm{T}}(-\boldsymbol{g}+\boldsymbol{g}^*+\boldsymbol{C}^*\boldsymbol{h}^*+\tilde{\boldsymbol{L}}\boldsymbol{\lambda}^*-\boldsymbol{C}\boldsymbol{h}-\tilde{\boldsymbol{L}}\hat{\boldsymbol{x}}-\tilde{\boldsymbol{L}}\boldsymbol{\lambda})+(\boldsymbol{\lambda}-\boldsymbol{\lambda}^*)^{\mathrm{T}}\tilde{\boldsymbol{L}}\hat{\boldsymbol{x}}+\\&\quad(\boldsymbol{c}-\boldsymbol{c}^*)^{\mathrm{T}}D(\hat{\boldsymbol{x}},\Omega)\\&\leqslant(\hat{\boldsymbol{x}}-\hat{\boldsymbol{x}}^*)^{\mathrm{T}}(\boldsymbol{C}^*\boldsymbol{h}^*-\boldsymbol{C}\boldsymbol{h})+(\boldsymbol{c}-\boldsymbol{c}^*)^{\mathrm{T}}D(\hat{\boldsymbol{x}},\Omega)-\hat{\boldsymbol{x}}^{\mathrm{T}}\tilde{\boldsymbol{L}}\hat{\boldsymbol{x}}\\&=\sum_{i=1}^{n}((\boldsymbol{x}_i-\boldsymbol{x}_i^*)^{\mathrm{T}}(c_i^*\boldsymbol{h}_i^*-c_i\boldsymbol{h}_i)+(c_i-c_i^*)d(\boldsymbol{x}_i,\Omega_i))-\hat{\boldsymbol{x}}^{\mathrm{T}}\tilde{\boldsymbol{L}}\hat{\boldsymbol{x}},\end{aligned}\tag{2.26}$$

式中，$\boldsymbol{C}^*=\mathrm{diag}\{c_1^*,c_2^*,\cdots,c_n^*\}$，$\boldsymbol{g}^*\in\partial f_i(\boldsymbol{x}_i^*)$，$\boldsymbol{h}_i^*\in\partial d(\boldsymbol{x}_i^*,\Omega_i)$；等式二成立，是因为引理 2.6 以及 $\hat{\boldsymbol{x}}^*$ 是 $\{\hat{f}(\hat{\boldsymbol{x}})+\boldsymbol{c}^*D(\hat{\boldsymbol{x}},\Omega)\mid\boldsymbol{x}_i=\boldsymbol{x}_j\}$ 的最优点；不等式成立，因为 $\tilde{\boldsymbol{L}}\hat{\boldsymbol{x}}^*=0$ 以及 f_i 的凸性. 注意到假设 2.1 中的 $\tilde{\boldsymbol{L}}$ 是半正定的. 如果可以证明：对于任意的 $\boldsymbol{h}_i\in\partial d(\boldsymbol{x}_i,\Omega_i)$ 以及每一个 i，都有 $H_i\triangleq(\boldsymbol{x}_i-\boldsymbol{x}_i^*)^{\mathrm{T}}\cdot(c_i^*\boldsymbol{h}_i^*-c_i\boldsymbol{h}_i)+(c_i-c_i^*)d(\boldsymbol{x}_i,\Omega_i)\leqslant 0$，那么就有 $H\leqslant\sum_{i=1}^{n}H_i-\hat{\boldsymbol{x}}^{\mathrm{T}}\tilde{\boldsymbol{L}}\hat{\boldsymbol{x}}\leqslant 0$.

接下来分两类证明该引理：$\boldsymbol{x}_i \in \Omega_i$ 与 $\boldsymbol{x}_i \notin \Omega_i$.

（1）$\boldsymbol{x}_i \in \Omega_i$. 这种情况下，$d(\boldsymbol{x}_i, \Omega_i) = 0$ 且 $\partial d(\boldsymbol{x}_i, \Omega_i) \subset N_{\Omega_i}(\boldsymbol{x}_i)$. 注意到由于 $\boldsymbol{h}_i \in \partial d(\boldsymbol{x}_i, \Omega_i)$，$\boldsymbol{h}_i^* \in \partial d(\boldsymbol{x}_i^*, \Omega_i)$ 且 $\partial d(\boldsymbol{x}_i^*, \Omega_i) \subset N_{\Omega_i}(\boldsymbol{x}_i^*)$，可以得到 $(\boldsymbol{x}_i - \boldsymbol{x}_i^*)^{\mathrm{T}} \boldsymbol{h}_i^* \leqslant 0$ 且 $-(\boldsymbol{x}_i - \boldsymbol{x}_i^*)^{\mathrm{T}} \boldsymbol{h}_i \leqslant 0$. 注意到式（2.21）中 $c_i, c_i^* > 0$. 因此，$H_i \leqslant 0$.

（2）$\boldsymbol{x}_i \notin \Omega_i$. 这种情况下，$\partial d(\boldsymbol{x}_i, \Omega_i) = \left\{\dfrac{\boldsymbol{x}_i - P_{\Omega_i}(\boldsymbol{x}_i)}{d(\boldsymbol{x}_i, \Omega_i)}\right\}$，即 $\boldsymbol{h}_i = \dfrac{\boldsymbol{x}_i - P_{\Omega_i}(\boldsymbol{x}_i)}{d(\boldsymbol{x}_i, \Omega_i)}$.

对于 $c_i \leqslant c_i^*$，有

$$
\begin{aligned}
H_i &= (\boldsymbol{x}_i - \boldsymbol{x}_i^*)^{\mathrm{T}} (c_i^* \boldsymbol{h}_i^* - c_i \boldsymbol{h}_i) + (c_i - c_i^*) d(\boldsymbol{x}_i, \Omega_i) \\
&\leqslant (\boldsymbol{x}_i - \boldsymbol{x}_i^*)^{\mathrm{T}} (c_i^* - c_i) \boldsymbol{h}_i^* + (c_i - c_i^*) d(\boldsymbol{x}_i, \Omega_i) \qquad (2.27\mathrm{a}) \\
&\leqslant (c_i^* - c_i) d(\boldsymbol{x}_i, \Omega_i) + (c_i - c_i^*) d(\boldsymbol{x}_i, \Omega_i) \qquad (2.27\mathrm{b}) \\
&= 0. \qquad (2.27\mathrm{c})
\end{aligned}
$$

由 $d(\boldsymbol{x}_i, \Omega_i)$ 的凸性可得 $-(\boldsymbol{x}_i - \boldsymbol{x}_i^*)^{\mathrm{T}} (\boldsymbol{h}_i - \boldsymbol{h}_i^*) \leqslant 0$，因此式（2.27a）成立；由 $d(\boldsymbol{x}_i, \Omega_i)$ 的凸性可得 $(\boldsymbol{x}_i - \boldsymbol{x}_i^*)^{\mathrm{T}} \boldsymbol{h}_i^* \leqslant d(\boldsymbol{x}_i, \Omega_i) - d(\boldsymbol{x}_i^*, \Omega_i) = d(\boldsymbol{x}_i, \Omega_i)$，而且 $c_i \leqslant c_i^*$，因此式（2.27b）成立.

对于 $c_i > c_i^*$，有

$$
\begin{aligned}
H_i &= (\boldsymbol{x}_i - \boldsymbol{x}_i^*)^{\mathrm{T}} (c_i^* \boldsymbol{h}_i^* - c_i \boldsymbol{h}_i) + (c_i - c_i^*) d(\boldsymbol{x}_i, \Omega_i) \\
&\leqslant -(c_i - c_i^*)(\boldsymbol{x}_i - \boldsymbol{x}_i^*)^{\mathrm{T}} \boldsymbol{h}_i + (c_i - c_i^*) d(\boldsymbol{x}_i, \Omega_i) \qquad (2.28\mathrm{a}) \\
&= -(c_i - c_i^*)(\boldsymbol{x}_i - P_{\Omega_i}(\boldsymbol{x}_i) + P_{\Omega_i}(\boldsymbol{x}_i) - \boldsymbol{x}_i^*)^{\mathrm{T}} \cdot \\
&\quad \frac{\boldsymbol{x}_i - P_{\Omega_i}(\boldsymbol{x}_i)}{d(\boldsymbol{x}_i, \Omega_i)} + (c_i - c_i^*) d(\boldsymbol{x}_i, \Omega_i) \\
&\leqslant -(c_i - c_i^*)(\boldsymbol{x}_i - P_{\Omega_i}(\boldsymbol{x}_i))^{\mathrm{T}} \frac{\boldsymbol{x}_i - P_{\Omega_i}(\boldsymbol{x}_i)}{d(\boldsymbol{x}_i, \Omega_i)} + (c_i - c_i^*) d(\boldsymbol{x}_i, \Omega_i) \qquad (2.28\mathrm{b}) \\
&= 0. \qquad (2.28\mathrm{c})
\end{aligned}
$$

由 $d(\boldsymbol{x}_i, \Omega_i)$ 的凸性可得 $-(\boldsymbol{x}_i - \boldsymbol{x}_i^*)^{\mathrm{T}} (\boldsymbol{h}_i - \boldsymbol{h}_i^*) \leqslant 0$，因此式（2.28a）成立；由于 $(P_{\Omega_i}(\boldsymbol{x}_i) - \boldsymbol{x}_i^*)^{\mathrm{T}} (\boldsymbol{x}_i - P_{\Omega_i}(\boldsymbol{x}_i)) \geqslant 0$（投影算子的性质）且 $c_i > c_i^*$，可得式（2.28b）成立.

（ⅱ）由（ⅰ）可知沿着式（2.21）的轨迹对于任何初始条件都是有界的，因此对于所有的 $t \geqslant 0$，都有 $\bar{\boldsymbol{c}} = \bar{\boldsymbol{c}}(\boldsymbol{x}_0, \boldsymbol{\lambda}_0, \boldsymbol{c}_0)$，其中 $\bar{\boldsymbol{c}} \geqslant \boldsymbol{c}(t)$.

由定义可知，存在 $\tilde{\boldsymbol{v}} \in \mathcal{F}(\hat{\boldsymbol{x}}, \boldsymbol{\lambda}, \boldsymbol{c})$ 使得对于所有的 $\boldsymbol{p} \in \partial V_2(\hat{\boldsymbol{x}}, \boldsymbol{\lambda}, \boldsymbol{c})$ 都有 $v_2 = \boldsymbol{p}^{\mathrm{T}} \tilde{\boldsymbol{v}}$. 记 $\boldsymbol{p} = (\boldsymbol{p}_1^{\mathrm{T}}, \boldsymbol{p}_2^{\mathrm{T}}, \boldsymbol{p}_3^{\mathrm{T}})^{\mathrm{T}}$ 和 $\tilde{\boldsymbol{v}} = (\tilde{\boldsymbol{v}}_1^{\mathrm{T}}, \tilde{\boldsymbol{v}}_2^{\mathrm{T}}, \tilde{\boldsymbol{v}}_3^{\mathrm{T}})^{\mathrm{T}}$，其中 $\boldsymbol{p}_1 \in \partial_{\hat{\boldsymbol{x}}} V_2, \boldsymbol{p}_2 \in \partial_{\boldsymbol{\lambda}} V_2$ 且 $\boldsymbol{p}_3 \in \partial_{\boldsymbol{c}} V_2$. 注意到在式（2.21）中 $\mathcal{F}(\hat{\boldsymbol{x}}, \boldsymbol{\lambda}, \boldsymbol{c}) = (-\partial_{\hat{\boldsymbol{x}}} V_2^{\mathrm{T}}, \partial_{\boldsymbol{\lambda}} V_2^{\mathrm{T}}, \partial_{\boldsymbol{c}} V_2^{\mathrm{T}})^{\mathrm{T}}$，因

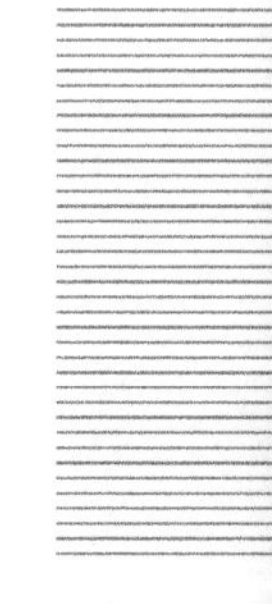

此通过选择合适的$\boldsymbol{p}_1=-\tilde{\boldsymbol{v}}_1,\boldsymbol{p}_2=\tilde{\boldsymbol{v}}_2,\boldsymbol{p}_3=\tilde{\boldsymbol{v}}_3$可以有

$$\begin{aligned}\tilde{\boldsymbol{v}}_2&=\boldsymbol{p}_1^{\mathrm{T}}\tilde{\boldsymbol{v}}_1+\boldsymbol{p}_2^{\mathrm{T}}\tilde{\boldsymbol{v}}_1+\boldsymbol{p}_3^{\mathrm{T}}\tilde{\boldsymbol{v}}_3\\&=-\|\tilde{\boldsymbol{v}}_1\|^2+\|\tilde{\boldsymbol{L}}\hat{\boldsymbol{x}}\|^2+\sum_{i=1}^{n}d(\boldsymbol{x}_i(t),\Omega_i)^2-\sum_{i=1}^{n}d(\boldsymbol{x}_i(t),\Omega_i).\end{aligned}\tag{2.29}$$

(ⅲ) 因为$\hat{\boldsymbol{x}}^{\mathrm{T}}\tilde{\boldsymbol{L}}\hat{\boldsymbol{x}}\geqslant0$和$\mathbf{1}_n^{\mathrm{T}}(\bar{\boldsymbol{c}}-\boldsymbol{c})\geqslant0$，可得

$$V_2(\hat{\boldsymbol{x}},\boldsymbol{\lambda},\boldsymbol{c})\geqslant\hat{f}(\hat{\boldsymbol{x}})+\boldsymbol{c}^{\mathrm{T}}D(\hat{\boldsymbol{x}},\Omega)-\hat{f}(\hat{\boldsymbol{x}}^*)+(\hat{\boldsymbol{x}}-\hat{\boldsymbol{x}}^*)^{\mathrm{T}}\tilde{\boldsymbol{L}}\boldsymbol{\lambda}^*+(\hat{\boldsymbol{x}}-\hat{\boldsymbol{x}}^*)^{\mathrm{T}}\tilde{\boldsymbol{L}}(\boldsymbol{\lambda}-\boldsymbol{\lambda}^*)+\frac{\|\boldsymbol{c}^*\|_1}{2}.$$

此外，还有

$$\hat{f}(\hat{\boldsymbol{x}})-\hat{f}(\hat{\boldsymbol{x}}^*)+(\hat{\boldsymbol{x}}-\hat{\boldsymbol{x}}^*)^{\mathrm{T}}\tilde{\boldsymbol{L}}\boldsymbol{\lambda}^*\geqslant(\boldsymbol{g}^*+\tilde{\boldsymbol{L}}\boldsymbol{\lambda}^*)^{\mathrm{T}}(\hat{\boldsymbol{x}}-\hat{\boldsymbol{x}}^*).$$

由引理2.6和定理2.2可得$0\in\partial\hat{f}(\hat{\boldsymbol{x}}^*)+\mathrm{diag}\{c_i^*\partial d(\boldsymbol{x}_i^*,\Omega_i)\}+\tilde{\boldsymbol{L}}\boldsymbol{\lambda}^*$. 因此，存在$\boldsymbol{h}_i^*\in\partial d(\boldsymbol{x}_i^*,\Omega_i)$使得

$$\begin{aligned}\hat{f}(\hat{\boldsymbol{x}})-\hat{f}(\hat{\boldsymbol{x}}^*)+(\hat{\boldsymbol{x}}-\hat{\boldsymbol{x}}^*)^{\mathrm{T}}\tilde{\boldsymbol{L}}\boldsymbol{\lambda}^*&\geqslant\sum_{i=1}^{n}-c_i^*\boldsymbol{h}_i^{*\mathrm{T}}(\boldsymbol{x}_i-\boldsymbol{x}_i^*)\\&\geqslant\sum_{i=1}^{n}-c_i^*d(\boldsymbol{x}_i,\Omega_i).\end{aligned}$$

由（ⅰ）可知，$c_i(t)$是上有界的，因此由$\dot{c}_i(t)=d(\boldsymbol{x}_i,\Omega_i)$可得$d(\boldsymbol{x}_i,\Omega_i)\to0$，对于所有的$i$都成立. 因此存在$T(\hat{\boldsymbol{x}}_0,\boldsymbol{\lambda}_0,\boldsymbol{c}_0)>0$使得

$$d(\boldsymbol{x}_i,\Omega_i)\leqslant\frac{1}{2},\quad t\geqslant T(\hat{\boldsymbol{x}}_0,\boldsymbol{\lambda}_0,\boldsymbol{c}_0).\tag{2.30}$$

因此对于所有的$t\geqslant T(\hat{\boldsymbol{x}}_0,\boldsymbol{\lambda}_0,\boldsymbol{c}_0)$，都有

$$\hat{f}(\hat{\boldsymbol{x}})-\hat{f}(\hat{\boldsymbol{x}}^*)+(\hat{\boldsymbol{x}}-\hat{\boldsymbol{x}}^*)^{\mathrm{T}}\tilde{\boldsymbol{L}}\boldsymbol{\lambda}^*\geqslant-\frac{\|\boldsymbol{c}^*\|_1}{2}.$$

此外，

$$(\hat{\boldsymbol{x}}-\hat{\boldsymbol{x}}^*)^{\mathrm{T}}\tilde{\boldsymbol{L}}(\boldsymbol{\lambda}-\boldsymbol{\lambda}^*)\geqslant-\frac{\lambda_{\max}(\tilde{\boldsymbol{L}})}{2}(\|\hat{\boldsymbol{x}}-\hat{\boldsymbol{x}}^*\|^2+\|\boldsymbol{\lambda}-\boldsymbol{\lambda}^*\|^2).$$

因此，$V_1(\hat{\boldsymbol{x}},\boldsymbol{\lambda},\boldsymbol{c})+\alpha V_2(\hat{\boldsymbol{x}},\boldsymbol{\lambda},\boldsymbol{c})\geqslant V_1(\hat{\boldsymbol{x}},\boldsymbol{\lambda},\boldsymbol{c})+\alpha(\hat{\boldsymbol{x}}-\hat{\boldsymbol{x}}^*)^{\mathrm{T}}\tilde{\boldsymbol{L}}(\boldsymbol{\lambda}-\boldsymbol{\lambda}^*)+\left(\frac{\|\boldsymbol{c}^*\|_1}{2}-\frac{\|\boldsymbol{c}\|_1}{2}\right)\geqslant\frac{1-\alpha\lambda_{\max}(\tilde{\boldsymbol{L}})}{2}(\|\hat{\boldsymbol{x}}-\hat{\boldsymbol{x}}^*\|^2+\|\boldsymbol{\lambda}-\boldsymbol{\lambda}^*\|^2)+\frac{1}{2}\|\boldsymbol{c}-\boldsymbol{c}^*\|^2\geqslant0.$

基于（ⅰ）和（ⅱ）的分析可以得到：存在某个 $\tilde{\boldsymbol{v}}_1 \in -\partial_{\hat{x}} \tilde{f}(\hat{\boldsymbol{x}},\boldsymbol{c}) - \tilde{\boldsymbol{L}}\hat{\boldsymbol{x}} - \tilde{\boldsymbol{L}}\boldsymbol{\lambda}$，使得

$$\boldsymbol{v}_1 + \alpha \boldsymbol{v}_2 \leqslant -\hat{\boldsymbol{x}}^{\mathrm{T}}\tilde{\boldsymbol{L}}\hat{\boldsymbol{x}} - \alpha\|\tilde{\boldsymbol{v}}_1\|^2 + \alpha\|\tilde{\boldsymbol{L}}\hat{\boldsymbol{x}}\|^2 + \alpha\sum_{i=1}^{n} d(\boldsymbol{x}_i(t),\Omega_i)^2 - \alpha\sum_{i=1}^{n} d(\boldsymbol{x}_i(t),\Omega_i),$$

其中，$\boldsymbol{v}_1 \in \mathcal{L}_{\mathcal{F}}V_1(\hat{\boldsymbol{x}}), \boldsymbol{v}_2 \in \mathcal{L}_{\mathcal{F}}V_2(\hat{\boldsymbol{x}})$.

由线性代数的相关结论得：$\|\tilde{\boldsymbol{L}}\hat{\boldsymbol{x}}\|^2 = \hat{\boldsymbol{x}}^{\mathrm{T}}\tilde{\boldsymbol{L}}^{\mathrm{T}}\tilde{\boldsymbol{L}}\hat{\boldsymbol{x}} \leqslant \lambda_{\max}(\tilde{\boldsymbol{L}})\hat{\boldsymbol{x}}^{\mathrm{T}}\tilde{\boldsymbol{L}}\hat{\boldsymbol{x}}$. 令 $\alpha < \dfrac{1}{\lambda_{\max}(\tilde{\boldsymbol{L}})}$，$\beta = (1 - \alpha\lambda_{\max}(\tilde{\boldsymbol{L}}))$. 可以得到 $-\hat{\boldsymbol{x}}^{\mathrm{T}}\tilde{\boldsymbol{L}}\hat{\boldsymbol{x}} + \alpha\|\tilde{\boldsymbol{L}}\hat{\boldsymbol{x}}\|^2 \leqslant -\beta\hat{\boldsymbol{x}}^{\mathrm{T}}\tilde{\boldsymbol{L}}\hat{\boldsymbol{x}}$. 按照式（2.30）中 T 的定义，有 $d(\boldsymbol{x}_i,\Omega_i) \leqslant \dfrac{1}{2}, d(\boldsymbol{x}_i,\Omega_i)^2 - d(\boldsymbol{x}_i,\Omega_i) \leqslant -\dfrac{1}{2}d(\boldsymbol{x}_i,\Omega_i), t \geqslant T(\hat{\boldsymbol{x}}_0,\boldsymbol{\lambda}_0,\boldsymbol{c}_0)$. 因此存在 $\alpha,\beta,T(\hat{\boldsymbol{x}}_0,\boldsymbol{\lambda}_0,\boldsymbol{c}_0) > 0$ 使得 $\boldsymbol{v}_1 + \alpha\boldsymbol{v}_2 \leqslant -\alpha\|\tilde{\boldsymbol{v}}_1\|^2 - \beta\hat{\boldsymbol{x}}(t)^{\mathrm{T}}\tilde{\boldsymbol{L}}\hat{\boldsymbol{x}}(t) - 0.5\alpha\sum_{i=1}^{n} d(\boldsymbol{x}_i(t),\Omega_i), t \geqslant T(\hat{\boldsymbol{x}}_0,\boldsymbol{\lambda}_0,\boldsymbol{c}_0)$.

注　由引理 2. 7 可以得到一个结论：有 $\boldsymbol{c}$ 的有界性可知 $\boldsymbol{V}_1$ 有界，因此存在 $\bar{\boldsymbol{c}} \in \mathbb{R}^n$ 使得对于所有 $t \geqslant 0$ 都有 $\bar{c}_i > c_i(t)$.

接下来，分析收敛性.

定理 2. 3

如果假设 2. 1 和假设 2. 2 都满足，则对于任意的 $(\boldsymbol{x}_0,\boldsymbol{\lambda}_0,\boldsymbol{c}_0) \in \mathbb{R}^{nq} \times \mathbb{R}^{nq} \times \mathbb{R}^n_{>0}$，$(\hat{\boldsymbol{x}}(t),\boldsymbol{\lambda}(t),\boldsymbol{c}(t))$ 都会收敛到式（2. 21）的平衡点，且 $\boldsymbol{x}_i(t)$ 会收敛到式（2. 1）的最优解.

证明　令 $V(\hat{\boldsymbol{x}},\boldsymbol{\lambda},\boldsymbol{c}) = V_1(\hat{\boldsymbol{x}},\boldsymbol{\lambda},\boldsymbol{c}) + \alpha V_2(\hat{\boldsymbol{x}},\boldsymbol{\lambda},\boldsymbol{c})$，其中 V_1, V_2 和 α 与引理 2. 7 中的定义一样. 由引理 2. 7 可知，对于任意的 $v \in \mathcal{L}_{\mathcal{F}}V(\hat{\boldsymbol{x}},\boldsymbol{\lambda},\boldsymbol{c})$ 都有 $V(\hat{\boldsymbol{x}},\boldsymbol{\lambda},\boldsymbol{c}) \geqslant 0$，并且对于任意的 $t \geqslant T(\hat{\boldsymbol{x}}_0,\boldsymbol{\lambda}_0,\boldsymbol{c}_0)$，都有

$$v \leqslant -\alpha\|\tilde{\boldsymbol{v}}_1\|^2 - \beta\hat{\boldsymbol{x}}(t)^{\mathrm{T}}\tilde{\boldsymbol{L}}\hat{\boldsymbol{x}}(t) - 0.5\alpha\sum_{i=1}^{n} d(\boldsymbol{x}_i(t),\Omega_i).$$

式中，T 和 β 与引理 2. 7 中的定义一样. 因此，对于 $t \geqslant T(\hat{\boldsymbol{x}}_0,\boldsymbol{\lambda}_0,\boldsymbol{c}_0)$ 有 $\max \mathcal{L}_{\mathcal{F}}V(\hat{\boldsymbol{x}},\boldsymbol{\lambda},\boldsymbol{c}) \leqslant 0$. 由引理 A. 5 可知，$(\hat{\boldsymbol{x}}(t),\boldsymbol{\lambda}(t),\boldsymbol{c}(t))$ 收敛到 $\mathcal{M}$，其中 $\mathcal{M}$ 是 $\mathcal{R} \cap S$ 的最大弱不变集，$\mathcal{R} = \{(\hat{\boldsymbol{x}},\boldsymbol{\lambda},\boldsymbol{c}) \mid 0 \in \mathcal{L}_{\mathcal{F}}V(\hat{\boldsymbol{x}},\boldsymbol{\lambda},\boldsymbol{c})\}$，

$S=\{(\hat{\boldsymbol{x}},\boldsymbol{\lambda},\boldsymbol{c})\mid V(\hat{\boldsymbol{x}},\boldsymbol{\lambda},\boldsymbol{c})\leqslant V(\hat{\boldsymbol{x}}_0,\boldsymbol{\lambda}_0,\boldsymbol{c}_0)\}$. 令$(\hat{\boldsymbol{x}},\boldsymbol{\lambda},\boldsymbol{c})\in\mathcal{M}$. 由$\mathcal{M}$的定义以及式（2.25），$(\hat{\boldsymbol{x}},\boldsymbol{\lambda},\boldsymbol{c})$需满足：存在某个$\tilde{\boldsymbol{v}}_1\in-\partial_{\hat{\boldsymbol{x}}}\tilde{f}(\hat{\boldsymbol{x}},\boldsymbol{c})-\tilde{\boldsymbol{L}}\hat{\boldsymbol{x}}-\tilde{\boldsymbol{L}}\boldsymbol{\lambda}$使得$\|\tilde{\boldsymbol{v}}_1\|^2=0,\hat{\boldsymbol{x}}^{\mathrm{T}}\tilde{\boldsymbol{L}}\hat{\boldsymbol{x}}=0$以及$d(\boldsymbol{x}_i,\Omega_i)=0$都成立. 因此$0\in-\partial_{\hat{\boldsymbol{x}}}\tilde{f}(\hat{\boldsymbol{x}},\boldsymbol{c})-\tilde{\boldsymbol{L}}\hat{\boldsymbol{x}}-\tilde{\boldsymbol{L}}\boldsymbol{\lambda},\tilde{\boldsymbol{L}}\hat{\boldsymbol{x}}=0,d(\boldsymbol{x}_i,\Omega_i)=0$. 因此$(\hat{\boldsymbol{x}},\boldsymbol{\lambda},\boldsymbol{c})$是式（2.21）的平衡点，这意味着$\mathcal{M}$中所有点都是式（2.21）的平衡点.

令$\phi(t)=(\hat{\boldsymbol{x}}(t),\boldsymbol{\lambda}(t),\boldsymbol{c}(t))$是式（2.21）的 Caratheodory 解. 对于$t\geqslant T(\hat{\boldsymbol{x}}_0,\boldsymbol{\lambda}_0,\boldsymbol{c}_0)$，$\phi(\cdot)$以$\max\mathcal{L}_{\mathcal{F}}V(\hat{\boldsymbol{x}},\boldsymbol{\lambda},\boldsymbol{c})\leqslant0$为界. 故存在$(\tilde{\boldsymbol{x}},\tilde{\boldsymbol{\lambda}},\tilde{\boldsymbol{c}})$和$\{t_k,k=1,2,\cdots\}$，使得当$k\to\infty$时，$\phi(t_k)=(\hat{\boldsymbol{x}}(t_k),\boldsymbol{\lambda}(t_k),\boldsymbol{c}(t_k))\to(\tilde{\boldsymbol{x}},\tilde{\boldsymbol{\lambda}},\tilde{\boldsymbol{c}})$. 然后，由于$\mathrm{dist}(\phi(t),\mathcal{M})\to0$，因此$(\tilde{\boldsymbol{x}},\tilde{\boldsymbol{\lambda}},\tilde{\boldsymbol{c}})\in\mathcal{M}$. 因此$(\tilde{\boldsymbol{x}},\tilde{\boldsymbol{\lambda}},\tilde{\boldsymbol{c}})$是式（2.21）的平衡态. 另一方面，式（2.21）的每一个平衡态都是 Lyapunov 稳定的，因为对于所有的$(\hat{\boldsymbol{x}},\boldsymbol{\lambda},\boldsymbol{c})\neq(\hat{\boldsymbol{x}}^*,\boldsymbol{\lambda}^*,\boldsymbol{c}^*)$且$\max\mathcal{L}_{\mathcal{F}}V_1(\hat{\boldsymbol{x}},\boldsymbol{\lambda},\boldsymbol{c})\leqslant0$，$V_1(\hat{\boldsymbol{x}},\boldsymbol{\lambda},\boldsymbol{c})>0$总是满足. 因此对于任意的$\epsilon>0$，总存在$\delta>0$使得$(\hat{\boldsymbol{x}}_0,\boldsymbol{\lambda}_0,\boldsymbol{c}_0)\in B((\tilde{\boldsymbol{x}},\tilde{\boldsymbol{\lambda}},\tilde{\boldsymbol{c}}),\delta)$，即对于任意的$t\geqslant0$总有$(\hat{\boldsymbol{x}}(t),\boldsymbol{\lambda}(t),\boldsymbol{c}(t))\in B((\tilde{\boldsymbol{x}},\tilde{\boldsymbol{\lambda}},\tilde{\boldsymbol{c}}),\epsilon)$. 由于$\phi(t_k)=(\hat{\boldsymbol{x}}(t_k),\boldsymbol{\lambda}(t_k),\boldsymbol{c}(t_k))\to(\tilde{\boldsymbol{x}},\tilde{\boldsymbol{\lambda}},\tilde{\boldsymbol{c}})$，因此存在$m>0$使得$\phi(t_m)=(\hat{\boldsymbol{x}}(t_m),\boldsymbol{\lambda}(t_m),\boldsymbol{c}(t_m))\in B((\tilde{\boldsymbol{x}},\tilde{\boldsymbol{\lambda}},\tilde{\boldsymbol{c}}),\delta)$，并且对于之后所有的$t\geqslant t_m$，都有

$$(\hat{\boldsymbol{x}}(t),\boldsymbol{\lambda}(t),\boldsymbol{c}(t))\in B((\tilde{\boldsymbol{x}},\tilde{\boldsymbol{\lambda}},\tilde{\boldsymbol{c}}),\epsilon).$$

因此，$(\hat{\boldsymbol{x}}(t),\boldsymbol{\lambda}(t),\boldsymbol{c}(t))$会收敛到式（2.21）的平衡点.

注 由于$d(\hat{\boldsymbol{x}},\Omega)$非光滑，因此证明其收敛性是复杂的. 本书的证明首先构建了类 Lyapunov 函数V_1，然后充分利用$\partial d(\hat{\boldsymbol{x}},\Omega)$的形式和$d(\hat{\boldsymbol{x}},\Omega)$的凸性，得出$\mathcal{L}_{\mathcal{F}}V_1\leqslant0$. 然而，集合$\{(\hat{\boldsymbol{x}},\boldsymbol{\lambda},\boldsymbol{c})\mid\mathcal{L}_{\mathcal{F}}V_1(\hat{\boldsymbol{x}},\boldsymbol{\lambda},\boldsymbol{c})=0\}$并不包含在式（2.21）的平衡集中，因此难以分析收敛性. 本书构建另一个类 Lyapunov 函数V_2，最后通过非光滑分析证明了收敛性.

2.4.3 数值仿真

案例 2：精确的自适应惩罚法收敛性仿真

考虑一个有 8 个智能体的分布式优化问题（式（2.1）），$x\in\mathbb{R}$且$n=8$，智能体i的局部代价函数是：

$$f_i(x)=|x-i|+1,\quad i=1,2,\cdots,8.$$

智能体i的局部约束是$\Omega_i=\{x\in\mathbb{R}\mid10-i\leqslant x\leqslant10+i\}$. 通信拓扑$\mathcal{G}$的邻接矩阵为

$$
\boldsymbol{A}=\begin{bmatrix}0&1&0&1&0&0&0&1\\1&0&1&0&0&1&0&0\\0&1&0&1&0&0&0&0\\1&0&1&0&1&0&0&1\\0&0&0&1&0&1&0&0\\0&1&0&0&1&0&1&0\\0&0&0&0&0&1&0&1\\1&0&0&1&0&0&1&0\end{bmatrix}\tag{2.31}
$$

容易证明，$\Omega_0=\bigcap_{i=1}^{8}\Omega_i=[9,11]$，且最优解是 $x_i=9,i=1,2,\cdots,8$,刚好在 $\Omega=\prod_{i=1}^{8}\Omega_i$ 的边界上. 本例中每一步的迭代时间是 0.01 s，仿真结果如图 2.4 和图 2.5 所示. 图 2.4 展示了变量 x_i,c_i 和 $\boldsymbol{\lambda}_i$ 的收敛性且 $x_i(i=1,2,\cdots,8)$ 最终收敛到式（2.1)的最优解处. 图 2.5 展示了不同的 $c_i(0)$ 下 x_1 的轨迹. 具体分析：取 $\hat{\boldsymbol{x}}_0=[0,0,0,0,1,1,1,1]$，$\boldsymbol{\lambda}_0=[-0.6975,-0.1565,0.7939,0.7990,1,2,3,4]$，$c_i(0)$ 从 0 到 9 变化. 可以看到，$c_i(0)$ 越大，收敛速度越快.

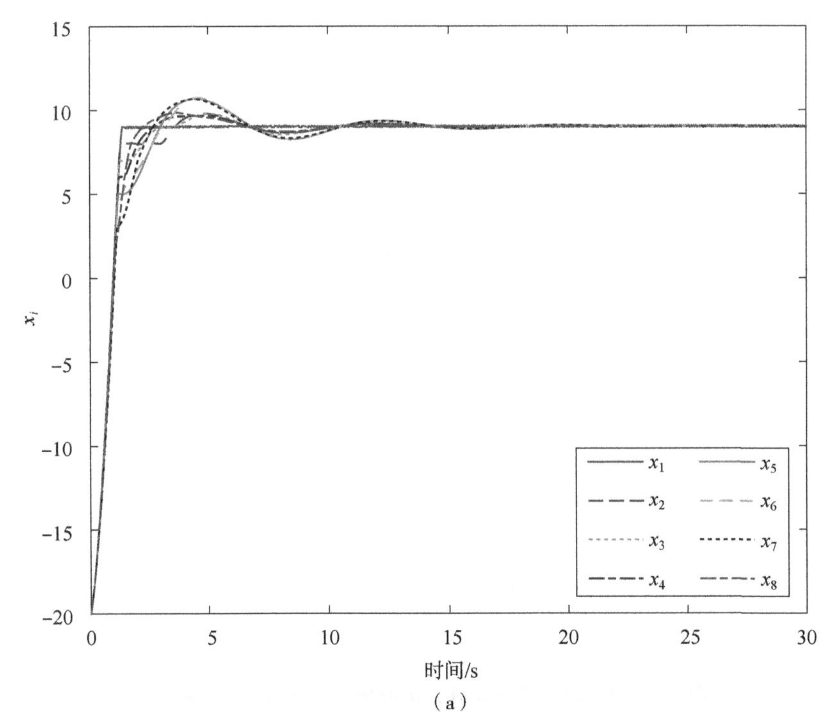

（a）

图 2.4　案例 2：式（2.21）的收敛性分析（附彩图）

（a）x_i 的轨迹

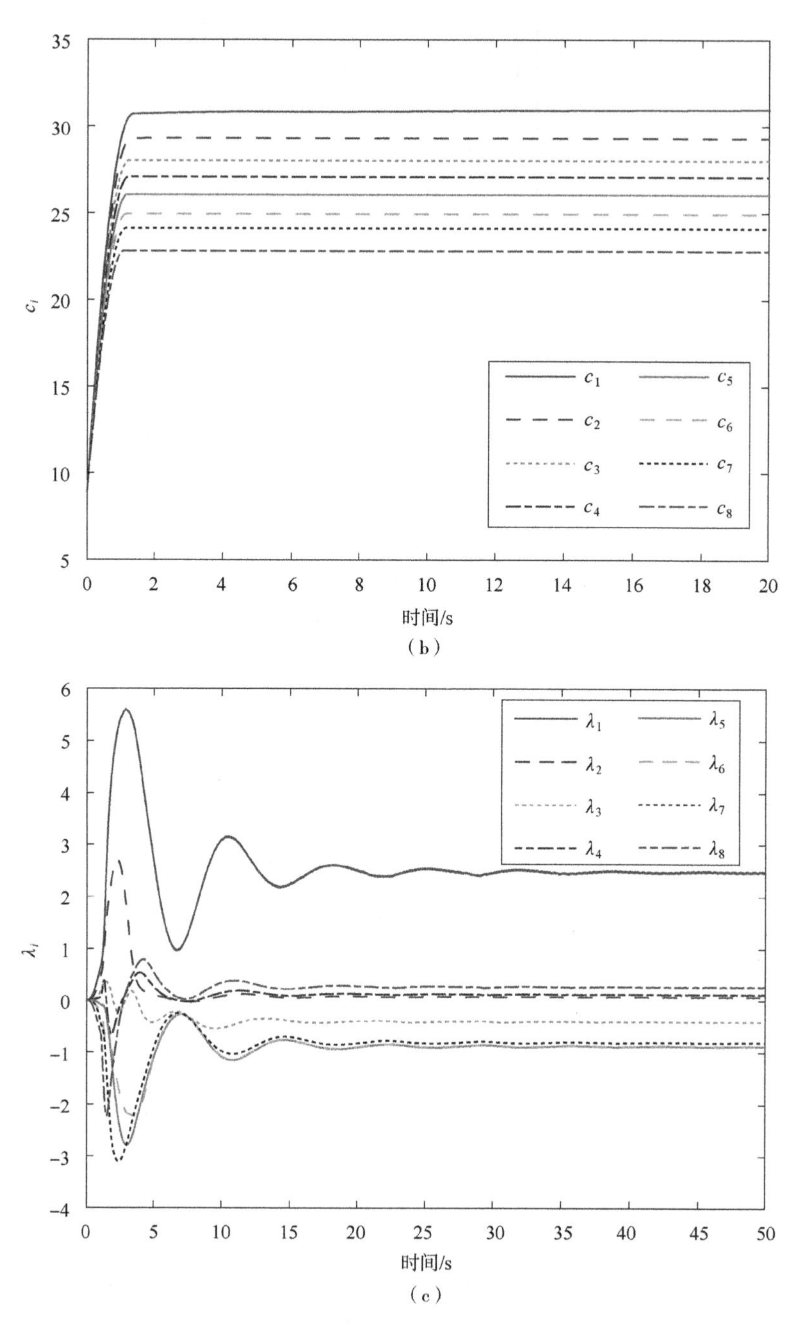

图 2.4　案例 2：式（2.21）的收敛性分析（续）（附彩图）

（b）c_i 的轨迹；（c）λ_i 的轨迹

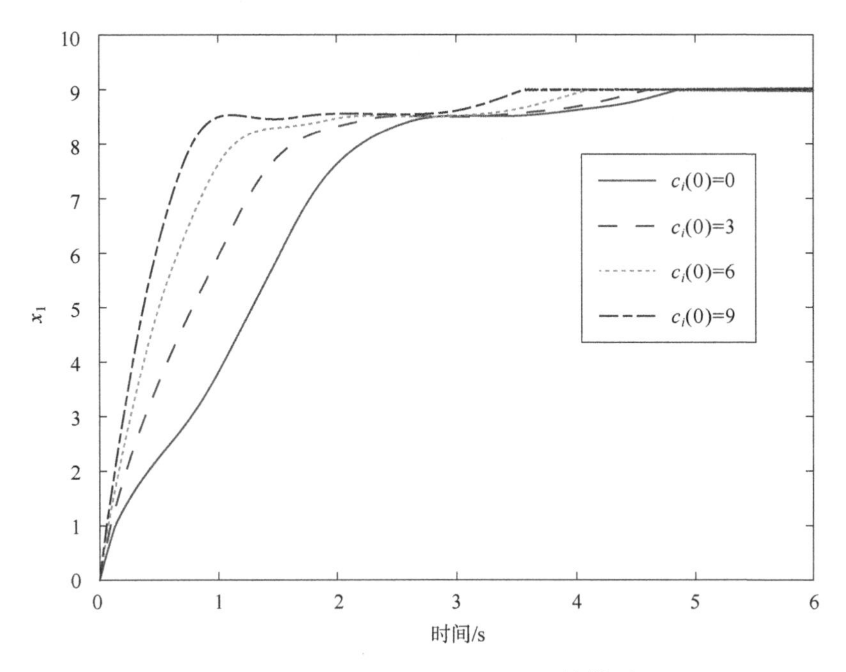

图 2.5　案例 2：不同的 $c_i(0)$ 下 x_1 的轨迹

案例 3：精确的自适应惩罚法与 ADMM 仿真比较

考虑一个优化问题，其局部代价函数是

$$f_i(x) = \frac{1}{2}|x - i|^2 + 1,\quad i = 1, 2, \cdots, 8.$$

除此之外，其余与案例 2 相同. 本例将比较式（2.21）分布式近端梯度 ADMM 法（即 PG - ADMM）[11].

本例中每一步的迭代时间是 0.01 s，式（2.21）初始条件是

$$\hat{\boldsymbol{x}}_0 = [-20, -20, -20, -20, -20, -20, -20, -20],$$

$\boldsymbol{\lambda}_0 = [0,0,0,0,0,0,0,0]$，$\boldsymbol{c}_0 = [0,0,0,0,0,0,0,0]$. PG - ADMM 算法的初始条件是 $x_i^0 = -20$，$p_i^0 = 0, i \in \{1, 2, \cdots, n\}$. 由于 PG - ADMM 是离散算法，因此本案例使用迭代次数 k 来表述收敛效果，图 2.6 展示了式（2.21）和PG - ADMM 算法的仿真结果. 从图 2.6 中可以看到，在相同的初始条件和步长下，PG - ADMM 收敛速度快于式（2.21）.

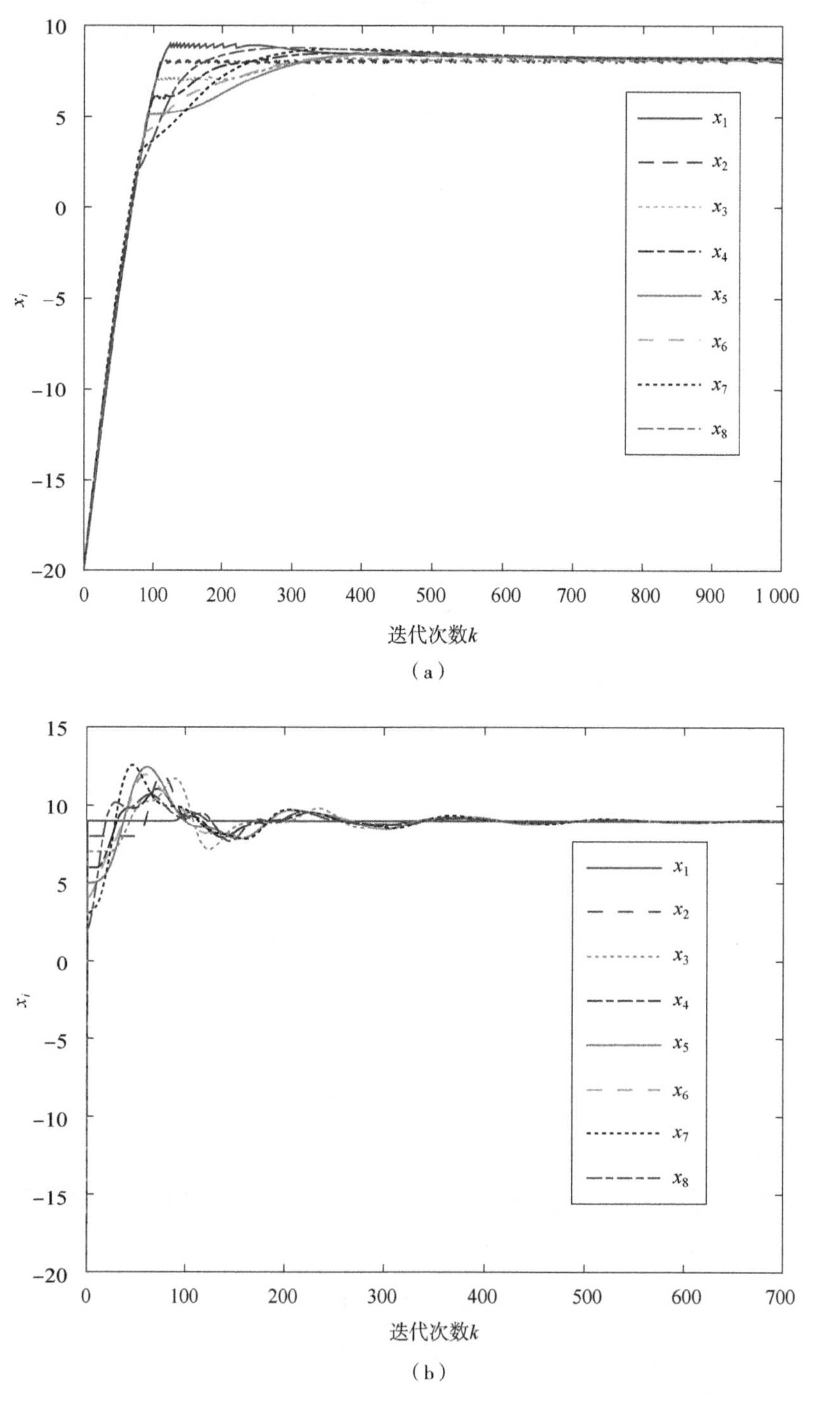

图 2.6　案例 3：式（2.21）和 ADMM 算法的比较（附彩图）

（a）使用式（2.21）下 x_i 的轨迹；（b）使用 ADMM 算法下 x_i 的轨迹

2.5　本章小结

本章针对局部集约束下的分布式非光滑优化问题，提出了一种分布式投影连续时间算法和一种基于自适应惩罚法的分布式连续时间算法. 通过投影微分包含和非光滑分析，本章证明了所提出的算法在保持状态有界的情况下是收敛的；基于非光滑 Lyapunov 函数的稳定性理论和收敛性结果，证明了该算法可以求解具有连续最优解的凸优化问题；最后，通过数值仿真验证了该算法的性能.

参考文献

[1] WANG J，ELIA N. Control approach to distributed optimization [C] // Proceedings of the 48th Annual Allerton Conference on Communication，Control，and Computing，Monticello，2011：557 –561.

[2] GHARESIFARD B，CORTES J. Distributed continuous – time convex optimization on weight – balanced digraphs [J]. IEEE Transactions on Automatic Control，2014，59 (3)：781 –786.

[3] YI P，HONG Y，LIU F. Distributed gradient algorithm for constrained optimization with application to load sharing in power systems [J]. Systems & Control Letters，2015，83：45 –52.

[4] KIA S S，CORTES J，MARTINEZ S. Distributed convex optimization via continuous – time coordination algorithms with discrete – time communication [J]. Automatica，2015，55：254 –264.

[5] LIU Q，WANG J. A second – order multi – agent network for bound – constrained distributed optimization [J]. IEEE Transaction on Automatic Control，2015，60 (12)：3310 –3315.

[6] QIU Z，LIU S，XIE L. Distributed constrained optimal consensus of multi – agent systems [J]. Automatica，2016，68：209 –215.

[7] RUSZCZYNSKI A. Nonlinear optimization [M]. Princeton: Princeton University Press, 2006.

[8] AUBIN J P, CELLINA A. Differential inclusions [M]. Berlin: Springer-Verlag, 1984.

[9] LIANG S, ZENG X L, HONG Y G. Lyapunov stability and generalized invariance principle for nonconvex differential inclusions [J]. Control Theory and Technology, 2016, 14 (2): 140-150.

[10] MATEOS G, BAZERQUE J A, GIANNAKIS G B. Distributed sparse linear regression [J]. IEEE Transactions on Signal Processing, 2010, 58 (10): 5262-5276.

[11] AYBAT N S, WANG Z, LIN T, et al. Distributed linearized alternating direction method of multipliers for composite convex consensus optimization [J]. IEEE Transactions on Automatic Control, 2018, 63 (1): 5-20.

[12] HOFFMANN A. The distance to the intersection of two convex sets expressed by the distances to each of them [J]. Mathematische Nachrichten, 1992, 157 (1): 361-376.

第3章

多智能体系统的分布式非光滑资源分配控制

3.1 引　　言

本章研究了多智能体系统的分布式非光滑资源分配控制问题. 该问题是具有一定可分离结构的一般凸优化问题，所考虑的非光滑目标函数是在多智能体网络中具有局部集合约束和仿射相等约束的多智能体的局部目标函数之和. 每个智能体仅知道其局部目标函数、局部集约束以及邻居之间交换的信息. 为了解决带约束的凸优化问题，本章提出了两种新颖的基于分布连续时间次梯度的算法，分别具有投影输出反馈和微分反馈. 此外，借助变分不等式和微分包含法，本章证明了所提出算法在某些条件下收敛于最优解的能力，并分析了收敛速度. 最后，本章给出一个例子来说明所提出算法的有效性.

3.2 多智能体非光滑资源分配问题

3.2.1 相关数学概念

本节将介绍图论、微分包含、凸分析和投影算子的相关符号、概念和基础知识.

3.2.1.1　符号

$\mathbb{R}$表示实数集；$\mathbb{R}^n$表示 n 维实列向量集合；$\mathbb{R}^{n\times m}$表示 $n\times m$ 的实矩阵集合；$\boldsymbol{I}_n$ 表示 $n\times n$ 的单位矩阵，$(\cdot)^{\mathrm{T}}$ 表示转置. $\mathrm{rank}(\boldsymbol{A})$表示 $\boldsymbol{A}$ 的秩，$\mathrm{range}(\boldsymbol{A})$为 $\boldsymbol{A}$ 的值域，$\ker(\boldsymbol{A})$为 $\boldsymbol{A}$ 的核，$\mathrm{diag}\{\boldsymbol{A}_1,\boldsymbol{A}_2,\cdots,\boldsymbol{A}_n\}$表示以矩阵 $\boldsymbol{A}_1,\boldsymbol{A}_2,\cdots,\boldsymbol{A}_n$ 为块的块对角矩阵，$\mathbf{1}_n(\mathbf{1}_{n\times q})$为所有元素为 1 的 $n\times 1$ 向量（$n\times q$ 矩阵），$\mathbf{0}_n(\mathbf{0}_{n\times q})$为所有元素为 0 的 $n\times 1$ 向量（$n\times q$ 矩阵），$\boldsymbol{A}\otimes\boldsymbol{B}$ 为矩阵 $\boldsymbol{A}$ 和 $\boldsymbol{B}$ 的 Kronecker 积. $\boldsymbol{A}>0(\boldsymbol{A}\geqslant 0)$表示矩阵 $\boldsymbol{A}\in\mathbb{R}^{n\times n}$是正定（半正定）的.

$\|\cdot\|$代表欧几里得范数；$\bar{\mathcal{S}}(\mathcal{S}^\circ)$代表子集$\mathcal{S}\subset\mathbb{R}^n$的闭包；$\mathcal{B}_\epsilon(\boldsymbol{x})$，$\boldsymbol{x}\in\mathbb{R}^n$，$\epsilon>0$，表示中心在 $\boldsymbol{x}$、半径为 ϵ 的开球. $\mathrm{dist}(p,\mathcal{M})$代表从点 p 到集合$\mathcal{M}$的距离（即 $\mathrm{dist}(p,\mathcal{M})\triangleq\inf_{\boldsymbol{x}\in\mathcal{M}}\|\boldsymbol{p}-\boldsymbol{x}\|$），$x(t)$接近集合$\mathcal{M}$定义为：当 $t\to\infty$ 时，$\boldsymbol{x}(t)\to\mathcal{M}$(即对于每个 $\epsilon>0$，存在 $T>0$ 使得 $\mathrm{dist}(x(t),\mathcal{M})<\epsilon$ 对于所有的 $t>T$ 都成立).

3.2.1.2　图论

加权无向图表示为$\mathcal{G}(\mathcal{V},\mathcal{E},\boldsymbol{A})$或者$\mathcal{G}$，其中$\mathcal{V}=\{1,2,\cdots,n\}$是节点集合，$\mathcal{E}\subset\mathcal{V}\times\mathcal{V}$是边集合，$\boldsymbol{A}=[a_{i,j}]\in\mathbb{R}^{n\times n}$是加权图的邻接矩阵，满足 $a_{i,j}=a_{j,i}$ 且 $a_{i,j}=0$ 当且仅当$(i,j)\notin\mathcal{E}$. 加权图的拉普拉斯矩阵为 $\boldsymbol{L}_n=\boldsymbol{D}-\boldsymbol{A}$，其中 $\boldsymbol{D}\in\mathbb{R}^{n\times n}$是对角矩阵，并且 $D_{i,i}=\sum_{j=1}^{n}a_{i,j}$，$i\in\{1,2,\cdots,n\}$. 在本章中，为防止混淆，将 $\boldsymbol{L}_n$ 表示$\mathcal{G}$的拉普拉斯矩阵，$\boldsymbol{A}$ 表示$\mathcal{G}$的邻接矩阵. 特别的，如果加权无向图$\mathcal{G}$是连通的，那么 $\boldsymbol{L}_n=\boldsymbol{L}_n^{\mathrm{T}}\geqslant 0$，$\mathrm{rank}(\boldsymbol{L}_n)=n-1$，并且 $\ker(\boldsymbol{L}_n)=\{k\mathbf{1}_n:k\in\mathbb{R}\}$.

3.2.1.3　微分包含

微分包含定义如下[1]：

$$\dot{\boldsymbol{x}}(t)\in\mathcal{F}(\boldsymbol{x}(t)),\quad \boldsymbol{x}(0)=\boldsymbol{x}_0,\quad t\geqslant 0,\tag{3.1}$$

式中，$\mathcal{F}$是一个集值映射：从$\mathbb{R}^q$的点映射到$\mathbb{R}^q$的非空的凸紧集. 对于任意的 $\boldsymbol{x}\in\mathbb{R}^q$，式（3.1）给出了 $\dot{\boldsymbol{x}}(t)$ 的一组可能取值，而不是一个确定的值. 式（3.1)的解是一个定义在$[0,\tau]\subset[0,\infty)$上的绝对连续函数 $\boldsymbol{x}:[0,\tau]\to\mathbb{R}^q$，

且满足当 $\tau>0$ 时，对几乎所有的 $t\in[0,\tau]$ 都有式（3.1）成立. 如果解无法向右延伸，则式（3.1）的解 $t\mapsto x(t)$ 是一个右行最大解. 假定式（3.1）的所有极大右解都在 $[0,\infty)$. 如果对于任意 $x_0\in\mathcal{M}$，$\mathcal{M}$ 包含式（3.1）的一个最大解（或所有的最大解），则集合 $\mathcal{M}$ 称为式（3.1）的弱不变集（或强不变集）. 如果存在一个序列 $\{t_k\}_{k=1}^{\infty}$，满足当 $k\to\infty$ 时，有 $t_k\to\infty$ 且 $\boldsymbol{\phi}(t_k)\to\boldsymbol{z}$，则称点 $\boldsymbol{z}\in\mathbb{R}^q$ 是式（3.1）的解 $\boldsymbol{\phi}(t)$ 的一个正极限点，其中 $\boldsymbol{\phi}(0)=\boldsymbol{x}_0\in\mathbb{R}^q$. 对于满足 $\boldsymbol{\phi}(0)=\boldsymbol{x}_0\in\mathbb{R}^q$ 的轨迹 $\boldsymbol{\phi}(t)$，所有满足上述条件的正极限点的集合 $\omega(\boldsymbol{\phi}(\cdot))$ 称为正极限集.

若 $\mathbf{0}_q\in\mathcal{F}(\boldsymbol{x}_e)$，则称 $\boldsymbol{x}_e\in\mathbb{R}^q$ 是式（3.1）的一个平衡点. 易知 $\boldsymbol{x}_e$ 是式（3.1）的一个平衡点等价于常数函数 $\boldsymbol{x}(\cdot)=\boldsymbol{x}_e$ 是式（3.1）的一个解. 如果对于任意的 $\varepsilon>0$，存在 $\delta=\delta(\varepsilon)>0$ 使得对于任意初始值 $\boldsymbol{x}(0)=\boldsymbol{x}_0\in\mathcal{B}_\delta(z)$ 的任意解 $\boldsymbol{x}(t)\in\mathcal{B}_\varepsilon(z)$ 在 $t\geqslant 0$ 上都成立，则称式（3.1）的平衡点是李雅普诺夫稳定的.

令 V: $\mathbb{R}^q\to\mathbb{R}$ 为一个局部的利普希茨（Lipschitz）连续方程并且 ∂V 为 $V(\boldsymbol{x})$ 在 $\boldsymbol{x}$ 的一个 Clarke 广义梯度[2]. V 关于式（3.1）的集值李导数[2] $\mathcal{L}_{\mathcal{F}}V$: $\mathbb{R}^q\to\mathfrak{B}(\mathbb{R})$ 定义为 $\mathcal{L}_{\mathcal{F}}V(\boldsymbol{x})\triangleq\{a\in\mathbb{R}$:存在 $\boldsymbol{v}\in\mathcal{F}(x)$ 使得对任意的 $\boldsymbol{p}\in\partial V(\boldsymbol{x})$ 都有 $\boldsymbol{p}^{\mathrm{T}}\boldsymbol{v}=a\}$. 当 $\mathcal{L}_{\mathcal{F}}V(\boldsymbol{x})$ 为非空集，用 $\max\mathcal{L}_{\mathcal{F}}V(\boldsymbol{x})$ 表示 $\mathcal{L}_{\mathcal{F}}V(\boldsymbol{x})$ 的最大元素. 由文献［3］，如果 $\phi(\cdot)$ 是式（3.1）的一个解并且 V: $\mathbb{R}^q\to\mathbb{R}$ 为局部 Lipschitz 连续且规范[2]，那么 $\dot{V}(\phi(t))$ 几乎处处存在，并且 $\dot{V}(\phi(t))\in\mathcal{L}_{\mathcal{F}}V(\phi(t))$ 几乎处处满足.

接下来，介绍针对微分包含的一种不变性原理[4].

引理 3.1

对于式（3.1），假设 $\mathcal{F}$ 是上半连续且局部有界的，并且 $\mathcal{F}(x)$ 是非空的凸紧集. 令 V: $\mathbb{R}^q\to\mathbb{R}$ 为一个局部 Lipschitz 的规范函数，$\mathcal{S}\subset\mathbb{R}^q$ 是满足式（3.1）的强不变紧集，$\phi(\cdot)$ 为式（3.1）的一个解，

$$\mathcal{R}=\{\boldsymbol{x}\in\mathbb{R}^q:0\in\mathcal{L}_{\mathcal{F}}V(\boldsymbol{x})\},$$

并且 $\mathcal{M}$ 是 $\overline{\mathcal{R}}\cap\mathcal{S}$ 的最大弱不变子集，其中 $\overline{\mathcal{R}}$ 是 $\mathcal{R}$ 的闭包. 如果对于所有 $\boldsymbol{x}\in\mathcal{S}$，有 $\max\mathcal{L}_{\mathcal{F}}V(\boldsymbol{x})\leqslant 0$，则当 $t\to+\infty$ 时，有 $\mathrm{dist}(\phi(t),\mathcal{M})\to 0$.

3.2.1.4 凸分析

如果对于所有 $\boldsymbol{x},\boldsymbol{y}\in\mathbb{R}^q$ 且 $\lambda\in[0,1]$，都有 $\psi(\lambda\boldsymbol{x}+(1-\lambda)\boldsymbol{y})\leqslant\lambda\psi(\boldsymbol{x})+$

$(1-\lambda)\psi(\boldsymbol{y})$成立，则称函数$\psi$：$\mathbb{R}^q\to\mathbb{R}$是凸的. 如果对于所有$\boldsymbol{x},\boldsymbol{y}\in\mathbb{R}^q$且$\boldsymbol{x}\neq\boldsymbol{y}$且$\lambda\in(0,1)$，都有$\psi(\lambda\boldsymbol{x}+(1-\lambda)\boldsymbol{y})<\lambda\psi(\boldsymbol{x})+(1-\lambda)\psi(\boldsymbol{y})$成立，则称函数$\psi$：$\mathbb{R}^q\to\mathbb{R}$是严格凸的. 令$\psi$：$\mathbb{R}^q\to\mathbb{R}$是一凸函数. ψ在$\boldsymbol{x}\in\mathbb{R}^q$的次微分定义为$\partial_{\mathrm{sub}}\psi(\boldsymbol{x})\triangleq\{\boldsymbol{p}\in\mathbb{R}^q:\langle\boldsymbol{p},\boldsymbol{y}-\boldsymbol{x}\rangle\leqslant\psi(\boldsymbol{y})-\psi(\boldsymbol{x}),\forall\boldsymbol{y}\in\mathbb{R}^q\}$，$\partial_{\mathrm{sub}}\psi(\boldsymbol{x})$的元素称为$\psi$在点$\boldsymbol{x}$的次梯度. 连续凸函数是局部 Lipschitz 连续且规范的，并且它们的次梯度与 Clarke 广义梯度一致.

通过严格凸函数的性质，容易验证以下结果.

引理 3.2

如果f：$\mathbb{R}^q\to\mathbb{R}$是一个连续的严格凸函数，那么对于所有$\boldsymbol{x}\neq\boldsymbol{y}$都有

$$(\boldsymbol{g}_x-\boldsymbol{g}_y)^{\mathrm{T}}(\boldsymbol{x}-\boldsymbol{y})>0, \tag{3.2}$$

式中，$\boldsymbol{g}_x\in\partial f(\boldsymbol{x})$，$\boldsymbol{g}_y\in\partial f(\boldsymbol{y})$.

3.2.1.5　投影算子

定义投影算子$P_\Omega(\cdot)$，$P_\Omega(\boldsymbol{u})=\arg\min\limits_{\boldsymbol{v}\in\Omega}\|\boldsymbol{u}-\boldsymbol{v}\|$，其中$\Omega\subset\mathbb{R}^q$是闭凸集. 投影$P_\Omega(\cdot)$在闭凸集$\Omega\subset\mathbb{R}^q$上的基本性质[5]为

$$(\boldsymbol{u}-P_\Omega(\boldsymbol{u}))^{\mathrm{T}}(\boldsymbol{v}-P_\Omega(\boldsymbol{u}))\leqslant 0,\quad\forall\boldsymbol{u}\in\mathbb{R}^q,\forall\boldsymbol{v}\in\Omega. \tag{3.3}$$

利用式（3.3），容易验证以下结果.

引理 3.3[6]

如果$\Omega\subset\mathbb{R}^q$是闭凸集，则对于所有$\boldsymbol{x},\boldsymbol{y}\in\mathbb{R}^q$，都有$(P_\Omega(\boldsymbol{x})-P_\Omega(\boldsymbol{y}))^{\mathrm{T}}\cdot(\boldsymbol{x}-\boldsymbol{y})\geqslant\|P_\Omega(\boldsymbol{x})-P_\Omega(\boldsymbol{y})\|^2$成立.

引理 3.4[7]

令$\Omega\subset\mathbb{R}^q$为闭凸集，定义映射$V$：$\mathbb{R}^q\to\mathbb{R}$：$V(\boldsymbol{x})=\frac{1}{2}(\|\boldsymbol{x}-P_\Omega(\boldsymbol{y})\|^2-\|\boldsymbol{x}-P_\Omega(\boldsymbol{x})\|^2)$，其中$\boldsymbol{y}\in\mathbb{R}^q$. 如果$V(\boldsymbol{x})\geqslant\frac{1}{2}\|P_\Omega(\boldsymbol{x})-P_\Omega(\boldsymbol{y})\|^2$，则称$V(\boldsymbol{x})$关于$\boldsymbol{x}$是可微且凸的，并且$\nabla V(\boldsymbol{x})=P_\Omega(\boldsymbol{x})-P_\Omega(\boldsymbol{y})$.

3.2.2 问题描述

本节将提出具有非光滑目标函数的分布式资源分配问题（又称扩展单变量优化问题），并给出该问题的最优条件.

考虑一个由 n 个智能体组成的网络，信息交互拓扑图是$\mathcal{G}$. 对于每个智能体$i\in\{1,2,\cdots,n\}$，都存在一个局部目标函数f_i: $\Omega_i\to\mathbb{R}$以及一个局部可行约束集$\Omega_i\subset\mathbb{R}^{q_i}$. 令$\boldsymbol{x}_i\in\Omega_i\subset\mathbb{R}^{q_i}$，定义$\boldsymbol{x}\triangleq[\boldsymbol{x}_1^{\mathrm{T}},\boldsymbol{x}_2^{\mathrm{T}},\cdots,\boldsymbol{x}_n^{\mathrm{T}}]^{\mathrm{T}}\in\Omega\triangleq\prod_{i=1}^{n}\Omega_i\subset\mathbb{R}^{\sum_{i=1}^{n}q_i}$，网络的全局目标函数为$f(\boldsymbol{x})=\sum_{i=1}^{n}f_i(\boldsymbol{x}_i),\boldsymbol{x}\in\Omega\subset\mathbb{R}^{\sum_{i=1}^{n}q_i}$.

分布式资源分配问题的公式如下：

$$\min f(\boldsymbol{x}),\quad f(\boldsymbol{x})=\sum_{i=1}^{n}f_i(\boldsymbol{x}_i),\tag{3.4a}$$

$$\boldsymbol{W}\boldsymbol{x}=\sum_{i=1}^{n}\boldsymbol{W}_i\boldsymbol{x}_i=\boldsymbol{d}_0,\quad \boldsymbol{x}_i\in\Omega_i\subset\mathbb{R}^{q_i},\quad i\in\{1,2,\cdots,n\},\tag{3.4b}$$

式中，$\boldsymbol{W}_i\in\mathbb{R}^{m\times q_i},i\in\{1,2,\cdots,n\}$并且$\boldsymbol{W}=[\boldsymbol{W}_1,\boldsymbol{W}_2,\cdots,\boldsymbol{W}_n]\in\mathbb{R}^{m\times\sum_{i=1}^{n}q_i}$. 在此问题中，智能体 i 有自己的状态$\boldsymbol{x}_i\in\Omega_i\subset\mathbb{R}^{q_i}$、目标函数$f_i(\boldsymbol{x}_i)$、约束集$\Omega_i\subset\mathbb{R}^{q_i}$、约束矩阵$\boldsymbol{W}_i\in\mathbb{R}^{m\times q_i}$，以及来自邻居智能体的信息.

分布式资源分配的目标是以分布式方式解决问题. 在分布式优化算法中，图$\mathcal{G}$中的每个智能体仅使用其自己的局部代价函数、局部约束集合、分解后的全局等式约束、固定拓扑下邻居的共享信息. 式（3.4）有一种特殊情况，即每个分量$\boldsymbol{x}_i$是一维的（即$q_i=1$），被称为单变量规划问题，文献［8］、［9］已对其进行介绍和研究.

注 分布式资源分配问题（式（3.4））由于其泛化的表达而涵盖了优化和机器学习领域中的许多问题. 例如，通过设置非光滑的目标函数和更一般的等式约束来表示资源分配问题[10-11]中的优化模型. 它还涵盖了文献［12］中提出的模型，并通过设置异构的子约束集，推广到分布式约束的最优一致问题[13]. 此外，这个问题可以看作分布式计算线性代数方程的一种不同的表示形式，文献［14］、［15］对此进行了广泛的研究.

为了说明这一点，接下来介绍一个带有式（3.4b）约束的具体应用示例.

- 考虑用式（3.4）的形式表达电网资源分配问题. 在式（3.4b）中，$d_0>0$是产生的总能量，向量$\boldsymbol{x}_i\in\boldsymbol{\Omega}_i\subset\mathbb{R}^{q_i}$是智能体 i 分配到的 q_i 种不同能量，$\boldsymbol{\Omega}_i$ 是智能体 i 的可行集，向量 $\boldsymbol{W}_i\in\mathbb{R}^{1\times q_i}$是每单位资源产生的能量.
- 考虑信号处理中的重要问题[16]，欠定线性方程 $\boldsymbol{Wx}=\boldsymbol{b}$，$\boldsymbol{x}\in\boldsymbol{\Omega}=\prod_{i=1}^{n}\boldsymbol{\Omega}_i$[15]的最小范数（$l_1$）解. 在式（3.4b）中，$\boldsymbol{W}=[\boldsymbol{W}_1,\boldsymbol{W}_2,\cdots,\boldsymbol{W}_n]$和$\boldsymbol{x}\triangleq[\boldsymbol{x}_1^{\mathrm{T}},\boldsymbol{x}_2^{\mathrm{T}},\cdots,\boldsymbol{x}_n^{\mathrm{T}}]^{\mathrm{T}}$都是分布式的，即智能体 i 知道 $\boldsymbol{W}_i$，然后求解 $\boldsymbol{x}_i\in\boldsymbol{\Omega}_i$，$i\in\{1,2,\cdots,n\}$.

注　本章在问题表述中考虑了非光滑目标函数，这在工程和科学问题中非常普遍. 举例来说，电网中资源分配的目标函数可能非光滑[17-18]；在信号处理中，求线性代数方程的稀疏解[15-16]自然会产生非光滑优化问题；机器学习和数据科学中的 LASSO 问题及压缩感知[19]都会涉及非光滑.

为了确保问题的适定性（well-posedness），需要对式（3.4b）进行以下假设：

假设 3.1

（1）加权图$\mathcal{G}$是无向连通的.

（2）在包含 $\boldsymbol{\Omega}_i$ 的开集上，对于所有 $i\in\{1,2,\cdots,n\}$，$f_i(\cdot)$是严格凸的并且 $\boldsymbol{\Omega}_i\subset\mathbb{R}^{q_i}$是封闭且凸的.

（3）（Slater 约束条件）存在 $\boldsymbol{x}\in\boldsymbol{\Omega}^{\circ}$满足约束 $\boldsymbol{Wx}=\boldsymbol{d}_0$，其中 $\boldsymbol{\Omega}^{\circ}$在 $\boldsymbol{\Omega}$ 的内部.

引理 3.5

在假设 3.1 下，$\boldsymbol{x}^*\in\boldsymbol{\Omega}$ 是式（3.4）的一个最优解等价于：存在 $\boldsymbol{\lambda}_0^*\in\mathbb{R}^m$和 $\boldsymbol{g}(\boldsymbol{x}^*)\in\partial f(\boldsymbol{x}^*)$，使得

$$\boldsymbol{x}^*=P_{\boldsymbol{\Omega}}(\boldsymbol{x}^*-\boldsymbol{g}(\boldsymbol{x}^*)+\boldsymbol{W}^{\mathrm{T}}\boldsymbol{\lambda}_0^*),\tag{3.5}$$

$$\boldsymbol{Wx}^*=\boldsymbol{d}_0.\tag{3.6}$$

证明　考虑式（3.4）. 通过 KKT 最优性条件[20]，$\boldsymbol{x}^*\in\boldsymbol{\Omega}$是式（3.4）的一个最优解等价于：存在 $\boldsymbol{\lambda}_0^*\in\mathbb{R}^m$和 $\boldsymbol{g}(\boldsymbol{x}^*)\in\partial f(\boldsymbol{x}^*)$使得式（3.6）成立，并且有

$$-\boldsymbol{g}(\boldsymbol{x}^*)+\boldsymbol{W}^{\mathrm{T}}\boldsymbol{\lambda}_0^*\in\mathcal{N}_{\Omega}(\boldsymbol{x}^*), \tag{3.7}$$

式中，$\mathcal{N}_{\Omega}(\boldsymbol{x}^*)$是$\Omega$在元素$\boldsymbol{x}^*\in\Omega$处的法锥. 注意：式（3.7）成立等价于式（3.5）成立. 证毕.

3.3 分布式非光滑资源分配控制

3.3.1 优化算法

本节提出两种分布式优化算法来解决目标函数非光滑的资源分配问题. 带有光滑目标函数的资源分配问题是资源分配问题的特例，文献［11］对其进行了研究，将其拓展到更一般的非光滑资源分配情形. 文献［11］中的问题可以重新写为

$$\begin{cases}\dot{\boldsymbol{x}}_i(t)\in\{\boldsymbol{p}:\boldsymbol{p}=P_{\Omega_i}[\boldsymbol{x}_i(t)-\boldsymbol{g}_i(\boldsymbol{x}_i(t))+\boldsymbol{W}_i^{\mathrm{T}}\boldsymbol{\lambda}_i(t)]-\boldsymbol{x}_i(t),\\ \qquad\qquad \boldsymbol{g}_i(\boldsymbol{x}_i(t))\in\partial f_i(\boldsymbol{x}_i(t))\},\\ \dot{\boldsymbol{\lambda}}_i(t)=d_i-\boldsymbol{W}_i\boldsymbol{x}_i(t)-\sum\limits_{j=1}^{n}a_{i,j}(\boldsymbol{\lambda}_i(t)-\boldsymbol{\lambda}_j(t))-\\ \qquad\qquad \sum\limits_{j=1}^{n}a_{i,j}(\boldsymbol{z}_i(t)-\boldsymbol{z}_j(t)),\\ \dot{\boldsymbol{z}}_i(t)=\sum\limits_{j=1}^{n}a_{i,j}(\boldsymbol{\lambda}_i(t)-\boldsymbol{\lambda}_j(t)),\end{cases} \tag{3.8}$$

式中，$t\geqslant0$；$i\in\{1,2,\cdots,n\}$；$\boldsymbol{x}_i(0)=\boldsymbol{x}_{i0}\in\Omega_i\subset\mathbb{R}^{q_i}$；$\boldsymbol{\lambda}_i(0)=\boldsymbol{\lambda}_{i0}\in\mathbb{R}^m$；$\boldsymbol{z}_i(0)=\boldsymbol{z}_{i0}\in\mathbb{R}^m$；$\sum\limits_{i=1}^{n}\boldsymbol{d}_i=\boldsymbol{d}_0$；$a_{i,j}$是图$\mathcal{G}$的邻接矩阵$\boldsymbol{A}$中的元素.

但是，该算法涉及次微分集的投影（从$\partial f_i(\boldsymbol{x}_i)$到$\Omega_i$），并且可能是非凸微分包含. 因此，由于算法的非凸性，无法保证式（3.8）的轨迹存在；并且，由于算法的非光滑特性，很难对算法进行收敛性分析. 为了解决这些问题，本节提出分布式投影输出反馈算法（DPOFA）、分布式微分反馈算法（DDFA）.

3.3.1.1　分布式投影输出反馈算法

简化收敛分析的第一个想法是在算法中使用辅助变量来避免资源分配问题（式（3.4））中次微分集的投影. 本节提出一种基于预测输出反馈的分布式算法，并采用辅助变量的预测输出反馈来跟踪最优解. 所提出的智能体 i 的连续时间算法如下：

$$\begin{cases}\dot{\boldsymbol{y}}_i(t)\in\{\boldsymbol{p}:\boldsymbol{p}=-\boldsymbol{y}_i(t)+\boldsymbol{x}_i(t)-\boldsymbol{g}_i(\boldsymbol{x}_i(t))+\boldsymbol{W}_i^{\mathrm{T}}\boldsymbol{\lambda}_i(t),\\ \qquad\qquad \boldsymbol{g}_i(\boldsymbol{x}_i(t))\in\partial f_i(\boldsymbol{x}_i(t))\},\\ \dot{\boldsymbol{\lambda}}_i(t)=\boldsymbol{d}_i-\boldsymbol{W}_i\boldsymbol{x}_i(t)-\sum\limits_{j=1}^{n}a_{i,j}(\boldsymbol{\lambda}_i(t)-\boldsymbol{\lambda}_j(t))-\\ \qquad\qquad \sum\limits_{j=1}^{n}a_{i,j}(\boldsymbol{z}_i(t)-\boldsymbol{z}_j(t)),\\ \dot{\boldsymbol{z}}_i(t)=\sum\limits_{j=1}^{n}a_{i,j}(\boldsymbol{\lambda}_i(t)-\boldsymbol{\lambda}_j(t)),\\ \boldsymbol{x}_i(t)=P_{\Omega_i}(\boldsymbol{y}_i(t)),\end{cases}\tag{3.9}$$

式中，辅助变量 $\boldsymbol{y}_i(t)$ 定义在 $t\geqslant 0$ 上，且满足 $\boldsymbol{y}_i(0)=\boldsymbol{y}_{i0}\in\mathbb{R}^{q_i}, i\in\{1,2,\cdots,n\}$，其他符号与式（3.8）的符号相同. 受文献［7］启发，将 $\boldsymbol{x}_i(t)=P_{\Omega_i}(\boldsymbol{y}_i(t))$ 看作“输出反馈”，从而避免了次微分的投影而导致的技术难题.

令 $\boldsymbol{x}\triangleq[\boldsymbol{x}_1^{\mathrm{T}},\boldsymbol{x}_2^{\mathrm{T}},\cdots,\boldsymbol{x}_n^{\mathrm{T}}]^{\mathrm{T}}\in\boldsymbol{\Omega}\subset\mathbb{R}^{\sum_{i=1}^{n}q_i}$，$\boldsymbol{y}\triangleq[\boldsymbol{y}_1^{\mathrm{T}},\boldsymbol{y}_2^{\mathrm{T}},\cdots,\boldsymbol{y}_n^{\mathrm{T}}]^{\mathrm{T}}\in\mathbb{R}^{\sum_{i=1}^{n}q_i}$，$\boldsymbol{\lambda}\triangleq[\boldsymbol{\lambda}_1^{\mathrm{T}},\boldsymbol{\lambda}_2^{\mathrm{T}},\cdots,\boldsymbol{\lambda}_n^{\mathrm{T}}]^{\mathrm{T}}\in\mathbb{R}^{nm}$，$\boldsymbol{d}\triangleq[\boldsymbol{d}_1^{\mathrm{T}},\boldsymbol{d}_2^{\mathrm{T}},\cdots,\boldsymbol{d}_n^{\mathrm{T}}]^{\mathrm{T}}\in\mathbb{R}^{nm}$，同时 $\boldsymbol{z}\triangleq[\boldsymbol{z}_1^{\mathrm{T}},\boldsymbol{z}_2^{\mathrm{T}},\cdots,\boldsymbol{z}_n^{\mathrm{T}}]^{\mathrm{T}}\in\mathbb{R}^{nm}$，其中 $\boldsymbol{\Omega}\triangleq\prod_{i=1}^{n}\Omega_i$. 令 $\boldsymbol{W}=[\boldsymbol{W}_1,\boldsymbol{W}_2,\cdots,\boldsymbol{W}_n]\in\mathbb{R}^{m\times\sum_{i=1}^{n}q_i}$ 并且 $\overline{\boldsymbol{W}}=\mathrm{diag}\{\boldsymbol{W}_1,\boldsymbol{W}_2,\cdots,\boldsymbol{W}_n\}\in\mathbb{R}^{nm\times\sum_{i=1}^{n}q_i}$. 定义修改后的拉格朗日函数 $\hat{L}:\boldsymbol{\Omega}\times\mathbb{R}^{nm}\times\mathbb{R}^{nm}$ 为

$$\hat{L}(\boldsymbol{x},\boldsymbol{z},\boldsymbol{\lambda})=f(\boldsymbol{x})+\boldsymbol{\lambda}^{\mathrm{T}}(\boldsymbol{d}-\overline{\boldsymbol{W}}\boldsymbol{x}-\boldsymbol{L}\boldsymbol{z})-\frac{1}{2}\boldsymbol{\lambda}^{\mathrm{T}}\boldsymbol{L}\boldsymbol{\lambda},\tag{3.10}$$

式中，$\boldsymbol{L}=\boldsymbol{L}_n\otimes\boldsymbol{I}_m\in\mathbb{R}^{nm\times nm}$，$\boldsymbol{L}_n\in\mathbb{R}^{n\times n}$ 是图 $\mathcal{G}$ 的拉普拉斯矩阵.

接下来，将（3.9）写为更紧凑的形式：

$$\begin{bmatrix} \dot{\boldsymbol{y}}(t) \\ \dot{\boldsymbol{\lambda}}(t) \\ \dot{\boldsymbol{z}}(t) \end{bmatrix} \in \mathcal{F}(\boldsymbol{y}(t),\boldsymbol{\lambda}(t),\boldsymbol{z}(t)), \tag{3.11}$$

$$\boldsymbol{x}(t) = P_{\Omega}(\boldsymbol{y}(t)), \tag{3.12}$$

$$\mathcal{F}(\boldsymbol{y},\boldsymbol{\lambda},\boldsymbol{z}) \triangleq \left\{ \begin{bmatrix} \boldsymbol{p} \\ \nabla_{\boldsymbol{\lambda}}\hat{L}(\boldsymbol{x},\boldsymbol{z},\boldsymbol{\lambda}) \\ -\nabla_{z}\hat{L}(\boldsymbol{x},\boldsymbol{z},\boldsymbol{\lambda}) \end{bmatrix} : \boldsymbol{p} \in \boldsymbol{x} - \partial_{\boldsymbol{x}}\hat{L}(\boldsymbol{x},\boldsymbol{z},\boldsymbol{\lambda}) - \boldsymbol{y}, \boldsymbol{x} = P_{\Omega}(\boldsymbol{y}) \right\}, \tag{3.13}$$

式中，$\boldsymbol{y}(0) = \boldsymbol{y}_0 \in \mathbb{R}^{\sum_{i=1}^{n} q_i}$，$\boldsymbol{\lambda}(0) = \boldsymbol{\lambda}_0 \in \mathbb{R}^{nm}$，$\boldsymbol{z}(0) = \boldsymbol{z}_0 \in \mathbb{R}^{nm}$，函数 $\hat{L}(\cdot,\cdot,\cdot)$已经在式（3.10）中定义.

注 在此算法中，$\boldsymbol{x}(t) = P_{\Omega}(\boldsymbol{y}(t))$被用作估计资源分配问题的最优解. 尽管$\boldsymbol{y}(t)$可能不在$\Omega$中，但是对于任意$t \geqslant 0$，$\boldsymbol{x}(t)$仍位于约束集$\Omega$中.

3.3.1.2 分布式微分反馈算法

简化收敛分析的第二个想法是通过使用导数反馈来复制投影项，以便消除由投影项引起的“麻烦”. 我们提出了针对资源分配问题的式（3.4）如下：

$$\begin{cases} \dot{\boldsymbol{x}}_i(t) \in \{\boldsymbol{p} : \boldsymbol{p} = P_{\Omega_i}[\boldsymbol{x}_i(t) - \boldsymbol{g}_i(\boldsymbol{x}_i(t)) + \boldsymbol{W}_i^{\mathrm{T}}\boldsymbol{\lambda}_i(t)] - \boldsymbol{x}_i(t), \\ \qquad \boldsymbol{g}_i(\boldsymbol{x}_i(t)) \in \partial f_i(\boldsymbol{x}_i(t))\}, \\ \dot{\boldsymbol{\lambda}}_i(t) = \boldsymbol{d}_i - \boldsymbol{W}_i\boldsymbol{x}_i(t) - \sum_{j=1}^{n} a_{i,j}(\boldsymbol{\lambda}_i(t) - \boldsymbol{\lambda}_j(t)) - \\ \qquad \sum_{j=1}^{n} a_{i,j}(\boldsymbol{z}_i(t) - \boldsymbol{z}_j(t)) - \boldsymbol{W}_i\dot{\boldsymbol{x}}_i(t), \\ \dot{\boldsymbol{z}}_i(t) = \sum_{j=1}^{n} a_{i,j}(\boldsymbol{\lambda}_i(t) - \boldsymbol{\lambda}_j(t)). \end{cases} \tag{3.14}$$

其所有符号与式（3.8）相同. 注意：在第二个等式的右侧有一个导数项$\dot{\boldsymbol{x}}_i(t)$，被视为“导数反馈”. 在之后的分析中，可以发现该导数项可以有效地消除“麻烦”项 $P_{\Omega_i}[\boldsymbol{x}_i(t)-\boldsymbol{g}_i(\boldsymbol{x}_i(t))+\boldsymbol{W}_i^{\mathrm{T}}\boldsymbol{\lambda}_i(t)]$.

令 $\boldsymbol{x},\boldsymbol{\lambda},\boldsymbol{d},\boldsymbol{z},\boldsymbol{W}$ 和 $\overline{\boldsymbol{W}}$ 与式（3.13）类似的标记，则式（3.14）可以写为更紧凑的形式：

$$\begin{bmatrix}\dot{\boldsymbol{x}}(t)\\ \dot{\boldsymbol{\lambda}}(t)\\ \dot{\boldsymbol{z}}(t)\end{bmatrix}\in\mathcal{F}(\boldsymbol{x}(t),\boldsymbol{\lambda}(t),\boldsymbol{z}(t)),\tag{3.15}$$

$$\mathcal{F}(\boldsymbol{x},\boldsymbol{\lambda},\boldsymbol{z})\triangleq\left\{\begin{bmatrix}\boldsymbol{p}\\ \nabla_{\boldsymbol{\lambda}}\hat{L}(\boldsymbol{x}+\boldsymbol{p},\boldsymbol{z},\boldsymbol{\lambda})\\ -\nabla_{\boldsymbol{z}}\hat{L}(\boldsymbol{x},\boldsymbol{z},\boldsymbol{\lambda})\end{bmatrix}:\boldsymbol{p}\in P_{\Omega}[\boldsymbol{x}-\partial_{\boldsymbol{x}}\hat{L}(\boldsymbol{x},\boldsymbol{z},\boldsymbol{\lambda})]-\boldsymbol{x}\right\},\tag{3.16}$$

式中，$\boldsymbol{x}(0)=\boldsymbol{x}_0\in\Omega$；$\boldsymbol{\lambda}(0)=\boldsymbol{\lambda}_0\in\mathbb{R}^{nm}$；$\boldsymbol{z}(0)=\boldsymbol{z}_0\in\mathbb{R}^{nm}$；函数 $\hat{L}(\cdot,\cdot,\cdot)$ 在式（3.10）中已经定义.

3.3.1.3　算法比较

式（3.9）和式（3.14）所示的两种算法除了所使用的简化思路不同，在以下方面也有所不同：

（1）应用场合可能有所不同. 尽管这两种算法的收敛都基于目标函数是严格凸的这一假设，但当目标函数可微时，式（3.14）也可以在仅保证目标函数是凸的情况下使用（可能具有连续的最优解集）（见 3.3.2 节的推论 3.1）.

（2）动态性能可能有所不同. 这是因为，式（3.14）直接改变 $\boldsymbol{x}(t)\in\Omega$ 来估计最优解，它可能会有比式（3.9）更快的响应速度 $\boldsymbol{x}(t)$（见 3.3.3 节的模拟结果）.

此外，式（3.9）和式（3.14）与现有的算法有本质的不同. 与文献［21］中的算法相比，本节的算法不需要在智能体之间交换次梯度信息. 与文献［10］的算法相比，本算法使用不同的技术来估计最优解（即式（3.9）中的预计输出反馈、式（3.14）中的导数反馈）. 而且，与以前的方法相比，本节的算法有以下两个优点：

（1）智能体 i 知道 $\boldsymbol{W}_i$，$\boldsymbol{W}_i$ 是 $\boldsymbol{W}$ 中的列向量. 这与一些现有结果不同，目前一些文献假定每个智能体都知道等式约束的行向量[14-15]. 如果 n 是一个足够大的数而 m 相对较小，与以前的算法相比[14-15]，本节提出的算法在每个节点的计算负荷相对较小.

(2) 本节提出算法中的智能体 i 与其邻居交换信息 $\boldsymbol{\lambda}_i \in \mathbb{R}^m$ 和 $\boldsymbol{z}_i \in \mathbb{R}^m$. 与要求交换 $\boldsymbol{x}_i \in \mathbb{R}^{q_i}$ 的算法相比，本设计能够有效降低通信成本，尤其是当 q_i 远大于 m 且信息 $\boldsymbol{x}_i \in \mathbb{R}^{q_i}$ 保密时.

注 本章提出的算法也可以解决文献［15］中的问题. 具体来说，智能体在文献［15］的算法中知道矩阵的若干行和若干向量信息，而在本节的算法中知道矩阵若干列信息. 另外，文献［15］中的算法使用符号函数，并采用符号一致性设计来实现在有限时间内收敛.

3.3.2 收敛分析

本节使用微分包含的稳定性分析来证明所提出算法的正确性和收敛性.

3.3.2.1 DPOFA 的收敛分析

考虑式（3.9）（或式（3.11））. 令 $(\boldsymbol{y}^*,\boldsymbol{\lambda}^*,\boldsymbol{z}^*) \in \mathbb{R}^{\sum_{i=1}^n q_i} \times \mathbb{R}^{nm} \times \mathbb{R}^{nm}$ 为式（3.9）的一个平衡点. 那么

$$\boldsymbol{0}_{\sum_{i=1}^n q_i} \in \{\boldsymbol{p}:\boldsymbol{p} = -\boldsymbol{y}^* + \boldsymbol{x}^* - \boldsymbol{g}(\boldsymbol{x}^*) + \overline{\boldsymbol{W}}^{\mathrm{T}}\boldsymbol{\lambda}^*, \boldsymbol{x}^* = P_\Omega(\boldsymbol{y}^*), \boldsymbol{g}(\boldsymbol{x}^*) \in \partial f(\boldsymbol{x}^*)\}, \tag{3.17a}$$

$$\boldsymbol{0}_{nm} = \boldsymbol{d} - \overline{\boldsymbol{W}}\boldsymbol{x}^* - \boldsymbol{L}\boldsymbol{z}^*, \quad \boldsymbol{x}^* = P_\Omega(\boldsymbol{y}^*), \tag{3.17b}$$

$$\boldsymbol{0}_{nm} = \boldsymbol{L}\boldsymbol{\lambda}^*. \tag{3.17c}$$

以下结果揭示了式（3.9）的平衡点与式（3.4）的解之间的关系.

定理 3.1

若假设 3.1 成立，如果 $(\boldsymbol{y}^*,\boldsymbol{\lambda}^*,\boldsymbol{z}^*) \in \mathbb{R}^{\sum_{i=1}^n q_i} \times \mathbb{R}^{nm} \times \mathbb{R}^{nm}$ 是式（3.9）的一个平衡点，那么 $\boldsymbol{x}^* = P_\Omega(\boldsymbol{y}^*)$ 是式（3.4）的一个解. 反之，如果 $\boldsymbol{x}^* \in \Omega$ 是式（3.4）的一个解，那么存在 $(\boldsymbol{y}^*,\boldsymbol{\lambda}^*,\boldsymbol{z}^*) \in \mathbb{R}^{\sum_{i=1}^n q_i} \times \mathbb{R}^{nm} \times \mathbb{R}^{nm}$ 使得 $(\boldsymbol{y}^*,\boldsymbol{\lambda}^*,\boldsymbol{z}^*)$ 是式（3.9）的一个平衡点，其中 $\boldsymbol{x}^* = P_\Omega(\boldsymbol{y}^*)$.

证明　（ⅰ）假设 $(\boldsymbol{y}^*,\boldsymbol{\lambda}^*,\boldsymbol{z}^*)\in\mathbb{R}^{\sum_{i=1}^{n}q_i}\times\mathbb{R}^{nm}\times\mathbb{R}^{nm}$ 是式（3.9）的一个平衡点，将式（3.17b）的两边同时左乘 $\boldsymbol{1}_n^{\mathrm{T}}\otimes\boldsymbol{I}_m$，可得

$$\boldsymbol{1}_n^{\mathrm{T}}\otimes\boldsymbol{I}_m(\boldsymbol{d}-\overline{\boldsymbol{W}}\boldsymbol{x}^*-\boldsymbol{L}\boldsymbol{z}^*)=\sum_{i=1}^{n}(\boldsymbol{d}_i-\boldsymbol{W}_i\boldsymbol{x}_i^*)-(\boldsymbol{1}_n^{\mathrm{T}}\otimes\boldsymbol{I}_m)\boldsymbol{L}\boldsymbol{z}^*$$

$$=\boldsymbol{d}_0-\boldsymbol{W}\boldsymbol{x}^*-\boldsymbol{1}_n^{\mathrm{T}}\otimes\boldsymbol{I}_m\boldsymbol{L}\boldsymbol{z}^*=\boldsymbol{0}_m. \qquad (3.18)$$

根据克罗内克积的性质和 $\boldsymbol{L}_n^{\mathrm{T}}\boldsymbol{1}_n=\boldsymbol{0}_n$，可得

$$(\boldsymbol{1}_n^{\mathrm{T}}\otimes\boldsymbol{I}_m)\boldsymbol{L}=(\boldsymbol{1}_n^{\mathrm{T}}\otimes\boldsymbol{I}_m)(\boldsymbol{L}_n\otimes\boldsymbol{I}_m)=(\boldsymbol{1}_n^{\mathrm{T}}\boldsymbol{L}_n)\otimes(\boldsymbol{I}_m)=\boldsymbol{0}_{m\times nm}. \qquad (3.19)$$

根据式（3.18）和式（3.19），可知式（3.6）成立.

接下来，由式（3.17c）可得存在 $\boldsymbol{\lambda}_0^*\in\mathbb{R}^m$ 使得 $\boldsymbol{\lambda}^*=\boldsymbol{1}_n\otimes\boldsymbol{\lambda}_0^*$. 注意到式（3.17a）和 $\boldsymbol{\lambda}^*=\boldsymbol{1}_n\otimes\boldsymbol{\lambda}_0^*$，因此存在 $\boldsymbol{g}(\boldsymbol{x}^*)\in\partial f(\boldsymbol{x}^*)$ 使得 $\boldsymbol{x}^*-\boldsymbol{g}(\boldsymbol{x}^*)+\overline{\boldsymbol{W}}^{\mathrm{T}}(\boldsymbol{1}_n\otimes\boldsymbol{\lambda}_0^*)=\boldsymbol{x}^*-\boldsymbol{g}(\boldsymbol{x}^*)+\boldsymbol{W}^{\mathrm{T}}\boldsymbol{\lambda}_0^*=\boldsymbol{y}^*$. 因为 $\boldsymbol{x}^*=P_\Omega(\boldsymbol{y}^*)$，可得式（3.5）成立.

由式（3.5）、式（3.6）和引理 3.5，可知 $\boldsymbol{x}^*$ 是式（3.4）的解.

（ⅱ）反之，设 $\boldsymbol{x}^*$ 是式（3.4）的解. 根据引理 3.5，存在 $\boldsymbol{\lambda}_0^*\in\mathbb{R}^m$ 和 $\boldsymbol{g}(\boldsymbol{x}^*)\in\partial f(\boldsymbol{x}^*)$ 使得式（3.5）和式（3.6）成立. 定义 $\boldsymbol{\lambda}^*=\boldsymbol{1}_n\otimes\boldsymbol{\lambda}_0^*$，则式（3.17c）成立.

取任意 $\bar{\boldsymbol{v}}\in\mathbb{R}^m$ 并令 $\boldsymbol{v}=\boldsymbol{1}_n\otimes\bar{\boldsymbol{v}}$. 因为式(3.6) 成立，所以 $(\boldsymbol{d}-\overline{\boldsymbol{W}}\boldsymbol{x}^*)^{\mathrm{T}}\cdot\boldsymbol{v}=\left(\sum_{i=1}^{n}(\boldsymbol{d}_i-\boldsymbol{W}_i\boldsymbol{x}_i^*)\right)^{\mathrm{T}}\bar{\boldsymbol{v}}=(\boldsymbol{d}_0-\boldsymbol{W}\boldsymbol{x}^*)^{\mathrm{T}}\bar{\boldsymbol{v}}=0$. 根据克罗内克积的性质和 $\boldsymbol{L}_n\boldsymbol{1}_n=\boldsymbol{0}_n$，得到 $\boldsymbol{L}\boldsymbol{v}=(\boldsymbol{L}_n\otimes\boldsymbol{I}_m)(\boldsymbol{1}_n\otimes\bar{\boldsymbol{v}})=(\boldsymbol{L}_n\boldsymbol{1}_n)\otimes(\boldsymbol{I}_m\bar{\boldsymbol{v}})=\boldsymbol{0}_n\otimes\boldsymbol{v}=\boldsymbol{0}_{nm}$，因此 $\boldsymbol{v}\in\ker(\boldsymbol{L})$. 由线性代数的基本定理[22]可知，$\ker(\boldsymbol{L})$ 和 $\mathrm{range}(\boldsymbol{L})$ 形成了 $\mathbb{R}^{nm}$ 的正交分解. 由 $(\boldsymbol{d}-\overline{\boldsymbol{W}}\boldsymbol{x}^*)^{\mathrm{T}}\boldsymbol{v}=\boldsymbol{0}$ 和 $\boldsymbol{v}\in\ker(\boldsymbol{L})$，可得 $\boldsymbol{d}-\overline{\boldsymbol{W}}\boldsymbol{x}^*\in\mathrm{range}(\boldsymbol{L})$. 因此，存在 $\boldsymbol{z}^*\in\mathbb{R}^{nm}$ 使得式（3.17b）成立.

因为 $\boldsymbol{W}^{\mathrm{T}}\boldsymbol{\lambda}_0^*=\overline{\boldsymbol{W}}^{\mathrm{T}}(\boldsymbol{1}_n\otimes\boldsymbol{\lambda}_0^*)=\overline{\boldsymbol{W}}^{\mathrm{T}}\boldsymbol{\lambda}^*$，式（3.5）表明，对某些 $\boldsymbol{g}(\boldsymbol{x}^*)\in\partial f(\boldsymbol{x}^*)$，$\boldsymbol{x}^*=P_\Omega(\boldsymbol{x}^*-\boldsymbol{g}(\boldsymbol{x}^*)+\overline{\boldsymbol{W}}^{\mathrm{T}}(\boldsymbol{1}_n\otimes\boldsymbol{\lambda}_0^*))=P_\Omega(\boldsymbol{x}^*-\boldsymbol{g}(\boldsymbol{x}^*)+\overline{\boldsymbol{W}}^{\mathrm{T}}\boldsymbol{\lambda}^*)$. 选取 $\boldsymbol{y}^*=\boldsymbol{x}^*-\boldsymbol{g}(\boldsymbol{x}^*)+\overline{\boldsymbol{W}}^{\mathrm{T}}\boldsymbol{\lambda}^*$，则式（3.17a）成立.

综上所述，如果 $\boldsymbol{x}^*\in\Omega$ 是式（3.4）的一个解，那么存在 $(\boldsymbol{y}^*,\boldsymbol{\lambda}^*,\boldsymbol{z}^*)\in\mathbb{R}^{\sum_{i=1}^{n}q_i}\times\mathbb{R}^{nm}\times\mathbb{R}^{nm}$ 使得式（3.17）成立且 $\boldsymbol{x}^*=P_\Omega(\boldsymbol{y}^*)$. 因此，$(\boldsymbol{y}^*,\boldsymbol{\lambda}^*,\boldsymbol{z}^*)$ 是式（3.9）的一个平衡点，其中 $\boldsymbol{x}^*=P_\Omega(\boldsymbol{y}^*)$.

注 根据定理 3.1 的证明，易得$(\boldsymbol{x}^*,\boldsymbol{\lambda}^*,z^*)\in\Omega\times\mathbb{R}^{nm}\times\mathbb{R}^{nm}$是$\hat{L}$的一个鞍点（即对于任意$\boldsymbol{x}\in\Omega$和$\boldsymbol{\lambda}$，$z\in\mathbb{R}^{nm}$，都有$\hat{L}(\boldsymbol{x},z,\boldsymbol{\lambda}^*)\geqslant\hat{L}(\boldsymbol{x}^*,z^*,\boldsymbol{\lambda}^*)\geqslant\hat{L}(\boldsymbol{x}^*,z^*,\boldsymbol{\lambda})$）等价于$\boldsymbol{x}^*$是式（3.4）的一个解.

令$\boldsymbol{x}^*$为式（3.4）的解. 由定理 3.1 可得，存在$\boldsymbol{y}^*,\boldsymbol{\lambda}^*$和$z^*$使得$(\boldsymbol{y}^*,\boldsymbol{\lambda}^*,z^*)$是式（3.9）的一个平衡点，其中$\boldsymbol{x}^*=P_\Omega(\boldsymbol{y}^*)$. 定义函数如下：

$$V(\boldsymbol{y},\boldsymbol{\lambda},z)\triangleq\frac{1}{2}(\|\boldsymbol{y}-P_\Omega(\boldsymbol{y}^*)\|^2-\|\boldsymbol{y}-P_\Omega(\boldsymbol{y})\|^2)+\frac{1}{2}\|\boldsymbol{\lambda}-\boldsymbol{\lambda}^*\|^2+\frac{1}{2}\|z-z^*\|^2. \tag{3.20}$$

引理 3.6

考虑式（3.9）. 若假设 3.1 成立，且$V(\boldsymbol{y},\boldsymbol{\lambda},z)$如式（3.20）中的定义，如果$a\in\mathcal{L}_{\mathcal{F}}V(\boldsymbol{y},\boldsymbol{\lambda},z)$，则存在$\boldsymbol{g}(\boldsymbol{x})\in\partial f(\boldsymbol{x})$和$\boldsymbol{g}(\boldsymbol{x}^*)\in\partial f(\boldsymbol{x}^*)$，其中$\boldsymbol{x}=P_\Omega(\boldsymbol{y})$，$\boldsymbol{x}^*=P_\Omega(\boldsymbol{y}^*)$，使得$a\leqslant-(\boldsymbol{x}-\boldsymbol{x}^*)^{\mathrm{T}}(\boldsymbol{y}-\boldsymbol{y}^*)+\|\boldsymbol{x}-\boldsymbol{x}^*\|^2-(\boldsymbol{x}-\boldsymbol{x}^*)^{\mathrm{T}}(\boldsymbol{g}(\boldsymbol{x})-\boldsymbol{g}(\boldsymbol{x}^*))-\boldsymbol{\lambda}^{\mathrm{T}}\boldsymbol{L}\boldsymbol{\lambda}\leqslant0$.

证明 由引理 3.4 可得，$V(\boldsymbol{y},\boldsymbol{\lambda},z)$关于$\boldsymbol{y}$的梯度为$\nabla_{\boldsymbol{y}}V(\boldsymbol{y},\boldsymbol{\lambda},z)=\boldsymbol{x}-\boldsymbol{x}^*$，其中$\boldsymbol{x}=P_\Omega(\boldsymbol{y})$，$\boldsymbol{x}^*=P_\Omega(\boldsymbol{y}^*)$. $V(\boldsymbol{y},\boldsymbol{\lambda},z)$关于$\boldsymbol{\lambda}$和$z$的梯度分别是$\nabla_{\boldsymbol{\lambda}}V(\boldsymbol{y},\boldsymbol{\lambda},z)=\boldsymbol{\lambda}-\boldsymbol{\lambda}^*$和$\nabla_zV(\boldsymbol{y},\boldsymbol{\lambda},z)=z-z^*$.

沿着式（3.9）的解轨迹，函数$V(\boldsymbol{y},\boldsymbol{\lambda},z)$满足：

$$\begin{aligned}\mathcal{L}_{\mathcal{F}}V(\boldsymbol{y},\boldsymbol{\lambda},z)=\{a\in\mathbb{R}:a=&\nabla_{\boldsymbol{y}}V(\boldsymbol{y},\boldsymbol{\lambda},z)^{\mathrm{T}}(-\boldsymbol{y}+\boldsymbol{x}-\boldsymbol{g}(\boldsymbol{x})+\overline{\boldsymbol{W}}^{\mathrm{T}}\boldsymbol{\lambda})+\\&\nabla_{\boldsymbol{\lambda}}V(\boldsymbol{y},\boldsymbol{\lambda},z)^{\mathrm{T}}(\boldsymbol{d}-\overline{\boldsymbol{W}}\boldsymbol{x}-\boldsymbol{L}\boldsymbol{\lambda}-\boldsymbol{L}z)+\nabla_zV(\boldsymbol{y},\boldsymbol{\lambda},z)^{\mathrm{T}}\boldsymbol{L}\boldsymbol{\lambda},\\&\boldsymbol{g}(\boldsymbol{x})\in\partial f(\boldsymbol{x}),\boldsymbol{x}=P_\Omega(\boldsymbol{y})\}.\end{aligned}$$

假设$a\in\mathcal{L}_{\mathcal{F}}V(\boldsymbol{y},\boldsymbol{\lambda},z)$，则存在$\boldsymbol{g}(\boldsymbol{x})\in\partial f(\boldsymbol{x})$使得

$$\begin{aligned}a=&(\boldsymbol{x}-\boldsymbol{x}^*)^{\mathrm{T}}(-\boldsymbol{y}+\boldsymbol{x}-\boldsymbol{g}(\boldsymbol{x})+\overline{\boldsymbol{W}}^{\mathrm{T}}\boldsymbol{\lambda})+\\&(\boldsymbol{\lambda}-\boldsymbol{\lambda}^*)^{\mathrm{T}}(\boldsymbol{d}-\overline{\boldsymbol{W}}\boldsymbol{x}-\boldsymbol{L}\boldsymbol{\lambda}-\boldsymbol{L}z)+(z-z^*)^{\mathrm{T}}\boldsymbol{L}\boldsymbol{\lambda},\end{aligned}\tag{3.21}$$

式中，$\boldsymbol{x}=P_\Omega(\boldsymbol{y})$.

因为$(\boldsymbol{y}^*,\boldsymbol{\lambda}^*,z^*)$是式（3.9）的一个平衡点，其中$\boldsymbol{x}^*=P_\Omega(\boldsymbol{y}^*)$，所以存在$\boldsymbol{g}(\boldsymbol{x}^*)\in\partial f(\boldsymbol{x}^*)$使得

$$\begin{cases}\mathbf{0}_{nm} = \boldsymbol{L\lambda}^* \\ \boldsymbol{d} = \overline{\boldsymbol{W}}\boldsymbol{x}^* + \boldsymbol{L}\boldsymbol{z}^*, \\ \mathbf{0}_{\sum_{i=1}^{n} q_i} = -\boldsymbol{y}^* + \boldsymbol{x}^* - \boldsymbol{g}(\boldsymbol{x}^*) + \overline{\boldsymbol{W}}^{\mathrm{T}}\boldsymbol{\lambda}^*.\end{cases} \tag{3.22}$$

由式（3.21）和式（3.22）可得

$$\begin{aligned} a &= (\boldsymbol{x}-\boldsymbol{x}^*)^{\mathrm{T}}[(-\boldsymbol{y}+\boldsymbol{x}-\boldsymbol{g}(\boldsymbol{x})+\overline{\boldsymbol{W}}^{\mathrm{T}}\boldsymbol{\lambda})-(-\boldsymbol{y}^*+\boldsymbol{x}^*-\boldsymbol{g}(\boldsymbol{x}^*)+\overline{\boldsymbol{W}}^{\mathrm{T}}\boldsymbol{\lambda}^*)]+ \\ &\quad (\boldsymbol{\lambda}-\boldsymbol{\lambda}^*)^{\mathrm{T}}(\overline{\boldsymbol{W}}\boldsymbol{x}^*+\boldsymbol{L}\boldsymbol{z}^*-\overline{\boldsymbol{W}}\boldsymbol{x}-\boldsymbol{L}\boldsymbol{\lambda}-\boldsymbol{L}\boldsymbol{z})+(\boldsymbol{z}-\boldsymbol{z}^*)^{\mathrm{T}}\boldsymbol{L}\boldsymbol{\lambda} \\ &= -(\boldsymbol{x}-\boldsymbol{x}^*)^{\mathrm{T}}(\boldsymbol{y}-\boldsymbol{y}^*)+\|\boldsymbol{x}-\boldsymbol{x}^*\|^2-(\boldsymbol{x}-\boldsymbol{x}^*)^{\mathrm{T}}(\boldsymbol{g}(\boldsymbol{x})-\boldsymbol{g}(\boldsymbol{x}^*))+ \\ &\quad (\boldsymbol{x}-\boldsymbol{x}^*)^{\mathrm{T}}\overline{\boldsymbol{W}}^{\mathrm{T}}(\boldsymbol{\lambda}-\boldsymbol{\lambda}^*)-(\boldsymbol{x}-\boldsymbol{x}^*)^{\mathrm{T}}\overline{\boldsymbol{W}}^{\mathrm{T}}(\boldsymbol{\lambda}-\boldsymbol{\lambda}^*)- \\ &\quad \boldsymbol{\lambda}^{\mathrm{T}}\boldsymbol{L}\boldsymbol{\lambda}-\boldsymbol{\lambda}^{\mathrm{T}}\boldsymbol{L}(\boldsymbol{z}-\boldsymbol{z}^*)+(\boldsymbol{z}-\boldsymbol{z}^*)^{\mathrm{T}}\boldsymbol{L}\boldsymbol{\lambda} \\ &= -(\boldsymbol{x}-\boldsymbol{x}^*)^{\mathrm{T}}(\boldsymbol{y}-\boldsymbol{y}^*)+\|\boldsymbol{x}-\boldsymbol{x}^*\|^2-(\boldsymbol{x}-\boldsymbol{x}^*)^{\mathrm{T}}(\boldsymbol{g}(\boldsymbol{x})-\boldsymbol{g}(\boldsymbol{x}^*))-\boldsymbol{\lambda}^{\mathrm{T}}\boldsymbol{L}\boldsymbol{\lambda}. \end{aligned} \tag{3.23}$$

由于 $\boldsymbol{x}=P_{\Omega}(\boldsymbol{y})$ 和 $\boldsymbol{x}^*=P_{\Omega}(\boldsymbol{y}^*)$，因此可以从引理 3.3 得出 $-(\boldsymbol{x}-\boldsymbol{x}^*)^{\mathrm{T}}\cdot(\boldsymbol{y}-\boldsymbol{y}^*)+\|\boldsymbol{x}-\boldsymbol{x}^*\|^2\leqslant 0$. f 的凸性意味着 $(\boldsymbol{x}-\boldsymbol{x}^*)^{\mathrm{T}}(\boldsymbol{g}(\boldsymbol{x})-\boldsymbol{g}(\boldsymbol{x}^*))\geqslant 0$. 此外，由于 $\boldsymbol{L}_n\geqslant\mathbf{0},\boldsymbol{L}=\boldsymbol{L}_n\otimes\boldsymbol{I}_q\geqslant\mathbf{0}$. 因此，$a\leqslant-(\boldsymbol{x}-\boldsymbol{x}^*)^{\mathrm{T}}(\boldsymbol{y}-\boldsymbol{y}^*)+\|\boldsymbol{x}-\boldsymbol{x}^*\|^2-(\boldsymbol{x}-\boldsymbol{x}^*)^{\mathrm{T}}(\boldsymbol{g}(\boldsymbol{x})-\boldsymbol{g}(\boldsymbol{x}^*))-\boldsymbol{\lambda}^{\mathrm{T}}\boldsymbol{L}\boldsymbol{\lambda}\leqslant 0$.

以下结果说明了该算法的正确性.

定理 3.2

考虑式（3.9）. 若假设 3.1 成立，那么

（ⅰ）对于任意一个解 $(\boldsymbol{y}(t),\boldsymbol{x}(t),\boldsymbol{\lambda}(t),\boldsymbol{z}(t))$ 都是有界的；

（ⅱ）对于任意一个解，$\boldsymbol{x}(t)$ 都能收敛到式（3.4）的最优解.

证明　（ⅰ）令 $V(\boldsymbol{y},\boldsymbol{\lambda},\boldsymbol{z})$ 同式（3.20）中的定义. 由引理 3.6 可得

$$\max\mathcal{L}_{\mathcal{F}}V(\boldsymbol{y},\boldsymbol{\lambda},\boldsymbol{z})\leqslant\max\{-(\boldsymbol{x}-\boldsymbol{x}^*)^{\mathrm{T}}(\boldsymbol{g}(\boldsymbol{x})-\boldsymbol{g}(\boldsymbol{x}^*))-\boldsymbol{\lambda}^{\mathrm{T}}\boldsymbol{L}\boldsymbol{\lambda}:\boldsymbol{g}(\boldsymbol{x})\in\partial f(\boldsymbol{x})\}\leqslant 0. \tag{3.24}$$

注意：根据引理 3.4，可得 $V(\boldsymbol{y},\boldsymbol{\lambda},\boldsymbol{z})\geqslant\frac{1}{2}\|\boldsymbol{x}-\boldsymbol{x}^*\|^2+\frac{1}{2}\|\boldsymbol{\lambda}-\boldsymbol{\lambda}^*\|^2+\frac{1}{2}\|\boldsymbol{z}-\boldsymbol{z}^*\|^2$. 根据式（3.24）得 $(\boldsymbol{x}(t),\boldsymbol{\lambda}(t),\boldsymbol{z}(t))$，$t\geqslant 0$ 是有界的. 因为 $\partial f(\boldsymbol{x})$ 是紧集，所以存在 $m=m(\boldsymbol{y}_0,\boldsymbol{\lambda}_0,z_0)>0$ 使得对于所有的 $\boldsymbol{g}(\boldsymbol{x}(t))\in\partial f(\boldsymbol{x}(t))$ 和所有的 $t\geqslant 0$ 都有

$$\|\boldsymbol{x}(t)-\boldsymbol{g}(\boldsymbol{x}(t))+\overline{\boldsymbol{W}}^{\mathrm{T}}\boldsymbol{\lambda}(t)\|<m, \tag{3.25}$$

定义从 $\mathbb{R}^{\sum_{i=1}^{n} q_i}$ 到$\mathbb{R}$的映射 X：$X(\boldsymbol{y})=\frac{1}{2}\|\boldsymbol{y}\|^2$．沿着式（3.9）的解轨迹，函数 $X(\boldsymbol{y})$ 满足：

$$\mathcal{L}_{\mathcal{F}}X(\boldsymbol{y})=\{\boldsymbol{y}^{\mathrm{T}}(-\boldsymbol{y}+\boldsymbol{x}-\boldsymbol{g}(\boldsymbol{x})+\overline{\boldsymbol{W}}^{\mathrm{T}}\boldsymbol{\lambda}):\boldsymbol{g}(\boldsymbol{x})\in\partial f(\boldsymbol{x})\}.$$

注意：$\boldsymbol{y}^{\mathrm{T}}(t)(-\boldsymbol{y}(t)+\boldsymbol{x}(t)-\boldsymbol{g}(\boldsymbol{x}(t))+\overline{\boldsymbol{W}}^{\mathrm{T}}\boldsymbol{\lambda}(t))\leqslant-\|\boldsymbol{y}(t)\|^2+m\|\boldsymbol{y}(t)\|$，其中 $t\geqslant 0$，m 由式（3.25）定义，而且 $\boldsymbol{g}(\boldsymbol{x}(t))\in\partial f(\boldsymbol{x}(t))$．因此，

$$\max\mathcal{L}_{\mathcal{F}}X(\boldsymbol{y}(t))\leqslant-\|\boldsymbol{y}(t)\|^2+m\|\boldsymbol{y}(t)\|=-2X(\boldsymbol{y}(t))+m\sqrt{2X(\boldsymbol{y}(t))}.$$

易得 $X(\boldsymbol{y}(t))$，$t\geqslant 0$，是有界的；$\boldsymbol{y}(t)$，$t\geqslant 0$，同样如此.

综上所述，（ⅰ）得证.

（ⅱ）令 $\mathcal{R}=\{(\boldsymbol{y},\boldsymbol{\lambda},\boldsymbol{z})\in\mathbb{R}^{\sum_{i=1}^{n} q_i}\times\mathbb{R}^{nm}\times\mathbb{R}^{nm}:0\in\mathcal{L}_{\mathcal{F}}V(\boldsymbol{y},\boldsymbol{\lambda},\boldsymbol{z})\subset\{(\boldsymbol{y},\boldsymbol{\lambda},\boldsymbol{z})\in\mathbb{R}^{\sum_{i=1}^{n} q_i}\times\mathbb{R}^{nm}\times\mathbb{R}^{nm}:0=\min_{\boldsymbol{g}(\boldsymbol{x})\in\partial f(\boldsymbol{x}),\boldsymbol{g}(\boldsymbol{x}^*)\in\partial f(\boldsymbol{x}^*)}(\boldsymbol{x}-\boldsymbol{x}^*)^{\mathrm{T}}(\boldsymbol{g}(\boldsymbol{x})-\boldsymbol{g}(\boldsymbol{x}^*)),\boldsymbol{L\lambda}=\boldsymbol{0}_{nm},\boldsymbol{x}=P_{\Omega}(\boldsymbol{y}),\boldsymbol{x}^*=P_{\Omega}(\boldsymbol{y}^*)\}$．需要指出，因为假设 f 是严格凸的以及引理 3.2，如果 $\boldsymbol{x}\neq\boldsymbol{x}^*$，则 $(\boldsymbol{x}-\boldsymbol{x}^*)^{\mathrm{T}}(\boldsymbol{g}(\boldsymbol{x})-\boldsymbol{g}(\boldsymbol{x}^*))>0$．因此，$\mathcal{R}\subset\{(\boldsymbol{y},\boldsymbol{\lambda},\boldsymbol{z})\in\mathbb{R}^{\sum_{i=1}^{n} q_i}\times\mathbb{R}^{nm}\times\mathbb{R}^{nm}:\boldsymbol{x}=P_{\Omega}(\boldsymbol{y})=\boldsymbol{x}^*,\boldsymbol{L\lambda}=\boldsymbol{0}_{nm}\}$．令 $\mathcal{M}$ 为 $\overline{\mathcal{R}}$ 最大的弱不变子集．由引理 3.1 可得，当 $t\to\infty$ 时，有 $(\boldsymbol{y}(t),\boldsymbol{\lambda}(t),\boldsymbol{z}(t))\to\mathcal{M}$．因此，当 $t\to\infty$ 时，有 $\boldsymbol{x}(t)\to\boldsymbol{x}^*$.

定义 $\boldsymbol{x}(t)$，$\boldsymbol{\lambda}(t)$ 和 $\boldsymbol{z}(t)$ 的平均值为

$$\hat{\boldsymbol{x}}(t)\triangleq\frac{1}{t}\int_0^t\boldsymbol{x}(s)\,\mathrm{d}s,\quad\hat{\boldsymbol{\lambda}}(t)\triangleq\frac{1}{t}\int_0^t\boldsymbol{\lambda}(s)\,\mathrm{d}s,\quad\hat{\boldsymbol{z}}(t)\triangleq\frac{1}{t}\int_0^t\boldsymbol{z}(s)\,\mathrm{d}s.\tag{3.26}$$

式中，$(\boldsymbol{x}(t),\boldsymbol{\lambda}(t),\boldsymbol{z}(t))$ 是式（3.9）的解轨迹．本节将在后面的结果中展示 $(\hat{\boldsymbol{x}}(t),\hat{\boldsymbol{\lambda}}(t),\hat{\boldsymbol{z}}(t))$ 的收敛速度.

定理 3.3

考虑式（3.9）．若假设 3.1 成立，则

$$0\leqslant\hat{L}(\hat{\boldsymbol{x}}(t),\hat{\boldsymbol{z}}(t),\boldsymbol{\lambda}^*)-\hat{L}(\boldsymbol{x}^*,\boldsymbol{z}^*,\hat{\boldsymbol{\lambda}}(t))\leqslant\frac{1}{t}V(\boldsymbol{y}_0,\boldsymbol{z}_0,\boldsymbol{\lambda}_0),$$

其中，$\hat{L}(\cdot,\cdot,\cdot)$ 同式（3.10）中的定义，$V(\cdot,\cdot,\cdot)$ 同式（3.20）中的定义，并且 $(\boldsymbol{y}^*,\boldsymbol{\lambda}^*,\boldsymbol{z}^*)$ 是式（3.9）的平衡点，$\boldsymbol{x}^*=P_{\Omega}(\boldsymbol{y}^*)$（同样，$(\boldsymbol{x}^*,\boldsymbol{z}^*,\boldsymbol{\lambda}^*)$ 是 $\hat{L}$ 的一个鞍点）.

证明 设 $a \in \mathcal{L}_{\mathcal{F}}V(\boldsymbol{y},\boldsymbol{\lambda},\boldsymbol{z})$. 由引理3.6可得

$$a \leqslant -(\boldsymbol{x}-\boldsymbol{x}^*)^{\mathrm{T}}(\boldsymbol{y}-\boldsymbol{y}^*)+\|\boldsymbol{x}-\boldsymbol{x}^*\|^2-(\boldsymbol{x}-\boldsymbol{x}^*)^{\mathrm{T}}(\boldsymbol{g}(\boldsymbol{x})-\boldsymbol{g}(\boldsymbol{x}^*))-\boldsymbol{\lambda}^{\mathrm{T}}\boldsymbol{L}\boldsymbol{\lambda}\leqslant 0,$$

其中 $\boldsymbol{x}=P_{\Omega}(\boldsymbol{y})$，$\boldsymbol{x}^*=P_{\Omega}(\boldsymbol{y}^*)$，$\boldsymbol{g}(\boldsymbol{x})\in\partial f(\boldsymbol{x})$，$\boldsymbol{g}(\boldsymbol{x}^*)\in\partial f(\boldsymbol{x}^*)$ 与式（3.22)中的选择一样. 以上不等式可以写成

$$a \leqslant -(\boldsymbol{x}-\boldsymbol{x}^*)^{\mathrm{T}}\boldsymbol{g}(\boldsymbol{x})-(\boldsymbol{x}-\boldsymbol{x}^*)^{\mathrm{T}}(\boldsymbol{y}-\boldsymbol{x})+(\boldsymbol{x}-\boldsymbol{x}^*)^{\mathrm{T}}(\boldsymbol{g}(\boldsymbol{x}^*)+\boldsymbol{y}^*-\boldsymbol{x}^*)-\boldsymbol{\lambda}^{\mathrm{T}}\boldsymbol{L}\boldsymbol{\lambda}.$$

通过令式（3.3）中的 $\boldsymbol{y}=\boldsymbol{u}$、$\boldsymbol{x}=P_{\Omega}(\boldsymbol{y})$ 以及 $\boldsymbol{x}^*=\boldsymbol{v}$，可得 $(\boldsymbol{x}-\boldsymbol{x}^*)^{\mathrm{T}}(\boldsymbol{y}-\boldsymbol{x})\geqslant 0$. 由式（3.22）可得 $\boldsymbol{g}(\boldsymbol{x}^*)+\boldsymbol{y}^*-\boldsymbol{x}^*=\overline{\boldsymbol{W}}^{\mathrm{T}}\boldsymbol{\lambda}^*$，因此 $a\leqslant-(\boldsymbol{x}-\boldsymbol{x}^*)^{\mathrm{T}}\boldsymbol{g}(\boldsymbol{x})+(\boldsymbol{x}-\boldsymbol{x}^*)^{\mathrm{T}}\overline{\boldsymbol{W}}^{\mathrm{T}}\boldsymbol{\lambda}^*-\boldsymbol{\lambda}^{\mathrm{T}}\boldsymbol{L}\boldsymbol{\lambda}$. 注意：$-(\boldsymbol{x}-\boldsymbol{x}^*)^{\mathrm{T}}\boldsymbol{g}(\boldsymbol{x})\leqslant f(\boldsymbol{x}^*)-f(\boldsymbol{x})$，$\boldsymbol{d}=\overline{\boldsymbol{W}}\boldsymbol{x}^*+\boldsymbol{L}\boldsymbol{z}^*$，且 $\boldsymbol{L}\boldsymbol{\lambda}^*=\boldsymbol{0}_{nm}$. 于是有

$$\begin{aligned}a &\leqslant f(\boldsymbol{x}^*)-f(\boldsymbol{x})+(\boldsymbol{x}-\boldsymbol{x}^*)^{\mathrm{T}}\overline{\boldsymbol{W}}^{\mathrm{T}}\boldsymbol{\lambda}^*-\boldsymbol{\lambda}^{\mathrm{T}}\boldsymbol{L}\boldsymbol{\lambda}\\ &=f(\boldsymbol{x}^*)-f(\boldsymbol{x})-(\boldsymbol{d}-\overline{\boldsymbol{W}}\boldsymbol{x}-\boldsymbol{L}\boldsymbol{z})^{\mathrm{T}}\boldsymbol{\lambda}^*-\boldsymbol{\lambda}^{\mathrm{T}}\boldsymbol{L}\boldsymbol{\lambda}\\ &=\hat{L}(\boldsymbol{x}^*,\boldsymbol{z}^*,\boldsymbol{\lambda})-\hat{L}(\boldsymbol{x},\boldsymbol{z},\boldsymbol{\lambda}^*)\leqslant 0.\end{aligned}$$

因为 $(\boldsymbol{x}^*,\boldsymbol{z}^*,\boldsymbol{\lambda}^*)$ 是 $\hat{L}$ 的一个鞍点，对区间 $[0,t]$ 进行积分，可得

$$-V(\boldsymbol{y}_0,\boldsymbol{\lambda}_0,\boldsymbol{z}_0)\leqslant\int_0^t\Big(\hat{L}(\boldsymbol{x}^*,\boldsymbol{z}^*,\boldsymbol{\lambda}(s))-\hat{L}(\boldsymbol{x}(s),\boldsymbol{z}(s),\boldsymbol{\lambda}^*)\Big)\mathrm{d}s\leqslant 0.$$

对于凸－凹的 $\hat{L}$，由 Jensen 不等式可得

$$\hat{L}(\boldsymbol{x}^*,\boldsymbol{z}^*,\hat{\boldsymbol{\lambda}}(t))\geqslant\frac{1}{t}\int_0^t\hat{L}(\boldsymbol{x}^*,\boldsymbol{z}^*,\boldsymbol{\lambda}(s))\mathrm{d}s,$$

以及

$$\hat{L}(\hat{\boldsymbol{x}}(t),\hat{\boldsymbol{z}}(t),\boldsymbol{\lambda}^*)\leqslant\frac{1}{t}\int_0^t\hat{L}(\boldsymbol{x}(s),\boldsymbol{z}(s),\boldsymbol{\lambda}^*)\mathrm{d}s.$$

证毕.

3.3.2.2 DDFA 收敛分析

考虑式（3.14）（或者式（3.15））. $(\boldsymbol{x}^*,\boldsymbol{\lambda}^*,\boldsymbol{z}^*)\in\Omega\times\mathbb{R}^{nm}\times\mathbb{R}^{nm}$ 是式（3.14)的一个平衡点，等价于存在 $\boldsymbol{g}(\boldsymbol{x}^*)\in\partial f(\boldsymbol{x}^*)$ 使得

$$\boldsymbol{0}_{\sum_{i=1}^n q_i}=P_{\Omega}[\boldsymbol{x}^*-\boldsymbol{g}(\boldsymbol{x}^*)+\overline{\boldsymbol{W}}^{\mathrm{T}}\boldsymbol{\lambda}^*]-\boldsymbol{x}^*,\tag{3.27a}$$

$$\boldsymbol{0}_{nm}=\boldsymbol{d}-\boldsymbol{W}\boldsymbol{x}^*-\boldsymbol{L}\boldsymbol{z}^*,\tag{3.27b}$$

$$\boldsymbol{0}_{nm}=\boldsymbol{L}\boldsymbol{\lambda}^*.\tag{3.27c}$$

定理 3.4

若假设 3.1 成立，如果$(\boldsymbol{x}^*,\boldsymbol{\lambda}^*,z^*)\in\Omega\times\mathbb{R}^{nm}\times\mathbb{R}^{nm}$是式（3.14）的一个平衡点，那么$\boldsymbol{x}^*$是式（3.4）的一个解．反之，如果$\boldsymbol{x}^*\in\Omega$是式（3.4）的一个解，那么存在$\boldsymbol{\lambda}^*\in\mathbb{R}^{nm}$和$z^*\in\mathbb{R}^{nm}$使得$(\boldsymbol{x}^*,\boldsymbol{\lambda}^*,z^*)$是式（3.14）的一个平衡点．

该证明与定理 3.1 的证明相似，因此省略．

假设$(\boldsymbol{x}^*,\boldsymbol{\lambda}^*,z^*)\in\Omega\times\mathbb{R}^{nm}\times\mathbb{R}^{nm}$是式（3.14）的一个平衡点．定义如下函数：

$$V(\boldsymbol{x},\boldsymbol{\lambda},z)=f(\boldsymbol{x})-f(\boldsymbol{x}^*)+\boldsymbol{\lambda}^{*\mathrm{T}}(\boldsymbol{d}-\overline{\boldsymbol{W}}\boldsymbol{x})+\frac{1}{2}\|\boldsymbol{x}-\boldsymbol{x}^*\|^2+\frac{1}{2}\|\boldsymbol{\lambda}-\boldsymbol{\lambda}^*\|^2+\frac{1}{2}\|z-z^*\|^2. \tag{3.28}$$

引理 3.7

令函数$V(\boldsymbol{x},\boldsymbol{\lambda},z)$如式（3.28）中定义，若假设 3.1 成立．对于任意的$(\boldsymbol{x},\boldsymbol{\lambda},z)\in\Omega\times\mathbb{R}^{nm}\times\mathbb{R}^{nm}$，都有$V(\boldsymbol{x},\boldsymbol{\lambda},z)$正定，且$V(\boldsymbol{x},\boldsymbol{\lambda},z)=0$等价于$(\boldsymbol{x},\boldsymbol{\lambda},z)=(\boldsymbol{x}^*,\boldsymbol{\lambda}^*,z^*)$，并且当$(\boldsymbol{x},\boldsymbol{\lambda},z)\to\infty$时，有$V(\boldsymbol{x},\boldsymbol{\lambda},z)\to\infty$．

证明　由式（3.27c），可知存在$\boldsymbol{\lambda}_0^*\in\mathbb{R}^m$使得$\boldsymbol{\lambda}^*=\boldsymbol{1}_n\otimes\boldsymbol{\lambda}_0^*$．容易验证$(\boldsymbol{\lambda}^*)^{\mathrm{T}}(\boldsymbol{d}-\overline{\boldsymbol{W}}\boldsymbol{x})=\boldsymbol{\lambda}_0^{*\mathrm{T}}(\boldsymbol{d}_0-\boldsymbol{W}\boldsymbol{x})$．由式（3.6）可得

$$f(\boldsymbol{x})-f(\boldsymbol{x}^*)+\boldsymbol{\lambda}^{*\mathrm{T}}(\boldsymbol{d}-\overline{\boldsymbol{W}}\boldsymbol{x})=f(\boldsymbol{x})-f(\boldsymbol{x}^*)+\boldsymbol{\lambda}_0^{*\mathrm{T}}\boldsymbol{W}(\boldsymbol{x}^*-\boldsymbol{x}). \tag{3.29}$$

通过式（3.28）和式（3.29），可得$V(\boldsymbol{x}^*,\boldsymbol{\lambda}^*,z^*)=0$.

因为$f(\boldsymbol{x})$是凸的，所以对于所有的$\boldsymbol{x}\in\Omega$和$\boldsymbol{g}(\boldsymbol{x}^*)\in\partial f(\boldsymbol{x}^*)$，有$f(\boldsymbol{x})-f(\boldsymbol{x}^*)\geqslant\boldsymbol{g}(\boldsymbol{x}^*)^{\mathrm{T}}(\boldsymbol{x}-\boldsymbol{x}^*)$．根据式（3.7），对于所有的$\boldsymbol{x}\in\Omega$都有：

$$(\boldsymbol{g}(\boldsymbol{x}^*)-\boldsymbol{W}^{\mathrm{T}}\boldsymbol{\lambda}_0^*)^{\mathrm{T}}(\boldsymbol{x}-\boldsymbol{x}^*)\geqslant 0 \tag{3.30}$$

式中，$\boldsymbol{g}(\boldsymbol{x}^*)\in\partial f(\boldsymbol{x}^*)$与式（3.7）中的选择一样．由式（3.29）和式（3.30）可得，对于所有的$\boldsymbol{x}\in\Omega$，有

$$f(\boldsymbol{x})-f(\boldsymbol{x}^*)+\boldsymbol{\lambda}^{*\mathrm{T}}(\boldsymbol{d}-\overline{\boldsymbol{W}}\boldsymbol{x})\geqslant(\boldsymbol{g}(\boldsymbol{x}^*)-\boldsymbol{W}^{\mathrm{T}}\boldsymbol{\lambda}_0^*)^{\mathrm{T}}(\boldsymbol{x}-\boldsymbol{x}^*)\geqslant 0, \tag{3.31}$$

式中，$\boldsymbol{g}(\boldsymbol{x}^*)\in\partial f(\boldsymbol{x}^*)$与式（3.7）中的选择一样.

因此，对于任意的$(\boldsymbol{x},\boldsymbol{\lambda},\boldsymbol{z})\in\Omega\times\mathbb{R}^{nm}\times\mathbb{R}^{nm}$，都有$V(\boldsymbol{x},\boldsymbol{\lambda},\boldsymbol{z})\geqslant\frac{1}{2}\cdot\|\boldsymbol{x}-\boldsymbol{x}^*\|^2+\frac{1}{2}\|\boldsymbol{\lambda}-\boldsymbol{\lambda}^*\|^2+\frac{1}{2}\|\boldsymbol{z}-\boldsymbol{z}^*\|^2$. 所以，对于所有的$(\boldsymbol{x},\boldsymbol{\lambda},\boldsymbol{z})\in\Omega\times\mathbb{R}^{nm}\times\mathbb{R}^{nm}$，$V(\boldsymbol{x},\boldsymbol{\lambda},\boldsymbol{z})$都是正定的，且$V(\boldsymbol{x},\boldsymbol{\lambda},\boldsymbol{z})=0$等价于$(\boldsymbol{x},\boldsymbol{\lambda},\boldsymbol{z})=(\boldsymbol{x}^*,\boldsymbol{\lambda}^*,\boldsymbol{z}^*)$，并且，当$(\boldsymbol{x},\boldsymbol{\lambda},\boldsymbol{z})\to\infty$时，有$V(\boldsymbol{x},\boldsymbol{\lambda},\boldsymbol{z})\to\infty$.

引理3.8

考虑式（3.14）. 若假设3.1成立，函数$V(\boldsymbol{x},\boldsymbol{\lambda},\boldsymbol{z})$如式（3.28）中的定义. 如果$a\in\mathcal{L}_{\mathcal{F}}V(\boldsymbol{x},\boldsymbol{\lambda},\boldsymbol{z})$，则存在$\boldsymbol{g}(\boldsymbol{x})\in\partial f(\boldsymbol{x})$和$\boldsymbol{g}(\boldsymbol{x}^*)\in\partial f(\boldsymbol{x}^*)$使得$a\leqslant-\|\boldsymbol{p}\|^2-(\boldsymbol{x}-\boldsymbol{x}^*)^{\mathrm{T}}(\boldsymbol{g}(\boldsymbol{x})-\boldsymbol{g}(\boldsymbol{x}^*))-(\boldsymbol{g}(\boldsymbol{x}^*)-\overline{\boldsymbol{W}}^{\mathrm{T}}\boldsymbol{\lambda}^*)^{\mathrm{T}}(\boldsymbol{x}-\boldsymbol{x}^*)-\boldsymbol{\lambda}^{\mathrm{T}}\boldsymbol{L}\boldsymbol{\lambda}\leqslant0$，其中$\boldsymbol{p}=P_{\Omega}[\boldsymbol{x}-\boldsymbol{g}(\boldsymbol{x})+\overline{\boldsymbol{W}}^{\mathrm{T}}\boldsymbol{\lambda}]-\boldsymbol{x}$.

证明　沿着式（3.14）的解轨迹，函数$V(\boldsymbol{x},\boldsymbol{\lambda},\boldsymbol{z})$满足：

$$\begin{aligned}\mathcal{L}_{\mathcal{F}}V(\boldsymbol{x},\boldsymbol{\lambda},\boldsymbol{z})=\{a\in\mathbb{R}:a=&(\boldsymbol{g}(\boldsymbol{x})-\overline{\boldsymbol{W}}^{\mathrm{T}}\boldsymbol{\lambda}^*+\boldsymbol{x}-\boldsymbol{x}^*)^{\mathrm{T}}\boldsymbol{p}+\\&\nabla_{\boldsymbol{\lambda}}V(\boldsymbol{x},\boldsymbol{\lambda},\boldsymbol{z})^{\mathrm{T}}(\boldsymbol{d}-\overline{\boldsymbol{W}}\boldsymbol{x}-\boldsymbol{L}\boldsymbol{\lambda}-\boldsymbol{L}\boldsymbol{z}-\overline{\boldsymbol{W}}\boldsymbol{p})+\nabla_{\boldsymbol{z}}V(\boldsymbol{x},\boldsymbol{\lambda},\boldsymbol{z})^{\mathrm{T}}\boldsymbol{L}\boldsymbol{\lambda},\\&\boldsymbol{g}(\boldsymbol{x})\in\partial f(\boldsymbol{x}),\boldsymbol{p}=P_{\Omega}[\boldsymbol{x}-\boldsymbol{g}(\boldsymbol{x})+\overline{\boldsymbol{W}}^{\mathrm{T}}\boldsymbol{\lambda}]-\boldsymbol{x}\}.\end{aligned}$$

设$a\in\mathcal{L}_{\mathcal{F}}V(\boldsymbol{x},\boldsymbol{\lambda},\boldsymbol{z})$，则存在$\boldsymbol{g}(\boldsymbol{x})\in\partial f(\boldsymbol{x})$使得

$$\begin{aligned}a=&(\boldsymbol{g}(\boldsymbol{x})-\overline{\boldsymbol{W}}^{\mathrm{T}}\boldsymbol{\lambda}^*+\boldsymbol{x}-\boldsymbol{x}^*)^{\mathrm{T}}\boldsymbol{p}+\\&(\boldsymbol{\lambda}-\boldsymbol{\lambda}^*)^{\mathrm{T}}(\boldsymbol{d}-\overline{\boldsymbol{W}}\boldsymbol{x}-\boldsymbol{L}\boldsymbol{\lambda}-\boldsymbol{L}\boldsymbol{z}-\overline{\boldsymbol{W}}\boldsymbol{p})+(\boldsymbol{z}-\boldsymbol{z}^*)^{\mathrm{T}}\boldsymbol{L}\boldsymbol{\lambda},\end{aligned}\tag{3.32}$$

式中，

$$\boldsymbol{p}=P_{\Omega}[\boldsymbol{x}-\boldsymbol{g}(\boldsymbol{x})+\overline{\boldsymbol{W}}^{\mathrm{T}}\boldsymbol{\lambda}]-\boldsymbol{x}.\tag{3.33}$$

利用式（3.3），以变分不等式的形式表示式（3.33）：

$$\langle\boldsymbol{p}+\boldsymbol{x}-(\boldsymbol{x}-\boldsymbol{g}(\boldsymbol{x})+\overline{\boldsymbol{W}}^{\mathrm{T}}\boldsymbol{\lambda}),\boldsymbol{p}+\boldsymbol{x}-\tilde{\boldsymbol{x}}\rangle\leqslant0,\ \forall\tilde{\boldsymbol{x}}\in\Omega.$$

选取$\tilde{\boldsymbol{x}}=\boldsymbol{x}^*$，则

$$(\boldsymbol{g}(\boldsymbol{x})-\overline{\boldsymbol{W}}^{\mathrm{T}}\boldsymbol{\lambda}+\boldsymbol{x}-\boldsymbol{x}^*)^{\mathrm{T}}\boldsymbol{p}\leqslant-\|\boldsymbol{p}\|^2-(\boldsymbol{g}(\boldsymbol{x})-\overline{\boldsymbol{W}}^{\mathrm{T}}\boldsymbol{\lambda})^{\mathrm{T}}(\boldsymbol{x}-\boldsymbol{x}^*).\tag{3.34}$$

因为$(\boldsymbol{x}^*,\boldsymbol{\lambda}^*,\boldsymbol{z}^*)$是式（3.14）的一个平衡点，因此存在$\boldsymbol{g}(\boldsymbol{x}^*)\in\partial f(\boldsymbol{x}^*)$使得

$$\begin{cases}\boldsymbol{0}_{nm}=\boldsymbol{L}\boldsymbol{\lambda}^*,\\\boldsymbol{d}=\overline{\boldsymbol{W}}\boldsymbol{x}^*+\boldsymbol{L}\boldsymbol{z}^*,\\\boldsymbol{x}^*=P_{\Omega}[\boldsymbol{x}^*-\boldsymbol{g}(\boldsymbol{x}^*)+\overline{\boldsymbol{W}}^{\mathrm{T}}\boldsymbol{\lambda}^*].\end{cases}\tag{3.35}$$

由式（3.32）、式（3.34）和式（3.35）可得

$$\begin{aligned}
a &= (\boldsymbol{g}(\boldsymbol{x}) - \overline{\boldsymbol{W}}^{\mathrm{T}}\boldsymbol{\lambda} + \boldsymbol{x} - \boldsymbol{x}^*)^{\mathrm{T}}\boldsymbol{p} + (\boldsymbol{\lambda} - \boldsymbol{\lambda}^*)^{\mathrm{T}}\overline{\boldsymbol{W}}\boldsymbol{p} + \\
&\quad (\boldsymbol{\lambda} - \boldsymbol{\lambda}^*)^{\mathrm{T}}(\overline{\boldsymbol{W}}\boldsymbol{x}^* + \boldsymbol{L}\boldsymbol{z}^* - \overline{\boldsymbol{W}}\boldsymbol{x} - \boldsymbol{L}\boldsymbol{\lambda} - \boldsymbol{L}\boldsymbol{z} - \overline{\boldsymbol{W}}\boldsymbol{p}) + (\boldsymbol{z} - \boldsymbol{z}^*)^{\mathrm{T}}\boldsymbol{L}\boldsymbol{\lambda} \\
&\leqslant -\|\boldsymbol{p}\|^2 - (\boldsymbol{g}(\boldsymbol{x}) - \overline{\boldsymbol{W}}^{\mathrm{T}}\boldsymbol{\lambda})^{\mathrm{T}}(\boldsymbol{x} - \boldsymbol{x}^*) + \\
&\quad (\boldsymbol{\lambda} - \boldsymbol{\lambda}^*)^{\mathrm{T}}\overline{\boldsymbol{W}}\boldsymbol{p} - (\boldsymbol{x} - \boldsymbol{x}^*)^{\mathrm{T}}\overline{\boldsymbol{W}}^{\mathrm{T}}(\boldsymbol{\lambda} - \boldsymbol{\lambda}^*) - \boldsymbol{\lambda}^{\mathrm{T}}\boldsymbol{L}\boldsymbol{\lambda} - \\
&\quad \boldsymbol{\lambda}^{\mathrm{T}}\boldsymbol{L}(\boldsymbol{z} - \boldsymbol{z}^*) - (\boldsymbol{\lambda} - \boldsymbol{\lambda}^*)^{\mathrm{T}}\overline{\boldsymbol{W}}\boldsymbol{p} + (\boldsymbol{z} - \boldsymbol{z}^*)^{\mathrm{T}}\boldsymbol{L}\boldsymbol{\lambda} \\
&= -\|\boldsymbol{p}\|^2 - (\boldsymbol{g}(\boldsymbol{x}) - \overline{\boldsymbol{W}}^{\mathrm{T}}\boldsymbol{\lambda})^{\mathrm{T}}(\boldsymbol{x} - \boldsymbol{x}^*) - \\
&\quad (\boldsymbol{x} - \boldsymbol{x}^*)^{\mathrm{T}}\overline{\boldsymbol{W}}^{\mathrm{T}}(\boldsymbol{\lambda} - \boldsymbol{\lambda}^*) - \boldsymbol{\lambda}^{\mathrm{T}}\boldsymbol{L}\boldsymbol{\lambda} \\
&= -\|\boldsymbol{p}\|^2 - (\boldsymbol{g}(\boldsymbol{x}) - \boldsymbol{g}(\boldsymbol{x}^*))^{\mathrm{T}}(\boldsymbol{x} - \boldsymbol{x}^*) - \\
&\quad (\boldsymbol{g}(\boldsymbol{x}^*) - \overline{\boldsymbol{W}}^{\mathrm{T}}\boldsymbol{\lambda}^*)^{\mathrm{T}}(\boldsymbol{x} - \boldsymbol{x}^*) - \boldsymbol{\lambda}^{\mathrm{T}}\boldsymbol{L}\boldsymbol{\lambda}.
\end{aligned} \tag{3.36}$$

根据式（3.3），因为 $\boldsymbol{x}^* = P_{\Omega}[\boldsymbol{x}^* - \boldsymbol{g}(\boldsymbol{x}^*) + \overline{\boldsymbol{W}}^{\mathrm{T}}\boldsymbol{\lambda}^*]$，所以对于所有的 $\boldsymbol{x} \in \Omega$ 都有 $(\boldsymbol{g}(\boldsymbol{x}^*) - \overline{\boldsymbol{W}}^{\mathrm{T}}\boldsymbol{\lambda}^*)^{\mathrm{T}}(\boldsymbol{x} - \boldsymbol{x}^*) \geqslant 0$. f 的凸性意味着 $(\boldsymbol{x} - \boldsymbol{x}^*)^{\mathrm{T}}(\boldsymbol{g}(\boldsymbol{x}) - \boldsymbol{g}(\boldsymbol{x}^*)) \geqslant 0$. 此外，由 $\boldsymbol{L}_n \geqslant \boldsymbol{0}$ 得 $\boldsymbol{L} = \boldsymbol{L}_n \otimes \boldsymbol{I}_q \geqslant \boldsymbol{0}$. 因此，$a \leqslant -\|\boldsymbol{p}\|^2 - (\boldsymbol{x} - \boldsymbol{x}^*)^{\mathrm{T}}(\boldsymbol{g}(\boldsymbol{x}) - \boldsymbol{g}(\boldsymbol{x}^*)) - (\boldsymbol{g}(\boldsymbol{x}^*) - \overline{\boldsymbol{W}}^{\mathrm{T}}\boldsymbol{\lambda}^*)^{\mathrm{T}}(\boldsymbol{x} - \boldsymbol{x}^*) - \boldsymbol{\lambda}^{\mathrm{T}}\boldsymbol{L}\boldsymbol{\lambda} < 0$.

接下来，给出式（3.14）（或等效的，式（3.15））的收敛性分析.

定理 3.5

若假设 3.1 满足且式（3.14）为凸微分包含，那么：

（ⅰ）任意一个解 $(\boldsymbol{x}(t), \boldsymbol{\lambda}(t), \boldsymbol{z}(t))$ 都是有界的.

（ⅱ）对于任意一个解，$\boldsymbol{x}(t)$ 都能收敛到式（3.4）的最优解.

注 在定理 3.5 中，式（3.14）假定为凸微分包含. 假设式（3.14）是凸的，保证了式（3.14）存在解，并且满足不变性原理引理 3.1 的条件. 事实上，很多场景可以满足式（3.14）凸度假设. 例如，$x_i \in \mathbb{R}$，或者对所有的 $i \in \{1, 2, \cdots, n\}$，$\partial f_i(x_i)$ 是“方形”；$f_i(\cdot)$ 对于所有的 $i \in \{1, 2, \cdots, n\}$ 都是二次可微的，条件同样满足，在这种情况下，式（3.14）是具有 Lipschitz 右连续的常微分方程.

定理 3.5 的证明：

（ⅰ）设 $(\boldsymbol{x}^*, \boldsymbol{\lambda}^*, \boldsymbol{z}^*) \in \Omega \times \mathbb{R}^{nm} \times \mathbb{R}^{nm}$ 是式（3.14）的一个平衡点. 令函数 $V(\boldsymbol{x}, \boldsymbol{\lambda}, \boldsymbol{z})$ 如式（3.28）中的定义. 由引理 3.8 可得

$$\begin{aligned}
\max \mathcal{L}_{\mathcal{F}} V(\boldsymbol{x}, \boldsymbol{\lambda}, \boldsymbol{z}) \leqslant \sup\{ a : a = -\|\boldsymbol{p}\|^2 - (\boldsymbol{x} - \boldsymbol{x}^*)^{\mathrm{T}}(\boldsymbol{g}(\boldsymbol{x}) - \boldsymbol{g}(\boldsymbol{x}^*)) - \boldsymbol{\lambda}^{\mathrm{T}}\boldsymbol{L}\boldsymbol{\lambda}, \\
\boldsymbol{g}(\boldsymbol{x}) \in \partial f(\boldsymbol{x}), \boldsymbol{p} = P_{\Omega}[\boldsymbol{x} - \boldsymbol{g}(\boldsymbol{x}) + \overline{\boldsymbol{W}}^{\mathrm{T}}\boldsymbol{\lambda}] - \boldsymbol{x} \} \leqslant 0.
\end{aligned}$$

由引理 3.7 可得，对于任意的 $(\boldsymbol{x}, \boldsymbol{\lambda}, \boldsymbol{z}) \in \Omega \times \mathbb{R}^{nm} \times \mathbb{R}^{nm}$，$V(\boldsymbol{x}, \boldsymbol{\lambda}, \boldsymbol{z})$ 都是

正定的，且 $V(\boldsymbol{x},\boldsymbol{\lambda},z)=\mathbf{0}$ 等价于 $(\boldsymbol{x},\boldsymbol{\lambda},z)=(\boldsymbol{x}^*,\boldsymbol{\lambda}^*,z^*)$，且当 $V(\boldsymbol{x},\boldsymbol{\lambda},z)\to\infty$ 时，有 $(\boldsymbol{x},\boldsymbol{\lambda},z)\to\infty$. 因此，$(\boldsymbol{x}(t),\boldsymbol{\lambda}(t),z(t))$ 对于所有的 $t\geqslant 0$ 都有界.

（ⅱ）令 $\mathcal{R}=\{(\boldsymbol{x},\boldsymbol{\lambda},z)\in\boldsymbol{\Omega}\times\mathbb{R}^{nm}\times\mathbb{R}^{nm}:0\in\mathcal{L}_{\mathcal{F}}V(\boldsymbol{x},\boldsymbol{\lambda},z)\}\subset\{(\boldsymbol{x},\boldsymbol{\lambda},z)\in\boldsymbol{\Omega}\times\mathbb{R}^{nm}\times\mathbb{R}^{nm}:\exists\,\boldsymbol{g}(\boldsymbol{x})\in\partial f(\boldsymbol{x}),\boldsymbol{L\lambda}=\mathbf{0}_{nm},(\boldsymbol{x}-\boldsymbol{x}^*)^{\mathrm{T}}(\boldsymbol{g}(\boldsymbol{x})-\boldsymbol{g}(\boldsymbol{x}^*))=0,\mathbf{0}_{\sum_{i=1}^{n}q_i}=P_{\Omega}[\boldsymbol{x}-\boldsymbol{g}(\boldsymbol{x})+\overline{\boldsymbol{W}}^{\mathrm{T}}\boldsymbol{\lambda}]-\boldsymbol{x}\}$. 令 $\mathcal{M}$ 为 $\overline{\mathcal{R}}$ 的最大弱不变子集. 由引理 3.1 可得，当 $t\to\infty$ 时，有 $(\boldsymbol{x}(t),\boldsymbol{\lambda}(t),z(t))\to\mathcal{M}$. 注意：由于 f 是严格凸的，且根据引理 3.2 可知，如果 $\boldsymbol{x}\neq\boldsymbol{x}^*$，则 $(\boldsymbol{x}-\boldsymbol{x}^*)^{\mathrm{T}}(\boldsymbol{g}(\boldsymbol{x})-\boldsymbol{g}(\boldsymbol{x}^*))>0$，因此当 $t\to\infty$ 时有 $\boldsymbol{x}(t)\to\boldsymbol{x}^*$.

注　非凸微分包含的分析仍然具有挑战性. 但是，文献[23]、[24]、[25]中研究了投影非凸微分包含项描述的优化算法，并将其应用于经过严格收敛分析的凸优化问题. 因此，可以遵循文献[23]~[26]的思想对非凸微分包含形式的算法进行收敛性分析.

下面给出了当式（3.4）的目标函数可微时的收敛结果. 如果式（3.4）的目标函数可微，仍使用本章提出的算法，式（3.14）将成为常微分方程，同时可以放宽对目标函数严格凸的要求.

推论 3.1

考虑式（3.14）. 若假设 3.1 中的（1）和（3）满足，如果 f_i 是二次可微的，并且在包含 Ω_i 的开集上为凸（$i\in\{1,2,\cdots,n\}$），则有

（ⅰ）解 $(\boldsymbol{x}(t),\boldsymbol{\lambda}(t),z(t))$ 是有界的.

（ⅱ）解 $(\boldsymbol{x}(t),\boldsymbol{\lambda}(t),z(t))$ 是收敛的，并且 $\boldsymbol{x}(t)$ 收敛到式（3.4）的一个最优解.

证明　（ⅰ）的证明与定理 3.5（ⅰ）相似，在此省略证明.

（ⅱ）由定理 3.5（ⅰ）的证明中相似的讨论可得

$$\frac{\mathrm{d}}{\mathrm{d}t}V(\boldsymbol{x},\boldsymbol{\lambda},z)\leqslant-\|\dot{\boldsymbol{x}}\|^2-(\boldsymbol{x}-\boldsymbol{x}^*)^{\mathrm{T}}(\nabla f(\boldsymbol{x})-\nabla f(\boldsymbol{x}^*))-\boldsymbol{\lambda}^{\mathrm{T}}\boldsymbol{L\lambda}\leqslant 0,\tag{3.37}$$

式中，$\dot{\boldsymbol{x}}=P_{\Omega}[\boldsymbol{x}-\nabla f(\boldsymbol{x})+\overline{\boldsymbol{W}}^{\mathrm{T}}\boldsymbol{\lambda}]-\boldsymbol{x}$，函数 $V(\boldsymbol{x},\boldsymbol{\lambda},z)$ 如式（3.28）中的定义.

令 $\mathcal{R}=\{(\boldsymbol{x},\boldsymbol{\lambda},z)\in\boldsymbol{\Omega}\times\mathbb{R}^{nm}\times\mathbb{R}^{nm}:0=\frac{\mathrm{d}}{\mathrm{d}t}V(\boldsymbol{x},\boldsymbol{\lambda},z)\}\subset\{(\boldsymbol{x},\boldsymbol{\lambda},z)\in\boldsymbol{\Omega}\times\mathbb{R}^{nm}\times\mathbb{R}^{nm}:\boldsymbol{L\lambda}=\mathbf{0}_{nm},(\boldsymbol{x}-\boldsymbol{x}^*)^{\mathrm{T}}(\nabla f(\boldsymbol{x})-\nabla f(\boldsymbol{x}^*))=0,\mathbf{0}_{\sum_{i=1}^{n}q_i}=P_{\Omega}[\boldsymbol{x}-\nabla f(\boldsymbol{x})+$

$\overline{W}^{\mathrm{T}}\boldsymbol{\lambda}]-\boldsymbol{x}\}$. 令$\mathcal{M}$是$\overline{\mathcal{R}}$的最大不变子集. 由不变性原理[27]可得，当$t\to\infty$时，有$(\boldsymbol{x}(t),\boldsymbol{\lambda}(t),z(t))\to\mathcal{M}$. 注意$\mathcal{M}$是不变的. 令$(\bar{\boldsymbol{x}}(t),\bar{\boldsymbol{\lambda}}(t),\bar{z}(t))$为式（3.14）的轨迹. 如果$(\bar{\boldsymbol{x}}(0),\bar{\boldsymbol{\lambda}}(0),\bar{z}(0))=(\bar{\boldsymbol{x}}_0,\bar{\boldsymbol{\lambda}}_0,\bar{z}_0)\in\mathcal{M}$，则对于所有的$t\geqslant 0$，有$(\bar{\boldsymbol{x}}(t),\bar{\boldsymbol{\lambda}}(t),\bar{z}(t))\in\mathcal{M}$. 假设$(\bar{\boldsymbol{x}}(t),\bar{\boldsymbol{\lambda}}(t),\bar{z}(t))\in\mathcal{M}$对所有$t\geqslant 0$，$t\geqslant 0$都成立，且$\dot{\bar{\boldsymbol{x}}}(t)\equiv\boldsymbol{0}_{\sum_{i=1}^{n}q_i}$，$\dot{\bar{z}}(t)\equiv\boldsymbol{0}_{nm}$，那么$\dot{\bar{\boldsymbol{\lambda}}}(t)\equiv\boldsymbol{d}-\overline{\boldsymbol{W}}\bar{\boldsymbol{x}}_0-\boldsymbol{L}\bar{z}_0$. 假设$\dot{\bar{\boldsymbol{\lambda}}}(t)\equiv\boldsymbol{d}-\overline{\boldsymbol{W}}\bar{\boldsymbol{x}}_0-\boldsymbol{L}\bar{z}_0\neq\boldsymbol{0}_{nm}$，那么当$t\to\infty$时，有$\bar{\boldsymbol{\lambda}}(t)\to\infty$，与（i）矛盾. 因此，$\dot{\bar{\boldsymbol{\lambda}}}(t)\equiv\boldsymbol{0}_{nm}$且$\mathcal{M}\subset\{(\boldsymbol{x},\boldsymbol{\lambda},z)\in\Omega\times\mathbb{R}^{nm}\times\mathbb{R}^{nm}: P_{\Omega}[\boldsymbol{x}-\nabla f(\boldsymbol{x})+\overline{\boldsymbol{W}}^{\mathrm{T}}\boldsymbol{\lambda}]-\boldsymbol{x}=\boldsymbol{0}_{\sum_{i=1}^{n}q_i},\boldsymbol{d}-\overline{\boldsymbol{W}}\boldsymbol{x}-\boldsymbol{L}z=\boldsymbol{0}_{nm},\boldsymbol{L}\boldsymbol{\lambda}=\boldsymbol{0}_{nm}\}$.

取任意$(\bar{\boldsymbol{x}},\bar{\boldsymbol{\lambda}},\bar{z})\in\mathcal{M}$. 显然，$(\bar{\boldsymbol{x}},\bar{\boldsymbol{\lambda}},\bar{z})$是式（3.14）的一个平衡点. 通过将在$V(\boldsymbol{x},\boldsymbol{\lambda},z)$的$(\boldsymbol{x}^*,\boldsymbol{\lambda}^*,z^*)$替换为$(\bar{\boldsymbol{x}},\bar{\boldsymbol{\lambda}},\bar{z})$，能够定义一个新函数$\overline{V}(\boldsymbol{x},\boldsymbol{\lambda},z)$. 与引理3.8的讨论类似，可得$\frac{\mathrm{d}}{\mathrm{d}t}\overline{V}(\boldsymbol{x},\boldsymbol{\lambda},z)\leqslant 0$. 因此，$(\bar{\boldsymbol{x}},\bar{\boldsymbol{\lambda}},\bar{z})$是李雅普诺夫稳定的. 利用半稳定理论[27]，存在$(\tilde{\boldsymbol{x}},\tilde{\boldsymbol{\lambda}},\tilde{z})\in\mathcal{M}$使得当$t\to\infty$时，有$(\boldsymbol{x}(t),\boldsymbol{\lambda}(t),z(t))\to(\tilde{\boldsymbol{x}},\tilde{\boldsymbol{\lambda}},\tilde{z})$. 因为$(\tilde{\boldsymbol{x}},\tilde{\boldsymbol{\lambda}},\tilde{z})\in\mathcal{M}$是式（3.14）的一个平衡点，由定理3.4可得，$\tilde{\boldsymbol{x}}$是式（3.4）的一个最优解.

与式（3.26）中的定义相同，定义$\hat{\boldsymbol{x}}(t),\hat{\boldsymbol{\lambda}}(t)$,其中$(\boldsymbol{x}(t),\boldsymbol{\lambda}(t),z(t))$是式（3.14）的轨迹. 在下面的结果中将展示$(\hat{\boldsymbol{x}}(t),\hat{\boldsymbol{\lambda}}(t),\hat{z}(t))$的收敛速度.

定理3.6

考虑式（3.14）. 若假设3.1成立，那么

$$0\leqslant\hat{L}(\hat{\boldsymbol{x}}(t),\hat{z}(t),\boldsymbol{\lambda}^*)-\hat{L}(\boldsymbol{x}^*,z^*,\hat{\boldsymbol{\lambda}}(t))\leqslant\frac{1}{t}V(\boldsymbol{x}_0,\boldsymbol{\lambda}_0,z_0),$$

其中$\hat{L}(\cdot,\cdot,\cdot)$如式（3.10）中的定义，$V(\cdot,\cdot,\cdot)$如式（3.28）中的定义，$(\boldsymbol{x}^*,\boldsymbol{\lambda}^*,z^*)$是式（3.14）分布式的一个平衡点（也是$\hat{L}$的一个鞍点）.

证明 设$a\in\mathcal{L}_{\mathcal{F}}V(\boldsymbol{x},\boldsymbol{\lambda},z)$. 由引理3.8可知，存在$\boldsymbol{g}(\boldsymbol{x})\in\partial f(\boldsymbol{x})$使得

$$a\leqslant-\|\boldsymbol{p}\|^2-(\boldsymbol{x}-\boldsymbol{x}^*)^{\mathrm{T}}\boldsymbol{g}(\boldsymbol{x})+(\overline{\boldsymbol{W}}^{\mathrm{T}}\boldsymbol{\lambda}^*)^{\mathrm{T}}(\boldsymbol{x}-\boldsymbol{x}^*)-\boldsymbol{\lambda}^{\mathrm{T}}\boldsymbol{L}\boldsymbol{\lambda}\leqslant 0,$$

其中，$\boldsymbol{p}=P_{\Omega}[\boldsymbol{x}-\boldsymbol{g}(\boldsymbol{x})+\overline{\boldsymbol{W}}^{\mathrm{T}}\boldsymbol{\lambda}]-\boldsymbol{x}$. 注意：$-(\boldsymbol{x}-\boldsymbol{x}^*)^{\mathrm{T}}\boldsymbol{g}(\boldsymbol{x})\leqslant f(\boldsymbol{x}^*)-f(\boldsymbol{x})$，$\boldsymbol{d}=\overline{\boldsymbol{W}}\boldsymbol{x}^*+\boldsymbol{L}z^*$，且$\boldsymbol{L}\boldsymbol{\lambda}^*=\boldsymbol{0}_{nm}$. 因此，有

$$a \leqslant -\|\boldsymbol{p}\|^2 + f(\boldsymbol{x}^*) - f(\boldsymbol{x}) - (\boldsymbol{d} - \overline{\boldsymbol{W}}\boldsymbol{x} - \boldsymbol{L}\boldsymbol{z})^{\mathrm{T}}\boldsymbol{\lambda}^* - \boldsymbol{\lambda}^{\mathrm{T}}\boldsymbol{L}\boldsymbol{\lambda}$$
$$\leqslant -\|\boldsymbol{p}\|^2 + \hat{L}(\boldsymbol{x}^*, z^*, \boldsymbol{\lambda}) - \hat{L}(\boldsymbol{x}, z, \boldsymbol{\lambda}^*) \leqslant 0,$$

因为$(\boldsymbol{x}^*, \boldsymbol{z}^*, \boldsymbol{\lambda}^*)$是 $\hat{L}$ 的一个鞍点. 对区间$[0,t]$进行积分，可得

$$-V(\boldsymbol{x}_0, \boldsymbol{\lambda}_0, z_0) \leqslant \int_0^t (\hat{L}(\boldsymbol{x}^*, \boldsymbol{z}^*, \boldsymbol{\lambda}(s)) - \hat{L}(\boldsymbol{x}(s), \boldsymbol{z}(s), \boldsymbol{\lambda}^*))\,\mathrm{d}s \leqslant 0.$$

对于凸 - 凹 $\hat{L}$，由 Jensen 不等式可得

$$\hat{L}(\boldsymbol{x}^*, z^*, \hat{\boldsymbol{\lambda}}(t)) \geqslant \frac{1}{t}\int_0^t \hat{L}(\boldsymbol{x}^*, z^*, \boldsymbol{\lambda}(s))\,\mathrm{d}s.$$

且

$$\hat{L}(\hat{\boldsymbol{x}}(t), \hat{\boldsymbol{z}}(t), \boldsymbol{\lambda}^*) \leqslant \frac{1}{t}\int_0^t \hat{L}(\boldsymbol{x}(s), \boldsymbol{z}(s), \boldsymbol{\lambda}^*)\,\mathrm{d}s.$$

证毕.

注　本节的结果与文献 [11] 中的结果相似，但在某些方面有所不同. 首先，问题的表述更为通用，并考虑了非光滑目标函数及其在电力调度[17-18]、压缩感知[15-16]、LASSO 问题[19]中的潜在应用. 其次，算法的设计使用了 3.3.1.3 节中提到的新思想. 最后，通过非光滑分析证明了算法的收敛性和收敛速度.

3.3.3　数值仿真

在本节中，给出一个实例来说明所提出算法的有效性.

考虑有 6 个智能体的无向连通网络的非光滑优化问题：

$$\min_{x} f(\boldsymbol{x}),\quad f(\boldsymbol{x}) = \sum_{i=1}^{6} \frac{1}{2}\|\boldsymbol{x}_i\|^2 + \|\boldsymbol{x}_i\|_1, \tag{3.38}$$
$$\text{s. t.}\ \sum_{i=1}^{6} \boldsymbol{A}_i\boldsymbol{x}_i = \sum_{i=1}^{6} \boldsymbol{d}_i = \boldsymbol{d}_0,$$
$$\|\boldsymbol{x}_i\|_\infty \leqslant 1,$$

式中，$i \in \{1, 2, \cdots, 6\}$，$\boldsymbol{W} = [\boldsymbol{W}_1, \boldsymbol{W}_1, \cdots, \boldsymbol{W}_6] \in \mathbb{R}^{3\times 24}$，$\boldsymbol{x}_i \in \mathbb{R}^4$，且 $\boldsymbol{x} = [\boldsymbol{x}_1^{\mathrm{T}}, \boldsymbol{x}_2^{\mathrm{T}}, \cdots, \boldsymbol{x}_6^{\mathrm{T}}]^{\mathrm{T}} \in \mathbb{R}^{24}$.

每个智能体 i 知道 $\boldsymbol{A}_i$ 和 $\boldsymbol{d}_i$，以及

$$\boldsymbol{W}_1 = \begin{bmatrix} 0.63 & 0.58 & 0.65 & 0.33 \\ 0.04 & 0.6 & 0.5 & 0.81 \\ 0.8 & 0.25 & 0.53 & 0.79 \end{bmatrix},\quad \boldsymbol{W}_2 = \begin{bmatrix} 0.68 & 0.22 & 0.49 & 0.21 \\ 0.01 & 0.51 & 0.23 & 0.29 \\ 0.13 & 0.79 & 0.34 & 0.45 \end{bmatrix},$$

$$W_3 = \begin{bmatrix} 0.62 & 0.57 & 0.71 & 0.28 \\ 0.25 & 0.21 & 0.66 & 0.9 \\ 0.1 & 0.94 & 0.78 & 0.7 \end{bmatrix}, \quad W_4 = \begin{bmatrix} 0.44 & 0.06 & 0.77 & 0.16 \\ 0.34 & 0.94 & 0.28 & 0.41 \\ 0.99 & 0.65 & 0.38 & 0.12 \end{bmatrix},$$

$$W_5 = \begin{bmatrix} 0.84 & 0.62 & 0.74 & 0.26 \\ 0.75 & 0.56 & 0.41 & 0.89 \\ 0.76 & 0.52 & 0.55 & 0.24 \end{bmatrix}, \quad W_6 = \begin{bmatrix} 0.44 & 0.28 & 0.50 & 0.38 \\ 0.69 & 0.23 & 0.88 & 0.63 \\ 0.55 & 0.51 & 0.58 & 0.85 \end{bmatrix},$$

$\boldsymbol{d}_1 = \boldsymbol{d}_2 = \boldsymbol{d}_3 = [0.47, 0.52, 0.77]^{\mathrm{T}}$, $\boldsymbol{d}_4 = \boldsymbol{d}_5 = \boldsymbol{d}_6 = [0.63, 0.33, 0.34]^{\mathrm{T}}$.

图$\mathcal{G}$的邻接矩阵为

$$\boldsymbol{A} = \begin{bmatrix} 0 & 1 & 1 & 0 & 0 & 1 \\ 1 & 0 & 1 & 0 & 0 & 1 \\ 1 & 1 & 0 & 0 & 1 & 0 \\ 0 & 0 & 0 & 0 & 1 & 0 \\ 0 & 0 & 1 & 1 & 0 & 1 \\ 1 & 1 & 0 & 0 & 1 & 0 \end{bmatrix}$$

图 3.1 ~ 图 3.5 所示为 DPOFA 算法（式（3.9））以及 DDFA 算法（式（3.14））的部分仿真结果.

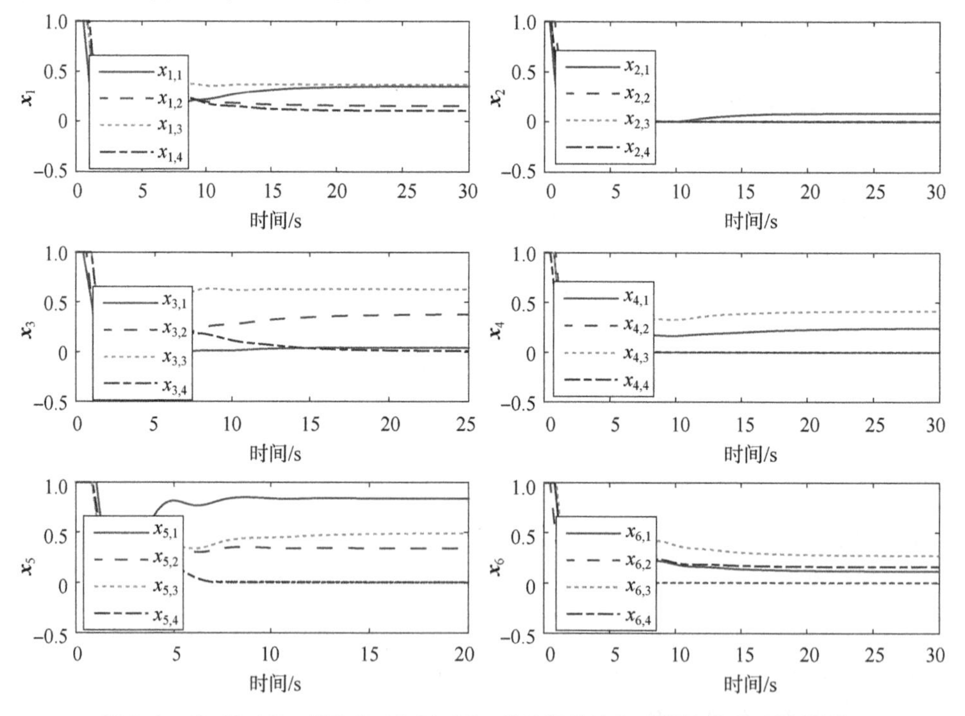

图 3.1　式（3.38）应用式（3.9）下 x 的估计轨迹与时间的关系（附彩图）

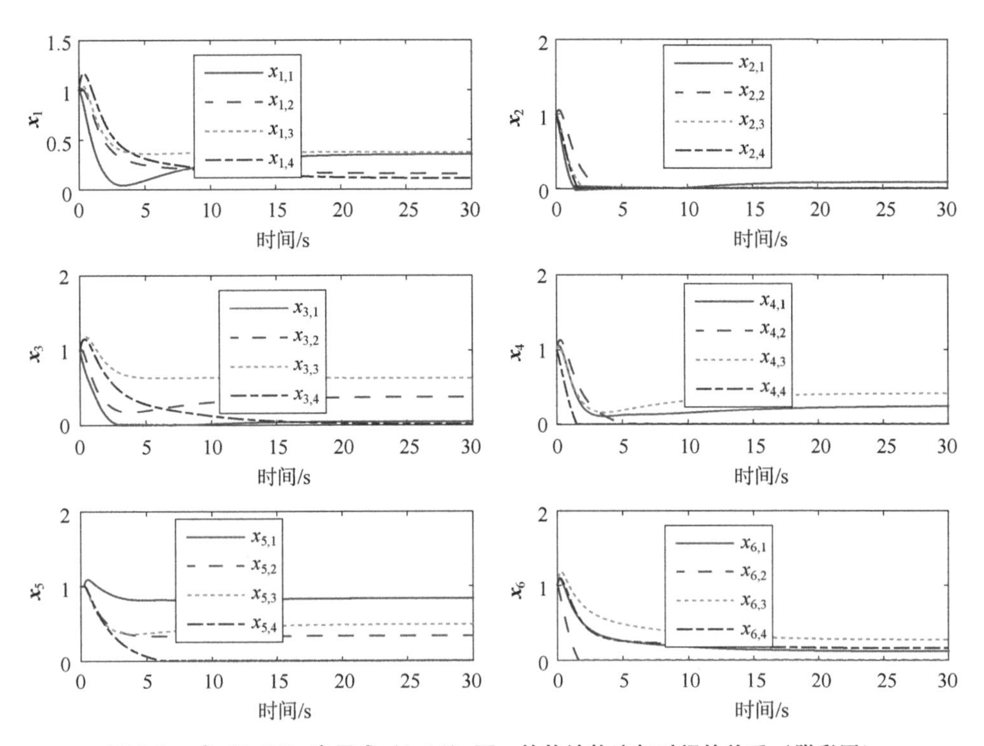

图 3.2　式（3.38）应用式（3.14）下 x 的估计轨迹与时间的关系（附彩图）

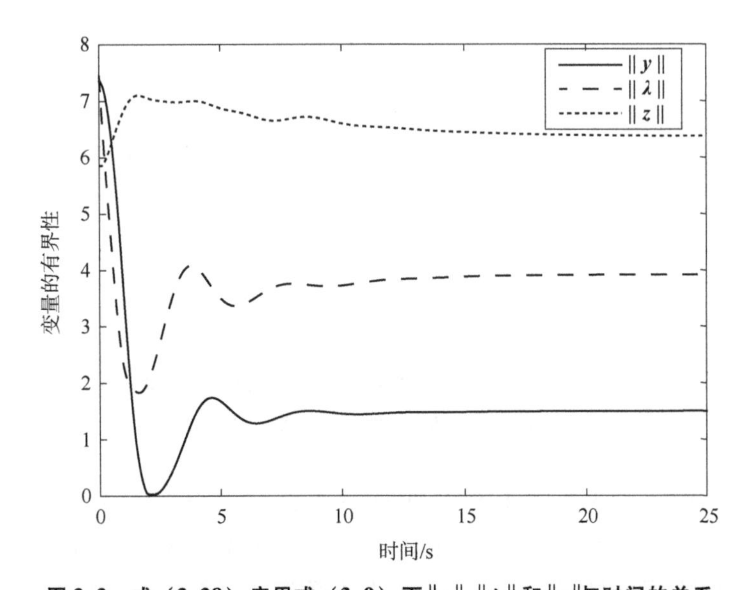

图 3.3　式（3.38）应用式（3.9）下 $\|y\|$, $\|\lambda\|$ 和 $\|z\|$ 与时间的关系

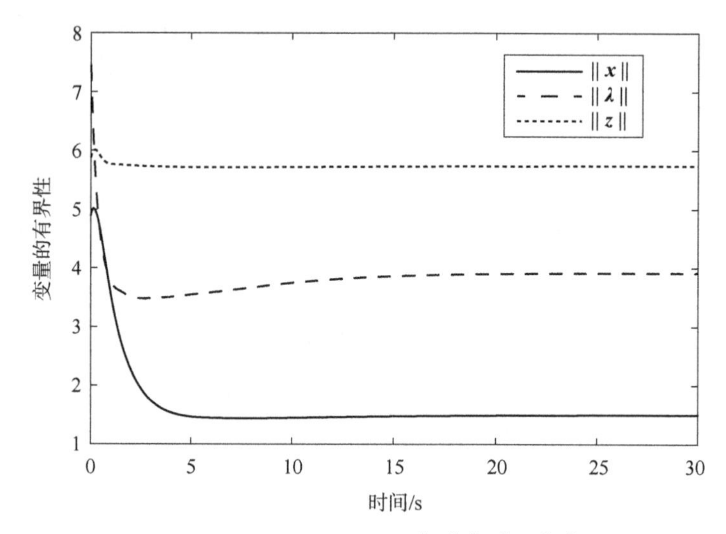

图 3.4　式（3.38）应用式（3.14）下$\|\boldsymbol{x}\|$, $\|\boldsymbol{\lambda}\|$和$\|\boldsymbol{z}\|$与时间的关系

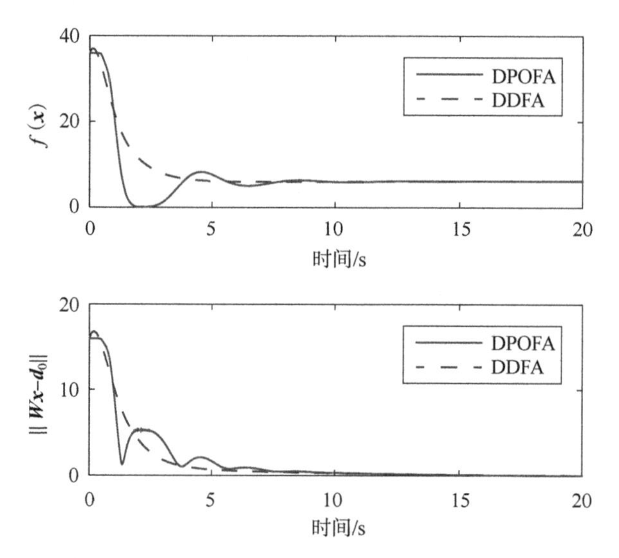

图 3.5　式（3.38）应用式（3.9）和式（3.14）下目标函数$f(\boldsymbol{x})$和约束$\|\boldsymbol{W}\boldsymbol{x}-\boldsymbol{d}_0\|$与时间的关系（附彩图）

图 3.1 展示了 3.3.1.1 节中 DPOFA 算法（式（3.9））下$\boldsymbol{x}$的估计轨迹与时间的关系，图 3.2 描述了 3.3.1.2 节中 DDFA 算法（式（3.14））下$\boldsymbol{x}$的估计轨迹与时间的关系. 3.3.1.1 节的式（3.9）使用辅助变量$\boldsymbol{y}$并使用$\boldsymbol{x}=P_{\Omega}(\boldsymbol{y})$估计最优解，而 3.3.1.2 节的式（3.14）直接使用$\boldsymbol{x}$估计

解. 两种算法都能找到优化问题的最优解. 图 3.3 和图 3.4 验证了式（3.9）和式（3.14）轨迹的有界性. 图 3.5 给出了目标函数 $f(\boldsymbol{x})$ 约束 $\|\boldsymbol{W}\boldsymbol{x}-\boldsymbol{d}_0\|$ 在式（3.9）和式（3.14）下的随时间的轨迹，并证明了 $\boldsymbol{x}$ 的轨迹收敛到等式约束.

在图 3.5 中，使用 DPOFA 算法，$f(\boldsymbol{x})$ 和 $\|\boldsymbol{W}\boldsymbol{x}-\boldsymbol{d}_0\|$ 的轨迹与时间的关系在仿真开始时显示出较慢的响应速度. 这是因为，当 $\boldsymbol{y}\notin\Omega$ 时，算法中 $\boldsymbol{y}$ 的改变可能不会导致 $\boldsymbol{x}=P_{\Omega}(\boldsymbol{y})$ 的变化. 由于在 DPOFA 算法中对 $\boldsymbol{x}$ 的间接反馈效应（通过控制 $\boldsymbol{y}$ 来改变 $\boldsymbol{x}$），变量 $\boldsymbol{x}$ 的轨迹可能在应用中表现出缓慢的变化行为.

3.4　本章小结

面向非光滑资源分配问题的分布式算法设计和分析问题，本章提出了基于投影输出反馈设计和微分反馈设计的两种新型分布式连续时间算法，算法的设计使用了约束分解和分布式技术. 基于稳定性理论和微分包含的不变性原理，本章分析了所提出算法的收敛性质. 此外，本章通过数学和数值方式证明，在任何初始条件下，所有智能体的轨迹都是有界的，并且收敛于最优解.

参考文献

[1] AUBIN J P, CELLINA A. Differential inclusions [M]. Berlin: Springer - Verlag, 1984.

[2] CLARKE F H. Optimization and nonsmooth analysis [M]. New York: Wiley, 1983.

[3] BACCIOTTI A, CERAGIOLI F. Stability and stabilization of discontinuous systems and nonsmooth Lyapunov functions [J]. ESAIM: Control, Optimisation and Calculus of Variations, 1999, 4: 361 - 376.

[4] CORTES J. Discontinuous dynamical systems [J]. IEEE Control Systems

Magazine, 1999, 44: 1995 -2006.

[5] KINDERLEHRER D, STAMPACCHIA G. An introduction to variational inequalities and their applications [M]. New York: Academic, 1982.

[6] FACCHINEI F, PANG J. Finite - dimensional variational inequalities and complementarity problems [M]. New York : Springer - Verlag, 2003.

[7] LIU Q, WANG J. A one - layer projection neural network for nonsmooth optimization subject to linear equalities and bound constraints [J]. IEEE Transactions on Neural Networks and Learning Systems, 2013, 24: 812 -824.

[8] ROCKAFELLAR R. Network flows and monotropic optimization [M]. New York: Wiley, 1984.

[9] ROCKAFELLAR R. Monotropic programming: a generalization of linear programming and network programming [M] // PONSTEIN J. Convexity and duality in optimization. Berlin: Springer - Verlag, 1985: 10 -36.

[10] YI P, HONG Y G, LIU F. Distributed gradient algorithm for constrained optimization with application to load sharing in power systems, Systems & Control Letters, 2015, 83: 45 -52.

[11] YI P, HONG Y G, LIU F. Initialization - free distributed algorithms for optimal resource allocation with feasibility constraints and its application to economic dispatch of power systems [J]. Automatica, 2016, 74: 259 - 269.

[12] LIU Q, YANG S, WANG J. A collective neurodynamic approach to distributed constrained optimization [J]. IEEE Transactions on Neural Networks and Learning Systems, 2017, 28: 1747 -1758.

[13] QIU Z, LIU S, XIE L. Distributed constrained optimal consensus of multi - agent systems [J]. Automatica, 2016, 68: 209 -215.

[14] ANDERSON B, MOU S, MORSE A, et al. Decentralized gradient algorithm for solution of a linear equation [J]. Numerical Algebra, Control and Optimization, 2016, 6: 319 -328.

[15] ZHOU J, XUAN W, MOU S, et al. Finite - time distributed linear equation solver for minimum l_1 norm solutions [J]. arXiv preprint arXiv: 170910154v1.

[16] DONOHO D L, TANNER J. Sparse nonnegative solutions of underdetermined linear equations by linear programming [J]. Proceedings of the National Academy of Sciences, 2005, 102: 9446 -9451.

[17] CHIANG C L. Improved genetic algorithm for power economic dispatch of units with valve – point effects and multiple fuels [J]. IEEE Transaction on Power Systems, 2005, 20: 1690 – 1699.

[18] WALTERS D C, SHEBLE G B. Genetic algorithm solution of economic dispatch with valve point loading [J]. IEEE Transaction on Power Systems, 1993, 8: 1325 – 1332.

[19] BOYD S P, PARIKH N, CHU E, et al. Distributed optimization and statistical learning via the alternating direction method of multipliers [J]. Foundations and Trends in Machine Learning, 2011, 3: 1 – 122.

[20] RUSZCZYNSKI A. Nonlinear optimization [M]. Princeton: Princeton University Press, 2006.

[21] CHERUKURI A, CORTES J. Distributed generator coordination for initialization and anytime optimization in economic dispatch [J]. IEEE Transactions on Control of Network Systems, 2015, 2: 226 – 237.

[22] STRANG G. The fundamental theorem of linear algebra [J]. American Mathematical Monthly, 1993, 100: 848 – 855.

[23] BIAN W, XUE X. Evolution differential inclusion with projection for solving constrained nonsmooth convex optimization in Hilbert space [J]. Set – Valued and Variational Analysis, 2012, 20: 203 – 227.

[24] BIAN W, XUE X. Asymptotic behavior analysis on multivalued evolution inclusion with projection in Hilbert space [J]. Optimization, 2013, 64: 853 – 875.

[25] BOLTE J. Continuous gradient projection method in Hilbert spaces [J]. Journal of Optimization Theory and Applications, 2003, 119: 235 – 259.

[26] LIANG S, ZENG X L, HONG Y G. Lyapunov stability and generalized invariance principle for nonconvex differential inclusions [J]. Control Theory and Technology, 2016, 14: 140 – 150.

[27] HADDAD W M, CHELLABOINA V. Nonlinear dynamical systems and control: a Lyapunov – based approach [M]. Princeton: Princeton University Press, 2008.

[7] CHEN, C. L. Improved genetic algorithm for power economic dispatch of units with valve-point effects and multiple fuels[J]. IEEE Transactions on Power Systems, 2005, 20(4): [illegible]-1699.

[illegible] algorithm solution of economic dispatch [illegible] on Power Systems, [illegible]

[illegible]

[illegible] with [illegible] in Hilbert spaces[J]. [illegible] and Applications, 2[illegible], [illegible]: 2[illegible]

[illegible]

[illegible] Theory and Technology, 2015, 11: 1[illegible] - 1[illegible]

[illegible] Nonlinear dynamic [illegible] [M]. [illegible] Press, 2008.

第4章

基于分割法的多智能体系统分布式非光滑优化控制

4.1 引 言

在实际应用中，许多问题可以表述为$\min\limits_{x \in \mathbb{R}^q} \sum\limits_{i=1}^{n} f_i(\boldsymbol{x}_i) + g_i(\boldsymbol{x}_i)$形式的凸优化问题，其中$f_i(i=1,2,\cdots,n)$是由$f$: $\mathbb{R}^q \to \mathbb{R}$定义的可微凸函数，$g_i(i=1,2,\cdots,n)$是由$g$：$\mathbb{R}^q \to \mathbb{R}$定义的不可微凸函数. 利用分布式算法来解决不可微的凸优化问题是一项有意义且具有挑战性的工作. 近端算法作为分布式优化算法中的一种，非常适用于求解大数据、高维度等大规模问题[1-2]. 近端算法是投影的一种推广形式，为用连续时间算法求解不可微凸优化问题提供了一种途径.

本章针对多智能体系统的分布式非光滑凸优化问题，提出了一类基于分割法的多智能体系统分布式光滑优化控制方法. 为了避免次梯度的产生，本章将非光滑凸目标函数分为两部分——连续可微凸函数和非光滑凸函数. 基于近端算子和拉格朗日函数，本章分别提出了求解一致性问题和资源分配问题的分布式近端梯度算法. 基于李雅普诺夫稳定性理论，本章对所提出的算法进行了收敛性分析. 本章的主要贡献如下：首先，设计了一种基于近端算子和导数反馈的利普希茨连续算法来解决单积分多智能体系统的一致性问题；其次，利用光滑近端梯度算法解决了多智能体系统的资源分配问题；最后，利用数值仿真结果验证了所提出算法的有效性.

4.2　数学基础

4.2.1　符号定义

$\mathbb{R}$表示实数集；$\mathbb{R}^n$表示 n 维实列向量；$\mathbb{R}^{n\times m}$表示 $n\times m$ 维实矩阵；$\boldsymbol{I}_n$ 表示 $n\times n$ 维单位矩阵；$(\cdot)^{\mathrm{T}}$ 表示转置. 记矩阵 $\boldsymbol{A}$ 的秩为 $\mathrm{rank}(\boldsymbol{A})$，矩阵 $\boldsymbol{A}$ 的范围为 $\mathrm{range}(\boldsymbol{A})$，矩阵 $\boldsymbol{A}$ 的核为 $\ker(\boldsymbol{A})$，维数为 $n\times 1$ 的 1 向量记为 $\boldsymbol{1}_n$，$n\times 1$的零向量记为 $\boldsymbol{0}_n$，$\boldsymbol{A}\otimes\boldsymbol{B}$ 为矩阵 $\boldsymbol{A}$ 和 $\boldsymbol{B}$ 的克罗内克积. 此外，$\|\cdot\|$表示欧几里得范数；$\|\cdot\|_p$ 表示 p – 范数，其中 $p\geqslant 1$；$\boldsymbol{A}>0(\boldsymbol{A}\geqslant 0)$表示矩阵 $\boldsymbol{A}\in\mathbb{R}^{n\times n}$是正定（半正定）的；$\overline{\mathcal{S}}$表示子集$\mathcal{S}\subset\mathbb{R}^n$的闭包；$\mathrm{int}(\mathcal{S})$表示子集$\mathcal{S}$的内部；$\dim(\mathcal{S})$表示向量空间$\mathcal{S}$的维数；$\mathrm{dist}(\boldsymbol{p},\mathcal{M})$表示$\boldsymbol{p}$ 到集合$\mathcal{M}$的距离，即 $\mathrm{dist}(\boldsymbol{p},\mathcal{M})\triangleq\inf_{\boldsymbol{x}\in\mathcal{M}}\|\boldsymbol{p}-\boldsymbol{x}\|$；当 $t\to\infty$ 时，$\boldsymbol{x}(t)\to\mathcal{M}$，意味着$\boldsymbol{x}(t)$接近集合$\mathcal{M}$，即对于任意 $\epsilon>0$ 都存在 $T>0$，使得对于所有 $t>T$ 有 $\mathrm{dist}(\boldsymbol{x}(t),\mathcal{M})<\epsilon$.

4.2.2　图论

加权无向图$\mathcal{G}$用$\mathcal{G}(\mathcal{V},\mathcal{E},\boldsymbol{A})$表示，其中$\mathcal{V}=\{1,2,\cdots,n\}$是一组节点，$\mathcal{E}\subset\mathcal{V}\times\mathcal{V}$是一组边，$\boldsymbol{A}=[a_{i,j}]\in\mathbb{R}^{n\times n}$是一个加权邻接矩阵，如果$(j,i)\in\mathcal{E}$则有 $a_{i,j}=a_{j,i}>0$，否则 $a_{i,j}=0$. $\boldsymbol{L}=\boldsymbol{D}-\boldsymbol{A}$ 是拉普拉斯矩阵，其中 $\boldsymbol{D}\in\mathbb{R}^{n\times n}$是对角阵，其第$(i,i)$个元素 $D_{i,i}=\sum_{j=1}^{n}a_{i,j}$. 如果加权图$\mathcal{G}$是无向连通的，则 $\boldsymbol{L}=\boldsymbol{L}^{\mathrm{T}}\geqslant 0$，$\mathrm{rank}(\boldsymbol{L})=n-1$，$\lambda_{\max}$表示拉普拉斯矩阵 $\boldsymbol{L}$ 的最大特征值.

4.2.3　凸分析

定义 4.1

（凸函数）如果对于任意的 $0\leqslant\mu\leqslant 1$ 有

$$f(\mu\boldsymbol{x}+(1-\mu)\boldsymbol{y})\leqslant\mu f(\boldsymbol{x})+(1-\mu)f(\boldsymbol{y}),\quad\forall\,\boldsymbol{x},\boldsymbol{y}\in S,$$

则函数 $f(\cdot)$：$S\to\mathbb{R}$是凸函数，其中 S 是一个凸集.

如果一个可微函数 $f(\cdot)$ 在 S 上是凸的，则有

$$f(\boldsymbol{x})-f(\boldsymbol{y})\geqslant\nabla f(\boldsymbol{y})^{\mathrm{T}}(\boldsymbol{x}-\boldsymbol{y}),\quad\forall\boldsymbol{x},\boldsymbol{y}\in S,$$

如果当 $\boldsymbol{x}\neq\boldsymbol{y}$ 时，有

$$f(\boldsymbol{x})-f(\boldsymbol{y})>\nabla f(\boldsymbol{y})^{\mathrm{T}}(\boldsymbol{x}-\boldsymbol{y}),$$

则称 $f(\cdot)$ 是严格凸的. 此外，如果

$$(\nabla f(\boldsymbol{x})-\nabla f(\boldsymbol{y}))^{\mathrm{T}}(\boldsymbol{x}-\boldsymbol{y})\geqslant m\|\boldsymbol{x}-\boldsymbol{y}\|^2,\quad\forall\boldsymbol{x},\boldsymbol{y}\in S,$$

式中，$\nabla f(\boldsymbol{x})$ 是 $f(\cdot)$ 在 $\boldsymbol{x}$ 处的梯度，则称 $f(\cdot)$ 是 m-强凸的（$m>0$）.

定义 4.2

（θ-Lipschitz 连续）如果有

$$\|f(\boldsymbol{x})-f(\boldsymbol{y})\|\leqslant\theta\|\boldsymbol{x}-\boldsymbol{y}\|,\quad\forall\boldsymbol{x},\boldsymbol{y}\in S,$$

则称函数 $f(\cdot)$：$S\to\mathbb{R}^n$是具有常数 $\theta>0$ 的利普希茨（Lipschitz）连续函数，或者称 $f(\cdot)$ 在集合 S 上是 θ-Lipschitz 连续函数.

4.2.4 近端算子

令 $g(\cdot)$ 是一个下半连续凸函数，那么，$g(\cdot)$ 的近端算子为

$$\operatorname{prox}_g(\boldsymbol{v})=\arg\min_{\boldsymbol{x}}\{g(\boldsymbol{x})+\frac{1}{2}\|\boldsymbol{x}-\boldsymbol{v}\|^2\}.$$

定义闭凸集 Ω 的指示函数为 $I_\Omega(\boldsymbol{x})$，如果 $\boldsymbol{x}\in\Omega$ 则 $I_\Omega(\boldsymbol{x})=0$，否则 $I_\Omega(\boldsymbol{x})=+\infty$. 有 $\operatorname{prox}_{I_\Omega}(\boldsymbol{v})=P_\Omega(\boldsymbol{v})$，其中 $P_\Omega(\boldsymbol{v})=\arg\min_{\boldsymbol{x}\in\Omega}\|\boldsymbol{x}-\boldsymbol{v}\|$是投影算子.

记$\partial g(\boldsymbol{x})$为 $g(\cdot)$在 $\boldsymbol{x}$ 处的次梯度，那么$\partial g(\boldsymbol{x})$是单调的当且仅当

$$(\boldsymbol{p}_{\boldsymbol{x}}-\boldsymbol{p}_{\boldsymbol{y}})^{\mathrm{T}}(\boldsymbol{x}-\boldsymbol{y})\geqslant 0$$

对所有 $\boldsymbol{x},\boldsymbol{y}$ 均成立，其中 $\boldsymbol{p}_{\boldsymbol{x}}\in\partial g(\boldsymbol{x})$，$\boldsymbol{p}_{\boldsymbol{y}}\in\partial g(\boldsymbol{y})$. $\boldsymbol{x}=\operatorname{prox}_g(\boldsymbol{v})$等价于

$$\boldsymbol{v}-\boldsymbol{x}\in\partial g(\boldsymbol{x}).\tag{4.1}$$

4.2.5 收敛性

考虑一个系统

$$\dot{\boldsymbol{x}}(t)=\phi(\boldsymbol{x}(t)),\quad\boldsymbol{x}(0)=\boldsymbol{x}_0,\quad t\geqslant 0,\tag{4.2}$$

其中 ϕ：$\mathbb{R}^q \to \mathbb{R}^q$是利普希茨连续的.

下面的结果是不变性原理的一个版本.

引理 4.1

设$\mathcal{D}$是关于式（4.2）的紧正不变集，V：$\mathbb{R}^q \to \mathbb{R}$是一个连续可微函数，$\boldsymbol{x}(\cdot)$是式（4.2）有关$\boldsymbol{x}(0)=\boldsymbol{x}_0 \in \mathcal{D}$的解. 假设$\dot{V}(\boldsymbol{x}) \leqslant 0$，$\forall \boldsymbol{x} \in \mathcal{D}$. 定义$\mathcal{Z}=\{\boldsymbol{x} \in \mathcal{D}: \dot{V}(\boldsymbol{x})=0\}$，$\mathcal{M}$是$\mathcal{Z} \cap \mathcal{D}$的最大不变集，其中$\overline{\mathcal{Z}}$是$\mathcal{Z} \subset \mathbb{R}^q$的闭包. 如果对于所有的$\boldsymbol{x} \in \mathcal{D}$有$\dot{V}(\boldsymbol{x}) \leqslant 0$，那么当$t \to \infty$时，$\mathrm{dist}(\boldsymbol{x}(t), \mathcal{M}) \to 0$.

4.3　具有可分解指标的多智能体非光滑优化问题

在本章中，考虑一组具有一阶动力学行为的 n 个智能体，具体形式如下：

$$\dot{\boldsymbol{x}}_i(t)=\boldsymbol{u}_i(t), i=1,2,\cdots,n, \tag{4.3}$$

式中，$\boldsymbol{x}_i \in \mathbb{R}^q$和$\boldsymbol{u}_i \in \mathbb{R}^q$分别表示第 i 个智能体的状态和控制输入. 每个智能体 i 都拥有自己的代价函数$f_i(\boldsymbol{x}_i): \mathbb{R}^q \to \mathbb{R}$.

4.3.1　具有一阶动力学模型的多智能体分布式一致性问题

最优一致性问题是分布式优化中的一个基本问题，它是指所有智能体在一个使全局目标函数最小化的状态下达成一致. 分布式优化问题的目标是为每一个智能体设计控制输入 $\boldsymbol{u}_i$，从而通过合作使f_i+g_i最小化. 该问题相当于以下在$\mathbb{R}^{nq}$上的问题：

$$\min \sum_{i=1}^{n} (f_i(\boldsymbol{x}_i) + g_i(\boldsymbol{x}_i)), \tag{4.4}$$

$$\text{s. t.} \quad (\boldsymbol{L} \otimes \boldsymbol{I}_q)\boldsymbol{x}=\boldsymbol{0}_{nq},$$

式中，f：$\mathbb{R}^q \to \mathbb{R}$，是一个可微的凸函数；

g：$\mathbb{R}^q \to \mathbb{R}$，是一个不可微的凸函数.

假设 4.1

(1) 通信网络拓扑$\mathcal{G}$是无向连通图.

(2) 对每个智能体 i，函数 f_i 是可微的并且是 m_i-强凸的，满足 $(\boldsymbol{a}-\boldsymbol{b})^{\mathrm{T}}(\nabla f_i(\boldsymbol{a})-\nabla f_i(\boldsymbol{b}))\geqslant m_i\|\boldsymbol{a}-\boldsymbol{b}\|^2, \forall \boldsymbol{a},\boldsymbol{b}\in\mathbb{R}^q$.

(3) 对每个智能体 i，存在一个常数 $\theta_i>0$，使得$\|\nabla f_i(\boldsymbol{a})-\nabla f_i(\boldsymbol{b})\|\leqslant \theta_i\|\boldsymbol{a}-\boldsymbol{b}\|, \forall \boldsymbol{a},\boldsymbol{b}\in\mathbb{R}^q$.

4.3.2 具有一阶动力学模型的多智能体分布式资源分配问题

资源分配问题是智能电网中的一个重要问题. 在智能电网中，有 n 台发电机提供电力以满足用户的需求，由于发电机效率不同，每台发电机都有自己的局部代价函数. 对于多智能体系统，可以将其建模为如下具有等式约束的分布式优化问题：

$$\min_{\boldsymbol{x}_i\in\mathbb{R}^q}\sum_{i=1}^{n}\left(f_i(\boldsymbol{x}_i)+g_i(\boldsymbol{x}_i)\right), \tag{4.5a}$$

$$\text{s. t.}\ \sum_{i=1}^{n}\boldsymbol{w}_i\boldsymbol{x}_i=\boldsymbol{d}_0, \tag{4.5b}$$

式中，$\boldsymbol{x}_i\in\mathbb{R}^q$；$\boldsymbol{w}_i\in\mathbb{R}^{p\times q}$；$\sum_{n=1}^{n}\boldsymbol{d}_i=\boldsymbol{d}_0\in\mathbb{R}^p$；$f_i(\cdot):\mathbb{R}^q\to\mathbb{R}$是一个可微的凸函数，$g_i(\cdot)$：$\mathbb{R}^q\to\mathbb{R}$是一个非光滑凸函数.

注 当 $\boldsymbol{w}_i$ 是一个单位矩阵时，式（4.5）被简化为资源分配问题. 分配决策是在满足全局网络资源约束和局部分配可行性约束条件下，使所有智能体的局部目标函数之和最小.

假设 4.2

为了确保问题和算法的正确性，做如下假设：

(1) $f_i(\cdot)$是可微凸函数，$\nabla f_i(\cdot)$对所有 $i\in\{1,2,\cdots,n\}$ 满足 θ_i-Lipschitz 条件.

(2) $f_i(\cdot)$是 m_i-强凸的.

(3) $g_i(\cdot)$对所有$i\in\{1,2,\cdots,n\}$是（非光滑）下半连续凸函数，且其近端算子容易获得.

(4) 通信网络拓扑图$\mathcal{G}$是无向连通图.

(5) 式（4.5）至少存在一个有限解.

4.4 基于近端梯度法的分布式一致性优化控制

4.4.1 算法设计及分析

针对式（4.4），我们考虑如下算法：

$$\begin{cases}\boldsymbol{u}_i = \text{prox}_{g_i}\left[\boldsymbol{x}_i - \alpha\nabla f_i(\boldsymbol{x}_i) - \boldsymbol{w}_i - \beta\sum_{j=1}^{n} a_{ij}(\boldsymbol{x}_i - \boldsymbol{x}_j)\right] - \boldsymbol{x}_i,\\ \dot{\boldsymbol{w}}_i = \alpha\beta\sum_{j=1}^{n} a_{ij}(\boldsymbol{x}_i - \boldsymbol{x}_j + \dot{\boldsymbol{x}}_i - \dot{\boldsymbol{x}}_j)\\ \sum_{i=1}^{n}\boldsymbol{w}_i(0) = \boldsymbol{0},\end{cases} \tag{4.6}$$

式中，$\boldsymbol{w}_i$ 的引入是为了消除梯度差所引起的一致性误差.

定义 $\boldsymbol{x} = [\boldsymbol{x}_1^{\mathrm{T}}, \boldsymbol{x}_2^{\mathrm{T}}, \cdots, \boldsymbol{x}_n^{\mathrm{T}}]^{\mathrm{T}}, \boldsymbol{y} = [\boldsymbol{y}_1^{\mathrm{T}}, \boldsymbol{y}_2^{\mathrm{T}}, \cdots, \boldsymbol{y}_n^{\mathrm{T}}]^{\mathrm{T}}$ 和 $\boldsymbol{w} = [\boldsymbol{w}_1^{\mathrm{T}}, \boldsymbol{w}_2^{\mathrm{T}}, \cdots, \boldsymbol{w}_n^{\mathrm{T}}]^{\mathrm{T}}$，则式（4.3）的闭环系统为

$$\begin{cases}\dot{\boldsymbol{x}} = \text{prox}_g[\boldsymbol{x} - \alpha\nabla f(\boldsymbol{x}) - \beta(\boldsymbol{L}\otimes\boldsymbol{I}_q)\boldsymbol{x} - \boldsymbol{w}] - \boldsymbol{x},\\ \dot{\boldsymbol{w}} = \alpha\beta(\boldsymbol{L}\otimes\boldsymbol{I}_q)(\boldsymbol{x} + \dot{\boldsymbol{x}}),\end{cases} \tag{4.7}$$

式中，$\tilde{f}(\boldsymbol{x}) = \sum_{i=1}^{n} f_i(\boldsymbol{x}_i)$.

假设$(\boldsymbol{x}^*, \boldsymbol{w}^*)$是式（4.7）所述闭环系统的平衡点，有

$$\begin{cases}(\boldsymbol{L}\otimes\boldsymbol{I}_q)\boldsymbol{x}^* = \boldsymbol{0}_{nq},\\ \text{prox}_g[\boldsymbol{x}^* - \alpha\nabla\tilde{f}(\boldsymbol{x}^*) - \boldsymbol{w}^*] = \boldsymbol{x}^*.\end{cases} \tag{4.8}$$

定义以下坐标变换：

$$\tilde{\boldsymbol{x}} = \boldsymbol{x} - \boldsymbol{x}^*,$$
$$\tilde{\boldsymbol{w}} = \boldsymbol{w} - \boldsymbol{w}^*.$$

则有

$$\begin{cases}\dot{\tilde{\boldsymbol{x}}} = \text{prox}_g[\tilde{\boldsymbol{x}} - \alpha\boldsymbol{h} - \tilde{\boldsymbol{w}} - \beta(\boldsymbol{L}\otimes\boldsymbol{I}_q)\tilde{\boldsymbol{x}}] - \tilde{\boldsymbol{x}},\\ \dot{\tilde{\boldsymbol{w}}} = \alpha\beta(\boldsymbol{L}\otimes\boldsymbol{I}_q)(\tilde{\boldsymbol{x}} + \dot{\tilde{\boldsymbol{x}}}),\end{cases} \tag{4.9}$$

式中，$\boldsymbol{h} = \nabla\tilde{f}(\boldsymbol{x}) - \nabla\tilde{f}(\boldsymbol{x}^*)$.

如果式（4.9）是渐近稳定的，那么每个智能体的状态 $\boldsymbol{x}_i(i = 1, 2, \cdots,$

n)将收敛于最优点 $\boldsymbol{x}^*$. 下面证明式(4.9)的稳定性.

定义一个满足 $\boldsymbol{Q}^{\mathrm{T}}\boldsymbol{Q}=\boldsymbol{I}_n$ 的正交矩阵 $\boldsymbol{Q}$，通过正交变换可得

$$\hat{\boldsymbol{x}}=(\boldsymbol{Q}^{\mathrm{T}}\otimes\boldsymbol{I}_q)\tilde{\boldsymbol{x}},$$
$$\hat{\boldsymbol{w}}=(\boldsymbol{Q}^{\mathrm{T}}\otimes\boldsymbol{I}_q)\tilde{\boldsymbol{w}}.$$

通过上述变换，式(4.9)可以重写为

$$\begin{cases}\dot{\hat{\boldsymbol{x}}}=\mathrm{prox}_g[\hat{\boldsymbol{x}}-\alpha(\boldsymbol{Q}^{\mathrm{T}}\otimes\boldsymbol{I}_q)\boldsymbol{h}-\hat{\boldsymbol{w}}-\beta(\boldsymbol{Q}^{\mathrm{T}}\boldsymbol{L}\boldsymbol{Q}\otimes\boldsymbol{I}_q)\hat{\boldsymbol{x}}]-\hat{\boldsymbol{x}},\\ \dot{\hat{\boldsymbol{w}}}=\alpha\beta(\boldsymbol{Q}^{\mathrm{T}}\boldsymbol{L}\boldsymbol{Q}\otimes\boldsymbol{I}_q)(\hat{\boldsymbol{x}}+\dot{\hat{\boldsymbol{x}}}).\end{cases}\tag{4.10}$$

定理 4.1

设假设 4.1 成立，且参数 α,β,θ 和 m 满足以下不等式：

$$\alpha m+\beta\lambda_2-\theta^2\alpha^2/4>0,$$

则在任意初始条件 $\boldsymbol{x}_i(0),\dot{\boldsymbol{x}}_i(0),\boldsymbol{w}_i(0)\in\mathbb{R}^q$ 满足 $\sum_{i=1}^{n}\boldsymbol{w}_i(0)=\boldsymbol{0}$ 的情况下，分布式控制策略（式(4.6)）可以对一阶多智能体系统（式(4.3)）的分布式优化问题（式(4.4)）进行求解. 这意味着，对于所有 $i\in\mathcal{V}$，有

$$\lim_{t\to\infty}\boldsymbol{x}_i(t)=\boldsymbol{x}^*,\ \lim_{t\to\infty}\dot{\boldsymbol{x}}_i(t)=0,$$

其中，$\boldsymbol{x}^*=\arg\min_{\boldsymbol{x}\in\mathbb{R}^q}f(\boldsymbol{x})$.

证明 选择如下李雅普诺夫泛函：

$$V=\frac{1}{2}\hat{\boldsymbol{x}}^{\mathrm{T}}\hat{\boldsymbol{x}}+\frac{1}{2\alpha\beta}\hat{\boldsymbol{w}}^{\mathrm{T}}(\boldsymbol{Q}^{\mathrm{T}}\boldsymbol{L}\boldsymbol{Q}\otimes\boldsymbol{I}_q)^{-1}\hat{\boldsymbol{w}}.$$

由式(4.7)和式(4.8)可得

$$[\boldsymbol{x}-\alpha\nabla\tilde{f}(\boldsymbol{x})-\boldsymbol{w}-\beta(\boldsymbol{L}\otimes\boldsymbol{I}_q)\boldsymbol{x}]-\boldsymbol{x}-\dot{\boldsymbol{x}}\in\partial g(\boldsymbol{x}+\dot{\boldsymbol{x}}),\tag{4.11}$$

$$[\boldsymbol{x}^*-\alpha\nabla\tilde{f}(\boldsymbol{x}^*)-\boldsymbol{w}^*]-\boldsymbol{x}^*\in\partial g(\boldsymbol{x}^*).\tag{4.12}$$

因此，由式(4.11)、式(4.12)和$\partial g(\boldsymbol{x})$的凸性可得

$$[-\alpha(\nabla\tilde{f}(\boldsymbol{x})-\nabla\tilde{f}(\boldsymbol{x}^*))-(\boldsymbol{w}-\boldsymbol{w}^*)-\beta(\boldsymbol{L}\otimes\boldsymbol{I}_q)\boldsymbol{x}-\dot{\boldsymbol{x}}]^{\mathrm{T}}(\boldsymbol{x}+\dot{\boldsymbol{x}}-\boldsymbol{x}^*)\geqslant0.$$

显然，

$$-\alpha(\nabla\tilde{f}(\boldsymbol{x})-\nabla\tilde{f}(\boldsymbol{x}^*))^{\mathrm{T}}(\boldsymbol{x}-\boldsymbol{x}^*)-(\boldsymbol{w}-\boldsymbol{w}^*)^{\mathrm{T}}(\boldsymbol{x}-\boldsymbol{x}^*)-\beta\boldsymbol{x}^{\mathrm{T}}(\boldsymbol{L}\otimes\boldsymbol{I}_q)(\boldsymbol{x}-\boldsymbol{x}^*)-\dot{\boldsymbol{y}}^{\mathrm{T}}(\boldsymbol{x}-\boldsymbol{x}^*)\geqslant\alpha(\nabla\tilde{f}(\boldsymbol{x})-\nabla\tilde{f}(\boldsymbol{x}^*))^{\mathrm{T}}\dot{\boldsymbol{y}}+(\boldsymbol{w}-\boldsymbol{w}^*)^{\mathrm{T}}\dot{\boldsymbol{y}}+\beta\boldsymbol{x}^{\mathrm{T}}(\boldsymbol{L}\otimes\boldsymbol{I}_q)\dot{\boldsymbol{y}}+\dot{\boldsymbol{y}}^{\mathrm{T}}\dot{\boldsymbol{y}}.$$

与式(4.10)合并，V 的导数可写为

$$\begin{aligned}\dot{V} &= \hat{\boldsymbol{x}}^{\mathrm{T}}\dot{\boldsymbol{x}} + 1/(\alpha\beta)\hat{\boldsymbol{w}}^{\mathrm{T}}(\boldsymbol{Q}^{\mathrm{T}}\boldsymbol{L}\boldsymbol{Q}\otimes\boldsymbol{I}_q)^{-1}\dot{\hat{\boldsymbol{w}}} \\ &= \hat{\boldsymbol{x}}^{\mathrm{T}}\dot{\boldsymbol{x}} + \hat{\boldsymbol{w}}^{\mathrm{T}}\hat{\boldsymbol{x}} + \hat{\boldsymbol{w}}^{\mathrm{T}}\dot{\hat{\boldsymbol{x}}} \\ &\leqslant -\alpha(\nabla\tilde{f}(\boldsymbol{x}) - \nabla\tilde{f}(\boldsymbol{x}^*))^{\mathrm{T}}(\boldsymbol{x}-\boldsymbol{x}^*) - \beta\hat{\boldsymbol{x}}^{\mathrm{T}}(\boldsymbol{L}\otimes\boldsymbol{I}_q)\hat{\boldsymbol{x}} - \\ &\quad \alpha(\nabla\tilde{f}(\boldsymbol{x}) - \nabla\tilde{f}(\boldsymbol{x}^*))^{\mathrm{T}}\hat{\boldsymbol{x}} - \beta\hat{\boldsymbol{x}}^{\mathrm{T}}(\boldsymbol{L}\otimes\boldsymbol{I}_q)\dot{\boldsymbol{x}} - \\ &\quad \alpha(\nabla\tilde{f}(\boldsymbol{x}) - \nabla\tilde{f}(\boldsymbol{x}^*))^{\mathrm{T}}\dot{\boldsymbol{x}} - \dot{\boldsymbol{x}}^{\mathrm{T}}\dot{\boldsymbol{x}}.\end{aligned}$$

由假设 4.1 可得，

$$(\boldsymbol{x}-\boldsymbol{x}^*)^{\mathrm{T}}(\nabla\tilde{f}(\boldsymbol{x}) - \nabla\tilde{f}(\boldsymbol{x}^*)) \geqslant m(\boldsymbol{x}-\boldsymbol{x}^*)^{\mathrm{T}}(\boldsymbol{x}-\boldsymbol{x}^*),$$

$$\|\nabla\tilde{f}(\boldsymbol{x}) - \nabla\tilde{f}(\boldsymbol{x}^*)\| \leqslant \theta\|\boldsymbol{x}-\boldsymbol{x}^*\|,$$

$$-\alpha(\nabla\tilde{f}(\boldsymbol{x}) - \nabla\tilde{f}(\boldsymbol{x}^*))^{\mathrm{T}}\dot{\boldsymbol{x}} \leqslant \frac{1}{4}\theta^2\alpha^2\hat{\boldsymbol{x}}^{\mathrm{T}}\hat{\boldsymbol{x}} + \dot{\boldsymbol{x}}^{\mathrm{T}}\dot{\boldsymbol{x}}.$$

则有

$$\dot{V} \leqslant -(\alpha m + \beta\lambda_2 - \frac{1}{4}\theta^2\alpha^2)\hat{\boldsymbol{x}}^{\mathrm{T}}\hat{\boldsymbol{x}} \leqslant 0.$$

因此，$\hat{\boldsymbol{x}}$ 和 $\hat{\boldsymbol{w}}$ 渐近收敛到零，这意味着式（4.3）可以用所提出的式（4.6）收敛到平衡点，并且可以解决式（4.4）所述的问题.

4.4.2　数值仿真

本节给出一个数值仿真例子来说明结论的正确性和有效性.

考虑一个由 5 个智能体组成的连通无向多智能体系统，如图 4.1所示.

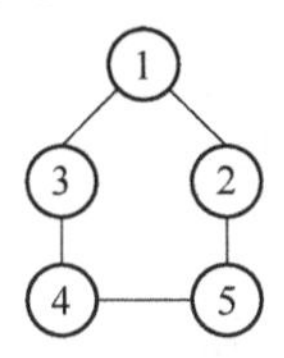

图 4.1　通信网络拓扑图

$$\begin{aligned} g_i(\boldsymbol{x}_i) &= \|\boldsymbol{x}_i\|, i = 1,2,\cdots,5, \\ f_1(\boldsymbol{x}_1) &= \|\boldsymbol{x}_1 - 4\|^2 \\ f_2(\boldsymbol{x}_2) &= \|\boldsymbol{x}_2 - 2\|^2 + \|\boldsymbol{x}_2\|, \\ f_3(\boldsymbol{x}_3) &= \|\boldsymbol{x}_3\|^2 + 3, \\ f_4(\boldsymbol{x}_4) &= \|\boldsymbol{x}_4 - 1\|^2, \\ f_5(\boldsymbol{x}_5) &= 2\|\boldsymbol{x}_5 + 1\|^2 - \|\boldsymbol{x}_5\|. \end{aligned}$$

显然，所选的 $g_i(\boldsymbol{x}_i)(i=1,2,\cdots,5)$ 是不可微的，并且上述所给 $f_i(\boldsymbol{x}_i)(i=1,2,\cdots,5)$ 的梯度满足利普希茨条件. 通信网络拓扑图的拉普拉斯矩阵描述如下：

$$\boldsymbol{L}=\begin{bmatrix} 2 & -1 & -1 & 0 & 0 \\ -1 & 2 & 0 & 0 & -1 \\ -1 & 0 & 2 & -1 & 0 \\ 0 & 0 & -1 & 2 & -1 \\ 0 & -1 & 0 & -1 & 2 \end{bmatrix}$$

考虑一阶多智能体系统（式（4.3））的式（4.6），选择参数 $\alpha=1$，$\beta=1$，任意初始值 $w_i(0)$ 满足 $\sum_{i=1}^{5} w_i(0)=0(i=1,2,\cdots,5)$，任意初始状态记为$\boldsymbol{x}_i(0)$. 图 4.2 和图 4.3 分别展示了在式（4.6）所述的控制策略下，这 5 个智能体的状态轨迹和梯度轨迹.

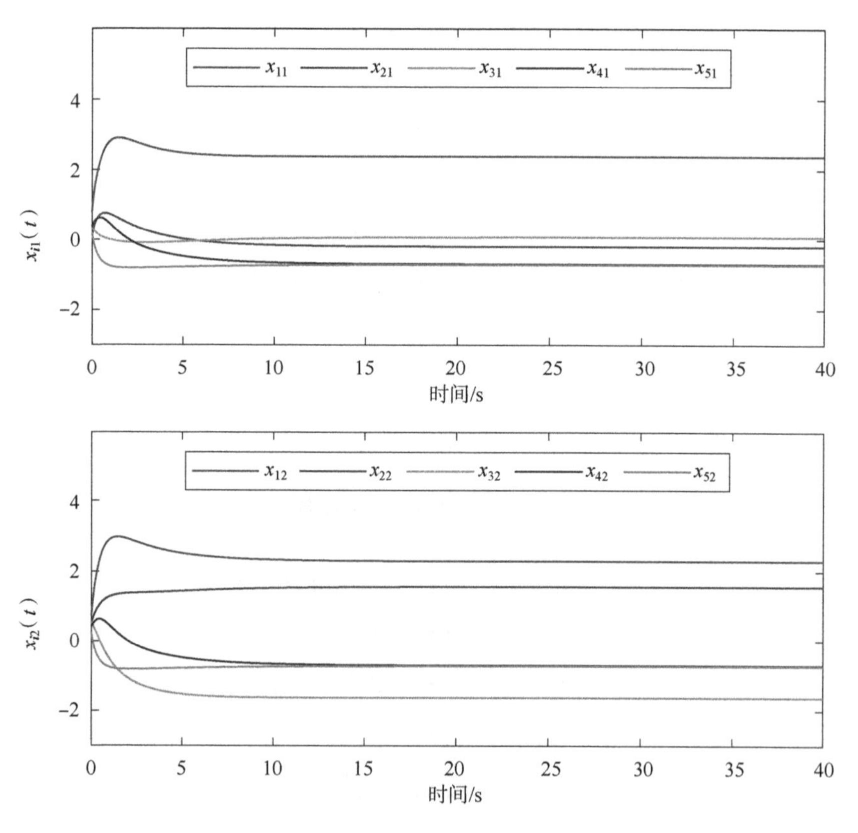

图 4.2 状态轨迹（附彩图）

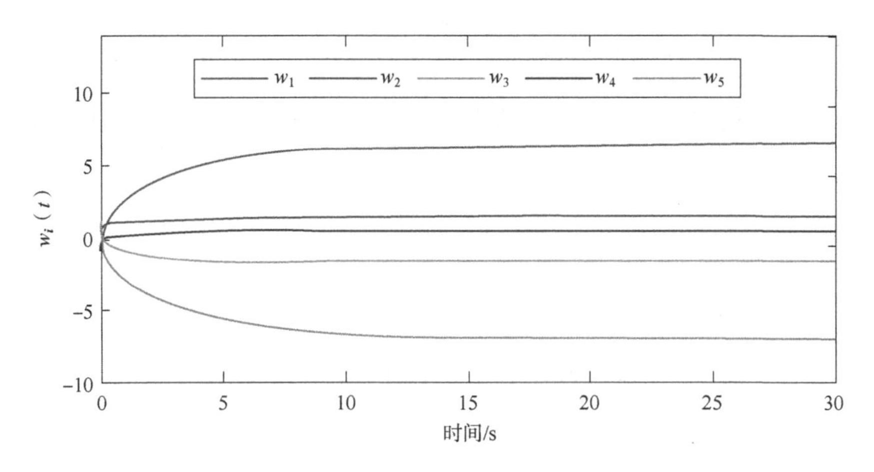

图 4.3　梯度轨迹（附彩图）

4.5　基于近端梯度法的分布式资源分配控制

如 4.3.2 节所述，资源分配问题可以看成具有等式约束的分布式优化问题. 对比现有的最优资源分配[3-5]，所提出的近端梯度算法不仅具有光滑属性，并且可以解决非光滑优化问题. 接下来，将针对单积分器多智能体系统的非光滑资源分配问题，提出光滑近端梯度算法.

4.5.1　算法设计及分析

对式（4.5）所示的具有等式约束的单积分多智能体系统的资源分配问题，提出如下算法：

$$\begin{cases}\dot{\boldsymbol{x}}_i = \mathrm{prox}_{g_i}(\boldsymbol{x}_i - \nabla f_i + \boldsymbol{w}_i^{\mathrm{T}}\boldsymbol{\eta}_i) - \boldsymbol{x}_i,\\ \dot{\boldsymbol{\eta}}_i = -\sum\limits_{j=1}^{n} a_{ij}(\boldsymbol{\eta}_i - \boldsymbol{\eta}_j) - \sum\limits_{j=1}^{n} a_{ij}(\boldsymbol{z}_i - \boldsymbol{z}_j) + \boldsymbol{d}_i - \boldsymbol{w}_i\boldsymbol{x}_i - \boldsymbol{w}_i\dot{\boldsymbol{x}}_i,\\ \dot{\boldsymbol{z}}_i = \sum\limits_{j=1}^{n} a_{ij}(\boldsymbol{\eta}_i - \boldsymbol{\eta}_j),\end{cases} \tag{4.13}$$

式中，$\boldsymbol{\eta}_i \in \mathbb{R}^p$；$\boldsymbol{z}_i \in \mathbb{R}^p$.

记 $\boldsymbol{x} \triangleq [\boldsymbol{x}_1^{\mathrm{T}}, \boldsymbol{x}_2^{\mathrm{T}}, \cdots, \boldsymbol{x}_n^{\mathrm{T}}]^{\mathrm{T}} \in \mathbb{R}^{nq}$，$\boldsymbol{d} \triangleq [\boldsymbol{d}_1^{\mathrm{T}}, \boldsymbol{d}_2^{\mathrm{T}}, \cdots, \boldsymbol{d}_n^{\mathrm{T}}]^{\mathrm{T}} \in \mathbb{R}^{np}$，$\boldsymbol{z} \triangleq [\boldsymbol{z}_1^{\mathrm{T}}, \boldsymbol{z}_2^{\mathrm{T}}, \cdots, \boldsymbol{z}_n^{\mathrm{T}}]^{\mathrm{T}} \in \mathbb{R}^{np}$，$\boldsymbol{\eta} \triangleq [\boldsymbol{\eta}_1^{\mathrm{T}}, \boldsymbol{\eta}_2^{\mathrm{T}}, \cdots, \boldsymbol{\eta}_n^{\mathrm{T}}]^{\mathrm{T}} \in \mathbb{R}^{np}$，$\boldsymbol{L}_p \triangleq \boldsymbol{L} \otimes \boldsymbol{I}_p \in \mathbb{R}^{np \times np}$，$\boldsymbol{w} \triangleq \mathrm{diag}\{\boldsymbol{w}_1, \boldsymbol{w}_2, \cdots, \boldsymbol{w}_n\} \in \mathbb{R}^{np \times nq}$.

注 根据式（4.13）选择拉格朗日函数为$\mathcal{L}(\boldsymbol{x},\boldsymbol{z},\boldsymbol{\eta})=f(\boldsymbol{x})+g(\boldsymbol{x})+\boldsymbol{\eta}^{\mathrm{T}}(\boldsymbol{d}-\boldsymbol{w}\boldsymbol{x}-\boldsymbol{L}_p\boldsymbol{z})-\frac{1}{2}\boldsymbol{\eta}^{\mathrm{T}}\boldsymbol{L}_p\boldsymbol{\eta}$，其中$\boldsymbol{x}$和$\boldsymbol{z}$为主变量，$\boldsymbol{\eta}$表示对偶变量．算法的主要思想是通过引入导数反馈来复制近端项，从而消除近端项带来的“麻烦”．在式（4.13）中，第二个方程右边的导数项$\dot{\boldsymbol{x}}_i$用于消除后面分析中的“麻烦”项$\mathrm{prox}_{g_i}(\boldsymbol{x}_i-\nabla f_i+\boldsymbol{w}_i^{\mathrm{T}}\boldsymbol{\eta}_i)$．

式（4.13）的紧凑形式为

$$\begin{cases}\dot{\boldsymbol{x}}=\mathrm{prox}_g(\boldsymbol{x}-\nabla f(\boldsymbol{x})+\boldsymbol{w}^{\mathrm{T}}\boldsymbol{\eta})-\boldsymbol{x},\\ \dot{\boldsymbol{\eta}}=-\boldsymbol{L}_p\boldsymbol{\eta}-\boldsymbol{L}_p\boldsymbol{z}+\boldsymbol{d}-\boldsymbol{w}\boldsymbol{x}-\boldsymbol{w}\dot{\boldsymbol{x}},\\ \dot{\boldsymbol{z}}=\boldsymbol{L}_p\boldsymbol{\eta}.\end{cases}\tag{4.14}$$

引理 4.2

设假设 4.1 成立，可行点$\boldsymbol{x}^*\in\mathbb{R}^{nq}$是式（4.5）的极小值当且仅当存在$\boldsymbol{x}^*,\boldsymbol{\eta}^*,\boldsymbol{z}^*$，使得$(\boldsymbol{x}^*,\boldsymbol{\eta}^*,\boldsymbol{z}^*)$是式（4.14）的平衡点，其中$\boldsymbol{\eta}^*\in\mathbb{R}^{np}$，$\boldsymbol{z}^*\in\mathbb{R}^{np}$.

证明 必要性：如果$(\boldsymbol{x}^*,\boldsymbol{\eta}^*,\boldsymbol{z}^*)$是式（4.14）的平衡点，根据近端算子的性质和式（4.14）可得

$$\begin{cases}-\nabla f(\boldsymbol{x}^*)+\boldsymbol{w}\boldsymbol{\eta}^*\in\partial g(\boldsymbol{x}^*),\\ \boldsymbol{d}=\boldsymbol{w}\boldsymbol{x}^*+\boldsymbol{L}_p\boldsymbol{z}^*,\\ \boldsymbol{L}_p\boldsymbol{\eta}^*=\boldsymbol{0}_{np},\end{cases}$$

易得$\boldsymbol{0}_{nq}\in\nabla f(\boldsymbol{x}^*)+\partial g(\boldsymbol{x}^*)-\boldsymbol{w}^{\mathrm{T}}\boldsymbol{\eta}^*$．根据凸优化问题的 Karush - Kuhn - Tucker（KKT）条件，$\boldsymbol{x}^*\in\mathbb{R}^{nq}$是式（4.5）的极小值.

充分性：如果$\boldsymbol{x}^*\in\mathbb{R}^{nq}$是式（4.5）的解，根据 KKT 条件，存在$\boldsymbol{\eta}^*\in\mathbb{R}^{np}$，有

$$\begin{cases}\boldsymbol{0}\in\nabla f(\boldsymbol{x}^*)-\boldsymbol{w}\boldsymbol{\eta}^*+\partial g(\boldsymbol{x}^*),\\ \boldsymbol{w}\boldsymbol{x}^*-\boldsymbol{d}=\boldsymbol{0}_{np}.\end{cases}$$

根据式（4.1）中近端算子的性质，可得

$$\begin{cases}\mathrm{prox}_g(\boldsymbol{x}^*-\nabla f(\boldsymbol{x}^*)+\boldsymbol{w}\boldsymbol{\eta}^*)=\boldsymbol{x}^*,\\ \boldsymbol{w}\boldsymbol{x}^*-\boldsymbol{d}=\boldsymbol{0}_{np}.\end{cases}\tag{4.15}$$

将$\boldsymbol{L}_p\boldsymbol{\eta}^*=\boldsymbol{0}_{np}$和$\boldsymbol{L}_p\boldsymbol{z}^*=\boldsymbol{0}_{np}$代入式（4.15），可得

$$\begin{cases}\text{prox}_g(\boldsymbol{x}^* - \nabla f(\boldsymbol{x}^*) + \boldsymbol{w}\boldsymbol{\eta}^*) - \boldsymbol{x}^* = \boldsymbol{0}_{nq},\\ \boldsymbol{d} = \boldsymbol{w}\boldsymbol{x}^* + \boldsymbol{L}_p\boldsymbol{z}^*,\\ \boldsymbol{L}_p\boldsymbol{\eta}^* = \boldsymbol{0}_{np},\end{cases}$$

这意味着$(\boldsymbol{x}^*,\boldsymbol{\eta}^*,\boldsymbol{z}^*)$是式（4.14）的平衡点.

定义 4.2

设假设 4.2 成立，考虑式（4.13）. 如果正参数 δ 满足下述不等式：

$$m - \frac{\theta^2}{4\delta} > 0,\ 0 < \delta \leqslant 1,$$

那么，式（4.13）可以解决单积分多智能体系统的优化问题（4.5）.

证明　假设平衡点是$(\boldsymbol{x}^*,\boldsymbol{\eta}^*,\boldsymbol{z}^*) \in \mathbb{R}^{nq\times np\times np}$，由引理 4.2 可得，$\boldsymbol{x}^*$是式（4.5）的解.

将平衡点代入式（4.14），可得

$$\begin{cases}\boldsymbol{x}^* = \text{prox}_g(\boldsymbol{x}^* - \nabla f(\boldsymbol{x}^*) + \boldsymbol{w}^{\mathrm{T}}\boldsymbol{\eta}^*),\\ \boldsymbol{d} = \boldsymbol{w}\boldsymbol{x}^* + \boldsymbol{L}_p\boldsymbol{z}^*,\\ \boldsymbol{L}_p\boldsymbol{\eta}^* = \boldsymbol{0}_{np}.\end{cases} \tag{4.16}$$

因此有

$$(\boldsymbol{x}^* - \nabla f(\boldsymbol{x}^*) + \boldsymbol{w}^{\mathrm{T}}\boldsymbol{\eta}^*) - \boldsymbol{x}^* \in \partial g(\boldsymbol{x}^*),$$

$$(\boldsymbol{x} - \nabla f(\boldsymbol{x}) + \boldsymbol{w}^{\mathrm{T}}\boldsymbol{\eta}) - \boldsymbol{x} - \dot{\boldsymbol{x}} \in \partial g(\boldsymbol{x} + \dot{\boldsymbol{x}}). \tag{4.17}$$

根据式（4.1）中近端算子的性质以及式（4.17）可得

$$(-(\nabla f(\boldsymbol{x}) - \nabla f(\boldsymbol{x}^*)) + \boldsymbol{w}^{\mathrm{T}}(\boldsymbol{\eta} - \boldsymbol{\eta}^*) - \dot{\boldsymbol{x}})^{\mathrm{T}}(\boldsymbol{x} + \dot{\boldsymbol{x}} - \boldsymbol{x}^*) \geqslant 0. \tag{4.18}$$

则有

$$-(\nabla f(\boldsymbol{x}) - \nabla f(\boldsymbol{x}^*))^{\mathrm{T}}(\boldsymbol{x} - \boldsymbol{x}^*) + (\boldsymbol{\eta} - \boldsymbol{\eta}^*)^{\mathrm{T}}\boldsymbol{w}(\boldsymbol{x} - \boldsymbol{x}^*) - \dot{\boldsymbol{x}}^{\mathrm{T}}(\boldsymbol{x} - \boldsymbol{x}^*) - (\nabla f(\boldsymbol{x}) - \nabla f(\boldsymbol{x}^*))^{\mathrm{T}}\dot{\boldsymbol{x}} + (\boldsymbol{\eta} - \boldsymbol{\eta}^*)^{\mathrm{T}}\boldsymbol{w}\dot{\boldsymbol{x}} - \dot{\boldsymbol{x}}^{\mathrm{T}}\dot{\boldsymbol{x}} \geqslant 0. \tag{4.19}$$

选择如下李雅普诺夫泛函：

$$V_A = \frac{1}{2}\|\boldsymbol{x} - \boldsymbol{x}^*\|^2 + \frac{1}{2}\|\boldsymbol{\eta} - \boldsymbol{\eta}^*\|^2 + \frac{1}{2}\|\boldsymbol{z} - \boldsymbol{z}^*\|^2.$$

记$\hat{\boldsymbol{x}} = \boldsymbol{x} - \boldsymbol{x}^*, \hat{\boldsymbol{\eta}} = \boldsymbol{\eta} - \boldsymbol{\eta}^*$和$\hat{\boldsymbol{z}} = \boldsymbol{z} - \boldsymbol{z}^*$. 由式（4.19）可得 V_A 的导数满足

$$
\begin{aligned}
\dot{V}_A &= (\boldsymbol{x}-\boldsymbol{x}^*)^{\mathrm{T}}\dot{\boldsymbol{x}} + (\boldsymbol{\eta}-\boldsymbol{\eta}^*)^{\mathrm{T}}\dot{\boldsymbol{\eta}} + (\boldsymbol{z}-\boldsymbol{z}^*)^{\mathrm{T}}\dot{\boldsymbol{z}} \\
&\leqslant -\boldsymbol{h}^{\mathrm{T}}(\boldsymbol{x}-\boldsymbol{x}^*) + (\boldsymbol{\eta}-\boldsymbol{\eta}^*)^{\mathrm{T}}\boldsymbol{w}(\boldsymbol{x}-\boldsymbol{x}^*) - \boldsymbol{h}^{\mathrm{T}}\dot{\boldsymbol{x}} + (\boldsymbol{\eta}-\boldsymbol{\eta}^*)^{\mathrm{T}}\boldsymbol{w}\dot{\boldsymbol{x}} - \\
&\quad\ \dot{\boldsymbol{x}}^{\mathrm{T}}\dot{\boldsymbol{x}} + (\boldsymbol{\eta}-\boldsymbol{\eta}^*)^{\mathrm{T}}\dot{\boldsymbol{\eta}} + (\boldsymbol{z}-\boldsymbol{z}^*)^{\mathrm{T}}\dot{\boldsymbol{z}} \\
&\leqslant -\boldsymbol{h}^{\mathrm{T}}(\boldsymbol{x}-\boldsymbol{x}^*) - \boldsymbol{h}^{\mathrm{T}}\dot{\boldsymbol{x}} - \dot{\boldsymbol{x}}^{\mathrm{T}}\dot{\boldsymbol{x}} - \hat{\boldsymbol{\eta}}^{\mathrm{T}}\boldsymbol{L}_p\hat{\boldsymbol{\eta}},
\end{aligned}
\tag{4.20}
$$

式中，$\boldsymbol{h} = \nabla f(\boldsymbol{x}) - \nabla f(\boldsymbol{x}^*)$.

已知 $\boldsymbol{h}^{\mathrm{T}}(\boldsymbol{x}-\boldsymbol{x}^*) \geqslant m(\boldsymbol{x}-\boldsymbol{x}^*)^{\mathrm{T}}(\boldsymbol{x}-\boldsymbol{x}^*)$ 和 $-\boldsymbol{h}^{\mathrm{T}}\dot{\boldsymbol{x}} \leqslant \frac{1}{4\delta}\boldsymbol{h}^{\mathrm{T}}\boldsymbol{h} + \delta\dot{\boldsymbol{x}}^{\mathrm{T}}\dot{\boldsymbol{x}}$（$\delta > 0$），由式（4.20）得

$$
\begin{aligned}
\dot{V}_A &\leqslant -m\hat{\boldsymbol{x}}^{\mathrm{T}}\hat{\boldsymbol{x}} + \frac{1}{4\delta}\boldsymbol{h}^{\mathrm{T}}\boldsymbol{h} + \delta\dot{\boldsymbol{x}}^{\mathrm{T}}\dot{\boldsymbol{x}} - \dot{\boldsymbol{x}}^{\mathrm{T}}\dot{\boldsymbol{x}} - \hat{\boldsymbol{\eta}}^{\mathrm{T}}\boldsymbol{L}_p\hat{\boldsymbol{\eta}} \\
&\leqslant -\left(m - \frac{\theta^2}{4\delta}\right)\hat{\boldsymbol{x}}^{\mathrm{T}}\hat{\boldsymbol{x}} - (1-\delta)\dot{\boldsymbol{x}}^{\mathrm{T}}\dot{\boldsymbol{x}} - \hat{\boldsymbol{\eta}}^{\mathrm{T}}\boldsymbol{L}_p\hat{\boldsymbol{\eta}} \\
&\leqslant 0,
\end{aligned}
\tag{4.21}
$$

式中，$m > \frac{\theta^2}{4\delta}$，$0 < \delta \leqslant 1$.

对所有$(\boldsymbol{x},\boldsymbol{\eta},\boldsymbol{z}) \in \mathbb{R}^{nq}\times\mathbb{R}^{np}\times\mathbb{R}^{np}$，$V_A$ 是正定的. $V_A = 0$ 当且仅当$(\boldsymbol{x},\boldsymbol{\eta},\boldsymbol{z}) = (\boldsymbol{x}^*,\boldsymbol{\eta}^*,\boldsymbol{z}^*)$，且当$(\boldsymbol{x},\boldsymbol{\eta},\boldsymbol{z})\to\infty$ 时，$V_A\to\infty$. 因此，解$(\boldsymbol{x},\boldsymbol{\eta},\boldsymbol{z})$对所有 $t>0$ 有界. 令 $\mathcal{Z} = \{(\boldsymbol{x},\boldsymbol{\eta},\boldsymbol{z}) \in \mathbb{R}^{nq}\times\mathbb{R}^{np}\times\mathbb{R}^{np} : \dot{V}_A = 0\} \subset \{(\boldsymbol{x},\boldsymbol{\eta},\boldsymbol{z}) \in \mathbb{R}^{nq}\times\mathbb{R}^{np}\times\mathbb{R}^{np} : \left(m-\frac{\theta^2}{4\delta}\right)\hat{\boldsymbol{x}}^{\mathrm{T}}\hat{\boldsymbol{x}} = 0, (1-\delta)\dot{\boldsymbol{x}}^{\mathrm{T}}\dot{\boldsymbol{x}} = 0, \hat{\boldsymbol{\eta}}^{\mathrm{T}}\boldsymbol{L}_p\hat{\boldsymbol{\eta}} = 0\}$. $\mathcal{M}$ 是$\overline{\mathcal{Z}}$的最大不变集. 由引理 4.1 可得，当 $t\to\infty$ 时，$(\boldsymbol{x}(t),\boldsymbol{\eta}(t),\boldsymbol{z}(t))\to\mathcal{M}$. 注意，由于 $m > \frac{\theta^2}{4\delta}$，则如果 $\boldsymbol{x} \neq \boldsymbol{x}^*$，就有 $\left(m-\frac{\theta^2}{4\delta}\right)\hat{\boldsymbol{x}}^{\mathrm{T}}\hat{\boldsymbol{x}} > 0$. 因此，当 $t\to\infty$ 时，$\boldsymbol{x}(t)\to\boldsymbol{x}^*$，这意味着 $\boldsymbol{x}$ 收敛到式（4.5）的最优解.

4.5.2 数值仿真

考虑如下分布式非光滑资源分配优化问题：

$$
\begin{aligned}
&\min \sum_{i=1}^{6} \left(f_i(\boldsymbol{x}_i) + g_i(\boldsymbol{x}_i)\right), \\
&\text{s. t.} \sum_{i=1}^{6} \boldsymbol{x}_i = \sum_{i=1}^{6} \boldsymbol{d}_i
\end{aligned}
$$

式中，$\boldsymbol{x}_i \in \mathbb{R}^2$，$i \in \{1,2,\cdots,6\}$和 $\boldsymbol{d}_i = [0.3;\ 0.2]$；局部代价函数表示如下：

$$g_i(\boldsymbol{x}_i)=\begin{cases}0, & \boldsymbol{x}_i\in\Omega_i,\\ \infty, & \boldsymbol{x}_i\notin\Omega_i,\end{cases}$$

$$f_i(\boldsymbol{x}_i)=\|\boldsymbol{x}_i-\boldsymbol{p}_i\|^2,$$

其中，$\Omega_i=\{\boldsymbol{\delta}\in\mathbb{R}^2\mid\|\boldsymbol{\delta}-\boldsymbol{x}_i(0)\|^2\leqslant 1\}$，$\boldsymbol{p}_i=[i-2,0]^{\mathrm{T}}$；$f_i(\boldsymbol{x}_i)$和$g_i(\boldsymbol{x}_i)$分别表示二次目标函数和关于约束集合$\boldsymbol{x}_i\in\Omega_i$的指示函数.

基于上述定义，每个智能体的近端算子和梯度分别表示如下：

$$\operatorname{prox}_{g_i}(\boldsymbol{v})=\arg\min_{\boldsymbol{\delta}\in\Omega_i}\|\boldsymbol{\delta}-\boldsymbol{v}\|^2,$$

$$\nabla f_i(\boldsymbol{x}_i)=2(\boldsymbol{x}_i-\boldsymbol{p}_i)\in\mathbb{R}^2.$$

图 4.4 所示为智能体之间的通信拓扑图.

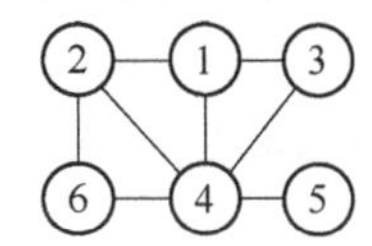

图 4.4　通信拓扑图

式（4.13）是为一阶智能体系统资源分配问题所设计的. 初始条件$\boldsymbol{x}_i(0)(i=1,2,\cdots,6)$设置为$\boldsymbol{x}_1(0)=[-0.4;0.55]$，$\boldsymbol{x}_2(0)=[0.6;0.5]$，$\boldsymbol{x}_3(0)=[-0.3;0.2]$，$\boldsymbol{x}_4(0)=[0.2;-0.3]$，$\boldsymbol{x}_5(0)=[0.5;-0.35]$，$\boldsymbol{x}_6(0)=[-0.5;0.5]$；$\boldsymbol{y}_i(0)$和$\boldsymbol{\eta}_i(0)$为零向量.

图 4.5 和图 4.6 分别展示了式（4.13）中 6 个智能体的变量$\boldsymbol{x}$的轨迹以及约束条件$\sum_{i=1}^{n}\boldsymbol{x}_i-\sum_{i=1}^{n}\boldsymbol{d}_i$的误差，记为$[e_1,e_2]^{\mathrm{T}}$. 通过图 4.5 可以看到，随着时间的增加，6 个智能体的状态逐渐趋于最优值. 由图 4.6 可以看出，随着时间的增加，误差逐渐收敛到零，这意味着满足约束条件$\sum_{i=1}^{n}\boldsymbol{x}_i=\sum_{i=1}^{n}\boldsymbol{d}_i$.

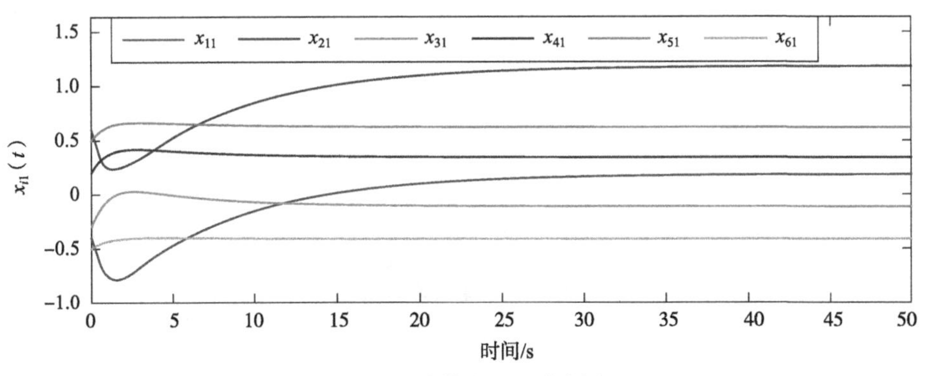

图 4.5　状态轨迹 $\boldsymbol{x}_i$（附彩图）

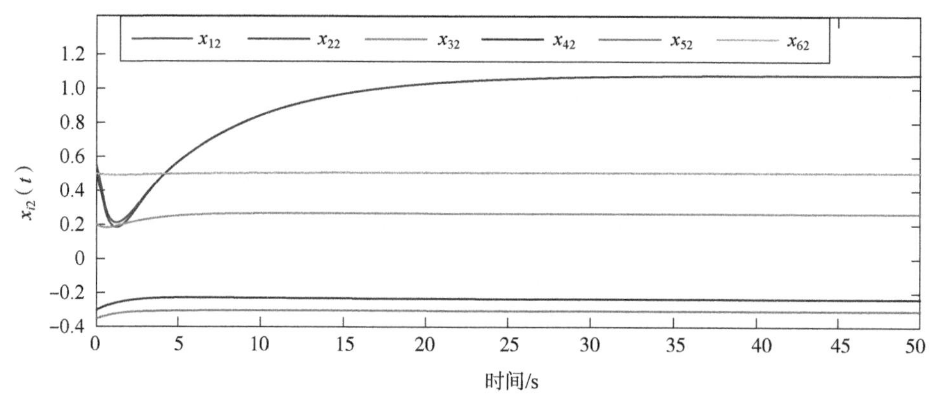

图 4.5　状态轨迹 x_i（续）（附彩图）

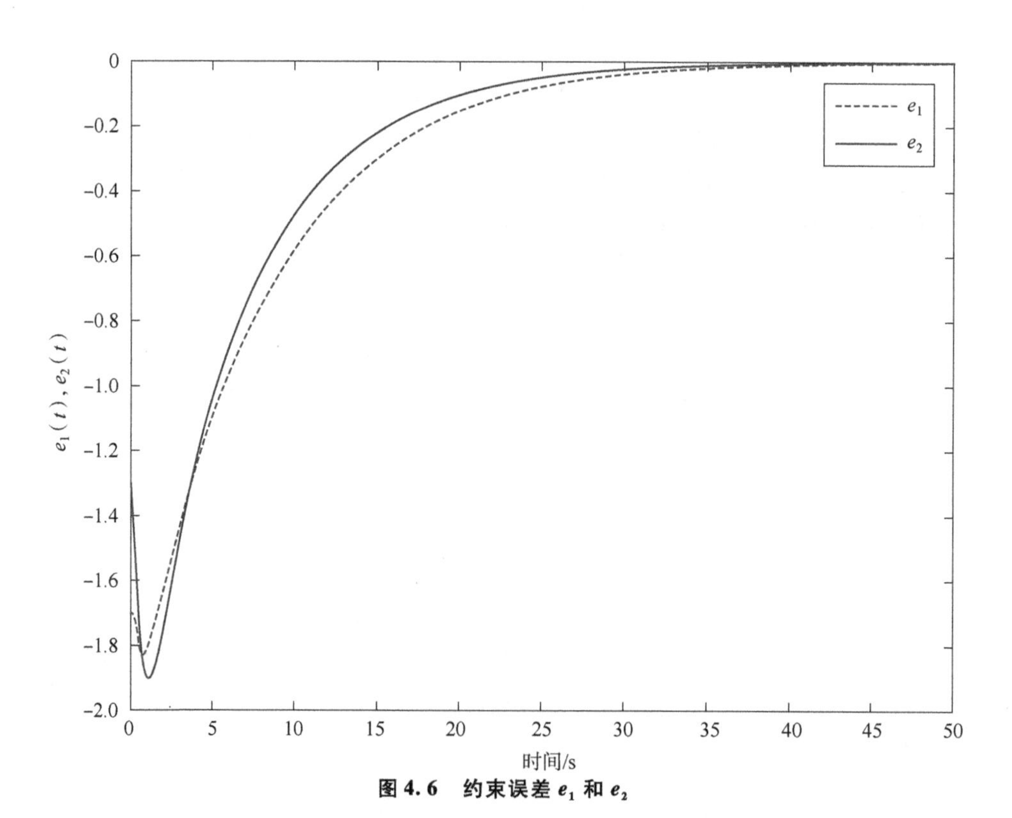

图 4.6　约束误差 e_1 和 e_2

4.6 本章小结

本章研究了一阶多智能体系统的分布式非光滑凸优化问题. 基于近端算子和导数反馈技术，本章分别提出了求解分布式最优一致性和资源分配问题的近似梯度算法，所提出的算法在满足等式约束的同时，能收敛到最优解. 未来的研究主要包括对收敛速度的证明，以及将结果推广到具有有向拓扑的高阶或非线性多智能体系统中.

参考文献

[1] BOYD S, PARIKH N, CHU E, et al. Distributed optimization and statistical learning via the alternating direction method of multipliers [J]. Foundations and Trends in Machine Learning, 2011, 3 (1): 1 -122.

[2] PARIKH N, BOYD S. Proximal algorithms [J]. Foundations and Trends in Optimization, 2014, 1 (3): 123 -231.

[3] DENG Z, LIANG S, YU W. Distributed optimal resource allocation of second - order multiagent systems [J]. International Journal of Robust and Nonlinear Control, 2018, 28 (14): 4246 -4260.

[4] YI P, HONG Y G, LIU F. Initialization - free distributed algorithms for optimal resource allocation with feasibility constraints and application to economic dispatch of power systems [J]. Automatica, 2016, 74: 259 -269.

[5] ZHU Y, REN W, YU W, et al. Distributed resource allocation over directed graphs via continuous time algorithms [J]. IEEE Transactions on Systems, Man, and Cybernetics: Systems, 2019, 51 (2): 1 -10.

第5章

具有二阶动力学模型的多智能体系统分布式非光滑优化控制

5.1 引　言

针对多智能体系统的分布式非光滑凸优化问题，本章提出几个光滑算法. 为了避免次梯度，本章将非光滑凸目标函数分为两部分：一个二次连续可微函数、一个非光滑凸函数. 基于近端算子和微分反馈技术，结合拉格朗日函数，本章提出分布式近端梯度算法来解决一致性问题和资源分配问题. 在李雅普诺夫稳定性的基础上，本章将对所提算法进行收敛性分析.

本章针对二阶多智能体系统的非光滑凸优化问题，提出了一种基于近端算子和拉格朗日函数的分布式非光滑近端梯度算法，所提算法可看作投影算法[1-3]的一般扩展形式. 同时，本章基于李雅普诺夫稳定性理论证明了算法的收敛性和正确性，所用证明方法避免了非光滑分析. 最后，本章利用数值仿真证明了算法的有效性.

5.2　具有二阶动力学模型的多智能体系统非光滑优化控制问题

5.2.1　数学预备知识

5.2.1.1　简记

$\mathbb{R}$表示实数集；$\mathbb{R}^n$表示实数域 n 维列向量的集合；$\mathbb{R}^{n\times m}$表示 $n\times m$ 维实矩阵的集合；$\boldsymbol{I}_n$ 为 $n\times n$ 维单位矩阵；$(\cdot)^{\mathrm{T}}$ 表示转置. 记 $\operatorname{rank}(\boldsymbol{A})$ 为矩阵 $\boldsymbol{A}$ 的秩，$\boldsymbol{A}^{\mathrm{D}}$ 为矩阵 $\boldsymbol{A}$ 的 Drazin 逆，$\operatorname{range}(\boldsymbol{A})$ 为矩阵 $\boldsymbol{A}$ 的值域，$\ker(\boldsymbol{A})$ 为矩阵 $\boldsymbol{A}$ 的核，$\mathbf{1}_n$ 为元素为 1 的 $n\times 1$ 的向量，$\mathbf{0}_n$ 为元素为 0 的 $n\times 1$ 维向量，$\boldsymbol{A}\otimes\boldsymbol{B}$ 为矩阵 $\boldsymbol{A}$ 和 $\boldsymbol{B}$ 的克罗内克积. 此外，$\|\cdot\|$ 为欧几里得范数；$\|\cdot\|_p$ 表示 p－范数（$p\geqslant 1$）；$\boldsymbol{A}>0(\boldsymbol{A}\geqslant 0)$ 意味着矩阵 $\boldsymbol{A}\in\mathbb{R}^{n\times n}$ 是正定（半正定）的；$\bar{S}$表示子集 $S\subset\mathbb{R}^n$的闭包；$\operatorname{int}(S)$ 表示子集 S 的内部；$\dim(S)$ 表示向量空间 S 的内部；$\operatorname{dist}(\boldsymbol{p},\mathcal{M})$ 表示 $\boldsymbol{p}$ 到集合$\mathcal{M}$的距离，即 $\operatorname{dist}(\boldsymbol{p},\mathcal{M})\triangleq\inf_{\boldsymbol{x}\in\mathcal{M}}\|\boldsymbol{p}-\boldsymbol{x}\|$；当 $t\to\infty$ 时，$\boldsymbol{x}(t)\to\mathcal{M}$，意味着 $\boldsymbol{x}(t)$ 趋向于集合$\mathcal{M}$，即对任意 $\epsilon>0$ 都存在 $T>0$，使得 $\operatorname{dist}(\boldsymbol{x}(t),\mathcal{M})<\epsilon$对所有 $t>T$ 都成立.

5.2.1.2　凸分析

由文献 [4]、[5]，设集合 $K\subseteq\mathbb{R}^n$，如果对于任意的 $\boldsymbol{x},\boldsymbol{y}\in K$，$0\leqslant a\leqslant 1$，都有 $a\boldsymbol{x}+(1-a)\boldsymbol{y}\in K$，则称 K 为凸集. 若有一个凸集 K，对于任意 $\forall\boldsymbol{x},\boldsymbol{y}\in K$ 及 $0\leqslant a\leqslant 1$，函数$f(\cdot)$：$K\to\mathbb{R}$都满足$f(a\boldsymbol{x}+(1-a)\boldsymbol{y})\leqslant af(\boldsymbol{x})+(1-a)f(\boldsymbol{y})$，则称该函数为凸函数. 如果一个可微函数$f$满足下式：

$$f(\boldsymbol{x})-f(\boldsymbol{y})\geqslant\nabla f(\boldsymbol{y})^{\mathrm{T}}(\boldsymbol{x}-\boldsymbol{y}),\ \forall\boldsymbol{x},\boldsymbol{y}\in K,$$

则称f是在 K 上的凸函数. 如果上式在 $\boldsymbol{x}\neq\boldsymbol{y}$ 时严格成立，则称f是严格凸的. 此外，如果f满足下式：

$$(\nabla f(\boldsymbol{x})-\nabla f(\boldsymbol{y}))^{\mathrm{T}}(\boldsymbol{x}-\boldsymbol{y})\geqslant\omega\|\boldsymbol{x}-\boldsymbol{y}\|^2,\ \forall\boldsymbol{x},\boldsymbol{y}\in K,$$

则称f是 ω－强凸的（$\omega>0$）. 对于函数f：$\mathbb{R}^n\to\mathbb{R}$，如果满足下式：

$$|f(\boldsymbol{x})-f(\boldsymbol{y})|\leqslant\theta\|\boldsymbol{x}-\boldsymbol{y}\|,\ \forall\boldsymbol{x},\boldsymbol{y}\in K,$$

则称f在常数$\theta>0$时满足 Lipschitz 条件，或简称在集合$K\in\mathbb{R}^n$上，该函数是$\theta-$Lipschitz连续函数[6-7].

5.2.1.3 图论

对一个具有n个顶点的图$\mathcal{G}$，记该图为$\mathcal{G}=\{\mathcal{V},\mathcal{E}\}$，$\mathcal{V}=\{v_1,v_2,\cdots,v_n\}$代表节点的集合，$\mathcal{E}=\{(v_i,v_j)\mid v_i,v_j\in\mathcal{V}\}$代表边的集合．如果$(v_i,v_j)\in\mathcal{E}\Leftrightarrow(v_j,v_i)\in\mathcal{E}$，则称$\mathcal{G}$是无向图．同时，如果$v_i$与$v_j$之间存在边，则称节点$v_i$与节点$v_j$是相邻的．$\mathcal{G}$的邻接矩阵$\boldsymbol{A}$被定义为$\boldsymbol{A}=[a_{ij}]\in\mathbb{R}^{n\times n}$，其中如果$(v_j,v_i)\in\mathcal{E}$，则$a_{ij}=1$．对于每个智能体$i$，$N_i$是其邻居的个数，并且记$N_{\min}=\min\{N_i\}$．拉普拉斯矩阵$\boldsymbol{L}=[l_{ij}]\in\mathbb{R}^{n\times n}$定义如下：

$$l_{ii}=\begin{cases}\sum\limits_{j=1,j\neq i}^{n}a_{ij}, & i=j,\\ -a_{ij}, & i\neq j.\end{cases}$$

加权无向图$\mathcal{G}$记为$\mathcal{G}(\mathcal{V},\mathcal{E},\boldsymbol{A})$，其中$\mathcal{V}=\{1,2,\cdots,n\}$是节点的集合，$\mathcal{E}\subset\mathcal{V}\times\mathcal{V}$是边的集合，$\boldsymbol{A}=[a_{i,j}]\in\mathbb{R}^{n\times n}$是加权邻接矩阵，其中当$(j,i)\in\mathcal{E}$时，$a_{i,j}=a_{j,i}>0$，否则$a_{i,j}=0$．令拉普拉斯矩阵$\boldsymbol{L}=\boldsymbol{D}-\boldsymbol{A}$，其中$\boldsymbol{D}\in\mathbb{R}^{n\times n}$为对角矩阵，$D_{i,i}=\sum\limits_{j=1}^{n}a_{i,j}$，$i\in\{1,2,\cdots,n\}$．

如果加权图$\mathcal{G}$是无向且连通的，那么$\boldsymbol{L}=\boldsymbol{L}^{\mathrm{T}}\geqslant 0$，$\mathrm{rank}(\boldsymbol{L})=n-1$．记$\lambda_{\max}$为拉普拉斯矩阵$\boldsymbol{L}$的最大特征值．

5.2.1.4 近端算子

设$g(\cdot)$为下半连续凸函数．$g(\cdot)$的近端算子定义如下[8]：

$$\mathrm{prox}_g(\boldsymbol{v})=\arg\min_{\boldsymbol{x}}\left\{g(\boldsymbol{x})+\frac{1}{2}\|\boldsymbol{x}-\boldsymbol{v}\|^2\right\}.$$

定义闭合凸集Ω的指标函数为$I_\Omega(\boldsymbol{x})$，当$\boldsymbol{x}\in\Omega$时，$I_\Omega(\boldsymbol{x})=0$，否则$I_\Omega(\boldsymbol{x})=+\infty$．于是得到$\mathrm{prox}_\Omega(\boldsymbol{v})=P_\Omega(\boldsymbol{v})$，其中$P_\Omega(\boldsymbol{v})=\arg\min_{\boldsymbol{x}\in\Omega}\|\boldsymbol{x}-\boldsymbol{v}\|$为投影算子．

令$\partial g(\boldsymbol{x})$表示$g(\cdot)$在$\boldsymbol{x}$点的次微分．$\partial g(\boldsymbol{x})$是单调的，即对于任意的$\boldsymbol{x}$和$\boldsymbol{y}$，都有

$$(\boldsymbol{p}_{\boldsymbol{x}}-\boldsymbol{p}_{\boldsymbol{y}})^{\mathrm{T}}(\boldsymbol{x}-\boldsymbol{y})\geqslant 0,$$

式中，$p_x \in \partial g(x)$，$p_y \in \partial g(y)$. $x = \mathrm{prox}_g(v)$ 等价于

$$v - x \in \partial g(x). \tag{5.1}$$

5.2.1.5　收敛性质

考虑如下系统：

$$\dot{x}(t) = \phi(x(t)),\ x(0) = x_0,\ t \geqslant 0, \tag{5.2}$$

式中，$\phi:\ \mathbb{R}^q \to \mathbb{R}^q$，是 Lipschitz 连续的.

接下来的结果是不变性原理的另一种解释[7].

引理 5.1

设$\mathcal{D}$是式（5.2）的一个紧不变集，V：$\mathbb{R}^q \to \mathbb{R}$是一个连续可微的函数，且$x(\cdot)$是$x(0) = x_0 \in \mathcal{D}$时式（5.2）的解. 假设$\dot{V}(x) \leqslant 0, \forall x \in \mathcal{D}$. 定义$\mathcal{Z} = \{x \in \mathcal{D}: \dot{V}(x) = 0\}$，且$\mathcal{M}$是$\overline{\mathcal{Z}} \cap \mathcal{D}$的最大不变子集，其中$\overline{\mathcal{Z}}$是$\mathcal{Z} \subset \mathbb{R}^q$的闭包. 如果对任意$x \in \mathcal{D}$都有$\dot{V}(x) \leqslant 0$，那么当$t \to \infty$时，有$\mathrm{dist}(x(t), \mathcal{M}) \to 0$.

5.2.2　问题描述

5.2.2.1　具有二阶动力学模型的一致性问题

考虑具有二阶动力学模型的由 n 个智能体组成的系统，其通信拓扑图是$\mathcal{G}$：

$$\ddot{x}_i(t) = u_i(t),\quad i = 1, 2, \cdots, n, \tag{5.3}$$

式中，$x_i \in \mathbb{R}^q$和$u_i \in \mathbb{R}^q$分别表示第 i 个智能体的状态和控制输入. 定义$x \triangleq [x_1^{\mathrm{T}}, x_2^{\mathrm{T}}, \cdots, x_n^{\mathrm{T}}]^{\mathrm{T}} \in \mathbb{R}^{nq}$以及$L \triangleq L_n \otimes I_q \in \mathbb{R}^{nq \times nq}$，其中$L_n \in \mathbb{R}^{n \times n}$是$\mathcal{G}$的拉普拉斯矩阵. 一致性最优问题可以描述为：设计每个智能体的控制输入u_i，通过信息交互使得$f_i + g_i$最小化，即

$$\min_{x \in \mathbb{R}^{nq}} (f(x) + g(x)), \tag{5.4a}$$

$$\text{s. t.}\quad Lx = 0_{nq}. \tag{5.4b}$$

式中，总的代价函数 $f(x)$ 是每个智能体 i 的代价函数之和 $f(x) = \sum_{i=1}^{n} f_i(x_i)$，且$f$：$\mathbb{R}^{nq} \to \mathbb{R}$是二阶可微的凸函数；$g(x) = \sum_{i=1}^{n} g_i(x_i)$，是正则函数，一般 g：$\mathbb{R}^{nq} \to \mathbb{R}$是不可微凸函数；式（5.4）中的约束表示所有智能

体的状态都达到一致. 每个智能体 i 只知道自己的本地信息 $\boldsymbol{x}_i$，并以分布式的方式与邻居交换信息.

注 式（5.4）所述的问题具有广泛的应用. 如果 $g_i(\boldsymbol{x}_i)$ 是正则化函数，如 $g_i(\boldsymbol{x}_i)=\mu\|\boldsymbol{x}_i\|_1$，则上述问题就变成机器学习中很常见的问题，如最小化损失函数的 l_1 正则、LASSO 问题[9].

5.2.2.2 具有二阶动力学模型的资源分配问题

资源分配问题是智能电网中的一个重要问题. 在智能电网中，有 n 台发电机为用户供电，由于发电机效率不同，每台发电机都有自己的局部成本函数. 该问题可以建模为多智能体系统的带有等式约束的分布式优化，即

$$\min_{\boldsymbol{x}_i\in\mathbb{R}^q}\sum_{i=1}^{n}(f_i(\boldsymbol{x}_i)+g_i(\boldsymbol{x}_i)),\tag{5.5a}$$

$$\text{s. t.}\ \sum_{i=1}^{n}\boldsymbol{w}_i\boldsymbol{x}_i=\boldsymbol{d}_0,\tag{5.5b}$$

式中，$\boldsymbol{x}_i\in\mathbb{R}^q$；$\boldsymbol{w}_i\in\mathbb{R}^{p\times q}$；$\sum\limits_{i=1}^{n}\boldsymbol{d}_i=\boldsymbol{d}_0\in\mathbb{R}^p$；

$f_i(\cdot)$ $\mathbb{R}^q\to\mathbb{R}$，是一个二阶可微的凸函数；

$g_i(\cdot)$：$\mathbb{R}^q\to\mathbb{R}$，是一个非光滑的凸函数.

注 当 $\boldsymbol{w}_i$ 为单位矩阵时，式（5.5）简化为文献［10］中的资源分配问题. 在满足全局网络资源约束和局部分配可行性约束的情况下，以最小化所有智能体的局部目标函数之和为目标进行分配决策.

5.3 基于近端梯度算法的分布式一致性优化控制

5.3.1 基于近端梯度算法和微分反馈技术的算法

5.3.1.1 算法设计及分析

考虑具有二阶动力学的 n 个智能体：

$$\ddot{\boldsymbol{x}}_i(t)=\boldsymbol{u}_i(t),\quad i=1,2,\cdots,n,$$

问题描述如式（5.4），并做如下假设：

假设 5.1

（1）图$\mathcal{G}$是无向连通的.

（2）对每个智能体 i，函数 f_i 是可微的，并且是 m - 强凸的，即满足 $(\boldsymbol{a}-\boldsymbol{b})^{\mathrm{T}}(\nabla f_i(\boldsymbol{a})-\nabla f_i(\boldsymbol{b}))\geqslant m\|\boldsymbol{a}-\boldsymbol{b}\|^2,\forall \boldsymbol{a},\boldsymbol{b}\in\mathbb{R}^q$.

（3）对每个智能体 i，存在一个常数 $\theta_i>0$，使得 $\|\nabla f_i(\boldsymbol{a})-\nabla f_i(\boldsymbol{b})\|\leqslant\theta_i\|\boldsymbol{a}-\boldsymbol{b}\|,\forall \boldsymbol{a},\boldsymbol{b}\in\mathbb{R}^q$.

本节提出如下算法：

$$\begin{cases}\dot{\boldsymbol{x}}_i=\boldsymbol{y}_i,\\ \dot{\boldsymbol{y}}_i=\boldsymbol{u}_i,\\ \boldsymbol{u}_i=\mathrm{prox}_{g_i}[\boldsymbol{x}_i-\alpha\nabla f_i(\boldsymbol{x}_i)-\boldsymbol{w}_i-\beta\sum\limits_{j=1}^{n}a_{ij}(\boldsymbol{x}_i-\boldsymbol{x}_j)-k\boldsymbol{y}_i]-\boldsymbol{x}_i,\\ \dot{\boldsymbol{w}}_i=\alpha\beta\sum\limits_{j=1}^{n}a_{ij}(\boldsymbol{x}_i-\boldsymbol{x}_j+\dot{\boldsymbol{y}}_i-\dot{\boldsymbol{y}}_j),\\ \sum\limits_{i=1}^{n}\boldsymbol{w}_i(0)=\boldsymbol{0}.\end{cases}\tag{5.6}$$

式中，$\alpha,\beta,k>0$. 式（5.6）中引入了 $\boldsymbol{w}_i$，以消除梯度微分引起的一致性误差. 定义 $\boldsymbol{x}=[\boldsymbol{x}_1^{\mathrm{T}},\boldsymbol{x}_2^{\mathrm{T}},\cdots,\boldsymbol{x}_n^{\mathrm{T}}],\boldsymbol{y}=[\boldsymbol{y}_1^{\mathrm{T}},\boldsymbol{y}_2^{\mathrm{T}},\cdots,\boldsymbol{y}_n^{\mathrm{T}}],\boldsymbol{w}=[\boldsymbol{w}_1^{\mathrm{T}},\boldsymbol{w}_2^{\mathrm{T}},\cdots,\boldsymbol{w}_n^{\mathrm{T}}]$. 那么式（5.3）所述的闭环系统可以写为

$$\begin{cases}\dot{\boldsymbol{x}}=\boldsymbol{y},\\ \dot{\boldsymbol{y}}=\mathrm{prox}_g[\boldsymbol{x}-\alpha\nabla\tilde{f}(\boldsymbol{x})-\beta\boldsymbol{L}\boldsymbol{x}-\boldsymbol{w}-k\boldsymbol{y}]-\boldsymbol{x},\\ \dot{\boldsymbol{w}}=\alpha\beta\boldsymbol{L}(\boldsymbol{x}+\dot{\boldsymbol{y}}),\end{cases}\tag{5.7}$$

式中，$\tilde{f}(\boldsymbol{x})=\sum\limits_{i=1}^{n}f_i(\boldsymbol{x}_i)$.

假定（$\boldsymbol{x}^*,\boldsymbol{y}^*,\boldsymbol{w}^*$）为式（5.7）的平衡点，则有

$$\begin{cases}\boldsymbol{y}^*=\boldsymbol{0},\\ \boldsymbol{L}\boldsymbol{x}^*=\boldsymbol{0},\\ \mathrm{prox}_g[\boldsymbol{x}^*-\alpha\nabla\tilde{f}(\boldsymbol{x}^*)-\boldsymbol{w}^*]=\boldsymbol{x}^*.\end{cases}\tag{5.8}$$

定义下面的坐标变换：

$$\begin{cases}\tilde{\boldsymbol{x}}=\boldsymbol{x}-\boldsymbol{x}^*,\\ \tilde{\boldsymbol{y}}=\boldsymbol{y}-\boldsymbol{y}^*,\\ \tilde{\boldsymbol{w}}=\boldsymbol{w}-\boldsymbol{w}^*.\end{cases}$$

因此，可得

$$\begin{cases}\dot{\tilde{\boldsymbol{x}}}=\tilde{\boldsymbol{y}},\\ \dot{\tilde{\boldsymbol{y}}}=\operatorname{prox}_g[\tilde{\boldsymbol{x}}-k\tilde{\boldsymbol{y}}-\alpha\boldsymbol{h}-\tilde{\boldsymbol{w}}-\beta\boldsymbol{L}\tilde{\boldsymbol{x}}]-\tilde{\boldsymbol{x}},\\ \dot{\tilde{\boldsymbol{w}}}=\alpha\beta\boldsymbol{L}(\tilde{\boldsymbol{x}}+\dot{\tilde{\boldsymbol{y}}}),\end{cases}\tag{5.9}$$

式中，$\boldsymbol{h}=\nabla\tilde{f}(\boldsymbol{x})-\nabla\tilde{f}(\boldsymbol{x}^*)$.

如果式（5.9）所述的系统是渐近稳定的，那么智能体的状态 $\boldsymbol{x}_i(i=1,2,\cdots,n)$ 将收敛到最优点 $\boldsymbol{x}^*$. 以下将证明式（5.9）的稳定性.

定义一个满足 $\boldsymbol{Q}^{\mathrm{T}}\boldsymbol{Q}=\boldsymbol{I}_n$ 的正交矩阵 $\boldsymbol{Q}$，通过正交变换得到

$$\begin{cases}\hat{\boldsymbol{x}}=(\boldsymbol{Q}^{\mathrm{T}}\otimes\boldsymbol{I}_q)\tilde{\boldsymbol{x}},\\ \hat{\boldsymbol{y}}=(\boldsymbol{Q}^{\mathrm{T}}\otimes\boldsymbol{I}_q)\tilde{\boldsymbol{y}},\\ \hat{\boldsymbol{w}}=(\boldsymbol{Q}^{\mathrm{T}}\otimes\boldsymbol{I}_q)\tilde{\boldsymbol{w}}.\end{cases}$$

通过上述变换，式（5.9）可被写为以下形式：

$$\begin{cases}\dot{\hat{\boldsymbol{x}}}=\hat{\boldsymbol{y}},\\ \dot{\hat{\boldsymbol{y}}}=\operatorname{prox}_g[\hat{\boldsymbol{x}}-k\hat{\boldsymbol{y}}-\alpha(\boldsymbol{Q}^{\mathrm{T}}\otimes\boldsymbol{I}_q)\boldsymbol{h}-\hat{\boldsymbol{w}}]-\beta(\boldsymbol{Q}^{\mathrm{T}}\boldsymbol{L}_n\boldsymbol{Q}\otimes\boldsymbol{I}_q)\hat{\boldsymbol{x}}]-\hat{\boldsymbol{x}},\\ \dot{\hat{\boldsymbol{w}}}=\alpha\beta(\boldsymbol{Q}^{\mathrm{T}}\boldsymbol{L}_n\boldsymbol{Q}\otimes\boldsymbol{I}_q)(\hat{\boldsymbol{x}}+\dot{\hat{\boldsymbol{y}}}).\end{cases}\tag{5.10}$$

定理 5.1

若假设 5.1 成立，当参数 α 满足 $0<\alpha<\sqrt{2}$，β,θ 和 m 满足不等式

$$\alpha m+\beta\lambda_2-1-\theta^2-\beta^2\lambda_{\max}^2>0$$

时，对于任意初始状态 $\boldsymbol{x}_i(0),\dot{\boldsymbol{x}}_i(0),\boldsymbol{w}_i(0)\in\mathbb{R}^q$，其中 λ_2、$\lambda_{\max}$ 分别是连通图拉普拉斯矩阵的第 2 大特征值、最大特征值，$\sum_{i=1}^{n}\boldsymbol{w}_i(0)=\boldsymbol{0}$，都可以采用式（5.6）来解决式（5.4）的分布式优化问题，这意味着对于任意 $i\in\mathcal{V}$ 都有

$$\lim_{t\to\infty}\boldsymbol{x}(t)=\boldsymbol{x}^*,\lim_{t\to\infty}\dot{\boldsymbol{x}}_i(t)=\boldsymbol{0},$$

式中，$\boldsymbol{x}^*=\arg\min_{\boldsymbol{x}\in\mathbb{R}^{nq},\boldsymbol{L}\boldsymbol{x}=\boldsymbol{0}}f(\boldsymbol{x})$.

证明　选择下面的李雅普诺夫候选函数：

$$V=\frac{k}{2}\hat{\boldsymbol{x}}^{\mathrm{T}}\hat{\boldsymbol{x}}+\frac{k}{2}\hat{\boldsymbol{y}}^{\mathrm{T}}\hat{\boldsymbol{y}}+\frac{1}{2\alpha\beta}\hat{\boldsymbol{w}}^{\mathrm{T}}((\boldsymbol{Q}^{\mathrm{T}}\boldsymbol{L}_n\boldsymbol{Q})^{\mathrm{D}}\otimes\boldsymbol{I}_q)\hat{\boldsymbol{w}}.$$

由式（5.7）和式（5.8）可得

$$(\boldsymbol{x}-\alpha\nabla\tilde{f}(\boldsymbol{x})-\boldsymbol{w}-\beta\boldsymbol{L}\boldsymbol{x}-k\boldsymbol{y})-\boldsymbol{x}-\dot{\boldsymbol{y}}\in\partial g(\boldsymbol{x}+\dot{\boldsymbol{y}}),\tag{5.11}$$

$$(\boldsymbol{x}^*-\alpha\nabla\tilde{f}(\boldsymbol{x}^*)-\boldsymbol{w}^*)-\boldsymbol{x}^*\in\partial g(\boldsymbol{x}^*).\tag{5.12}$$

因此，由式（5.11）、式（5.12）以及$\partial g(\boldsymbol{x})$的凸性可以推导出

$$[-\alpha(\nabla\tilde{f}(\boldsymbol{x})-\nabla\tilde{f}(\boldsymbol{x}^*))-(\boldsymbol{w}-\boldsymbol{w}^*)-\beta\boldsymbol{L}\boldsymbol{x}-k\boldsymbol{y}-\dot{\boldsymbol{y}}]^{\mathrm{T}}(\boldsymbol{x}+\dot{\boldsymbol{y}}-\boldsymbol{x}^*)\geqslant 0.\tag{5.13}$$

进一步，可得

$$\begin{aligned}&-\alpha(\nabla\tilde{f}(\boldsymbol{x})-\nabla\tilde{f}(\boldsymbol{x}^*))^{\mathrm{T}}(\boldsymbol{x}-\boldsymbol{x}^*)-(\boldsymbol{w}-\boldsymbol{w}^*)^{\mathrm{T}}(\boldsymbol{x}-\boldsymbol{x}^*)-\\&\quad\beta\boldsymbol{x}^{\mathrm{T}}\boldsymbol{L}(\boldsymbol{x}-\boldsymbol{x}^*)-k\boldsymbol{y}^{\mathrm{T}}(\boldsymbol{x}-\boldsymbol{x}^*)-\dot{\boldsymbol{y}}^{\mathrm{T}}(\boldsymbol{x}-\boldsymbol{x}^*)\geqslant\\&\alpha(\nabla\tilde{f}(\boldsymbol{x})-\nabla\tilde{f}(\boldsymbol{x}^*))^{\mathrm{T}}\dot{\boldsymbol{y}}+(\boldsymbol{w}-\boldsymbol{w}^*)^{\mathrm{T}}\dot{\boldsymbol{y}}+\beta\boldsymbol{x}^{\mathrm{T}}\boldsymbol{L}\dot{\boldsymbol{y}}+k\boldsymbol{y}^{\mathrm{T}}\dot{\boldsymbol{y}}+\dot{\boldsymbol{y}}^{\mathrm{T}}\dot{\boldsymbol{y}}.\end{aligned}\tag{5.14}$$

因此，沿着式（5.10），V的导数可以写为

$$\begin{aligned}\dot{V}&=k\hat{\boldsymbol{x}}^{\mathrm{T}}\boldsymbol{y}+k\hat{\boldsymbol{y}}^{\mathrm{T}}\dot{\boldsymbol{y}}+\frac{1}{\alpha\beta}\hat{\boldsymbol{w}}^{\mathrm{T}}(\boldsymbol{Q}^{\mathrm{T}}\boldsymbol{L}\boldsymbol{Q})^{\mathrm{D}}\dot{\hat{\boldsymbol{w}}}\\&=k\hat{\boldsymbol{x}}^{\mathrm{T}}\boldsymbol{y}+k\hat{\boldsymbol{y}}^{\mathrm{T}}\dot{\boldsymbol{y}}+\hat{\boldsymbol{w}}^{\mathrm{T}}\hat{\boldsymbol{x}}+\hat{\boldsymbol{w}}^{\mathrm{T}}\dot{\hat{\boldsymbol{y}}}\\&\leqslant-\alpha(\nabla\tilde{f}(\boldsymbol{x})-\nabla\tilde{f}(\boldsymbol{x}^*))^{\mathrm{T}}(\boldsymbol{x}-\boldsymbol{x}^*)-\beta\hat{\boldsymbol{x}}^{\mathrm{T}}\boldsymbol{L}\hat{\boldsymbol{x}}-\\&\quad\hat{\boldsymbol{x}}^{\mathrm{T}}\dot{\boldsymbol{y}}-\beta\hat{\boldsymbol{x}}^{\mathrm{T}}\boldsymbol{L}\dot{\boldsymbol{y}}-\alpha(\nabla\tilde{f}(\boldsymbol{x})-\nabla\tilde{f}(\boldsymbol{x}^*))^{\mathrm{T}}\dot{\boldsymbol{y}}-\dot{\boldsymbol{y}}^{\mathrm{T}}\dot{\boldsymbol{y}}.\end{aligned}\tag{5.15}$$

已知：

$$\alpha(\nabla\tilde{f}(\boldsymbol{x})-\nabla\tilde{f}(\boldsymbol{x}^*))^{\mathrm{T}}(\boldsymbol{x}-\boldsymbol{x}^*)\geqslant m(\boldsymbol{x}-\boldsymbol{x}^*)^{\mathrm{T}}(\boldsymbol{x}-\boldsymbol{x}^*),$$

$$\|\nabla\tilde{f}(\boldsymbol{x})-\nabla\tilde{f}(\boldsymbol{x}^*)\|\leqslant\theta\|\boldsymbol{x}-\boldsymbol{x}^*\|,$$

并且

$$\begin{aligned}&-\hat{\boldsymbol{x}}^{\mathrm{T}}\dot{\boldsymbol{y}}-\beta\hat{\boldsymbol{x}}^{\mathrm{T}}\boldsymbol{L}\dot{\boldsymbol{y}}-\alpha(\nabla\tilde{f}(\boldsymbol{x})-\nabla\tilde{f}(\boldsymbol{x}^*))^{\mathrm{T}}\dot{\boldsymbol{y}}\\&\leqslant\hat{\boldsymbol{x}}^{\mathrm{T}}\hat{\boldsymbol{x}}+\frac{1}{4}\dot{\boldsymbol{y}}^{\mathrm{T}}\dot{\boldsymbol{y}}+\theta^2\hat{\boldsymbol{x}}^{\mathrm{T}}\hat{\boldsymbol{x}}+\frac{\alpha^2}{4}\dot{\boldsymbol{y}}^{\mathrm{T}}\dot{\boldsymbol{y}}+\beta^2\lambda_{\max}^2\hat{\boldsymbol{x}}^{\mathrm{T}}\hat{\boldsymbol{x}}+\frac{1}{4}\dot{\boldsymbol{y}}^{\mathrm{T}}\dot{\boldsymbol{y}}.\end{aligned}\tag{5.16}$$

因此可得

$$\begin{aligned}\dot{V}&\leqslant-(\alpha m+\beta\lambda_2-1-\theta^2-\beta^2\lambda_{\max}^2)\hat{\boldsymbol{x}}^{\mathrm{T}}\hat{\boldsymbol{x}}-(\frac{1}{2}-\frac{1}{4}\alpha^2)\dot{\boldsymbol{y}}^{\mathrm{T}}\dot{\boldsymbol{y}}\\&\leqslant 0.\end{aligned}\tag{5.17}$$

所以，$\hat{\boldsymbol{x}},\hat{\boldsymbol{y}}$ 和 $\hat{\boldsymbol{w}}$ 能够渐进收敛于 $\mathbf{0}$，这意味着式（5.3）可以通过式（5.6）收敛到平衡点，式（5.4）所述的分布式优化问题得到解决.

5.3.1.2 数值实验

本节将给出一个数值例子来说明所提算法的有效性，并说明该算法的性能. 考虑一个由 5 个智能体组成的连通无向多智能体拓扑结构，如图 5.1 所示.

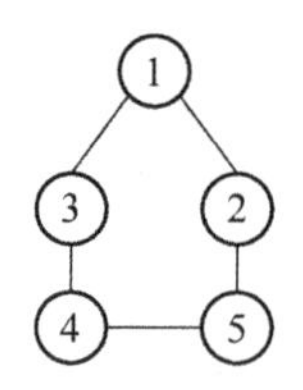

图 5.1 通信拓扑

局部代价函数如下：

$$g_i(\boldsymbol{x}_i)=\|\boldsymbol{x}_i\|, i=1,2,\cdots,5,$$

$$f_1(\boldsymbol{x}_1)=\|\boldsymbol{x}_1-4\|^2,$$

$$f_2(\boldsymbol{x}_2)=\|\boldsymbol{x}_2-2\|^2+\|\boldsymbol{x}_2\|,$$

$$f_3(\boldsymbol{x}_3)=\|\boldsymbol{x}_3\|^2+3,$$

$$f_4(\boldsymbol{x}_4)=\|\boldsymbol{x}_4-1\|^2,$$

$$f_5(\boldsymbol{x}_5)=2\|\boldsymbol{x}_5+1\|^2-\|\boldsymbol{x}_5\|.$$

显然，给定的 $g_i(\boldsymbol{x}_i)(i=1,2,\cdots,5)$ 是不可微的，并且给定的 $f_i(\boldsymbol{x}_i)(i=1,2,\cdots,5)$ 的梯度满足 Lipschitz 条件. 通信网络图的拉普拉斯矩阵如下：

$$\boldsymbol{L}=\begin{bmatrix} 2 & -1 & -1 & 0 & 0 \\ -1 & 2 & 0 & 0 & -1 \\ -1 & 0 & 2 & -1 & 0 \\ 0 & 0 & -1 & 2 & -1 \\ 0 & -1 & 0 & -1 & 2 \end{bmatrix}.$$

使用二阶多智能体系统（式（5.3））的式（5.6），令参数 $\alpha=1,\beta=1,k=4$，选择任意初始值 $\boldsymbol{w}_i(0)\left(\sum_{i=1}^{5}\boldsymbol{w}_i(0)=\mathbf{0}, i=1,2,\cdots,5\right)$，并设任意初始状态

为$\boldsymbol{x}_i(0)$. 图 5.2、图 5.3 分别给出了 5 个智能体在式（5.6）下的状态轨迹、梯度轨迹.

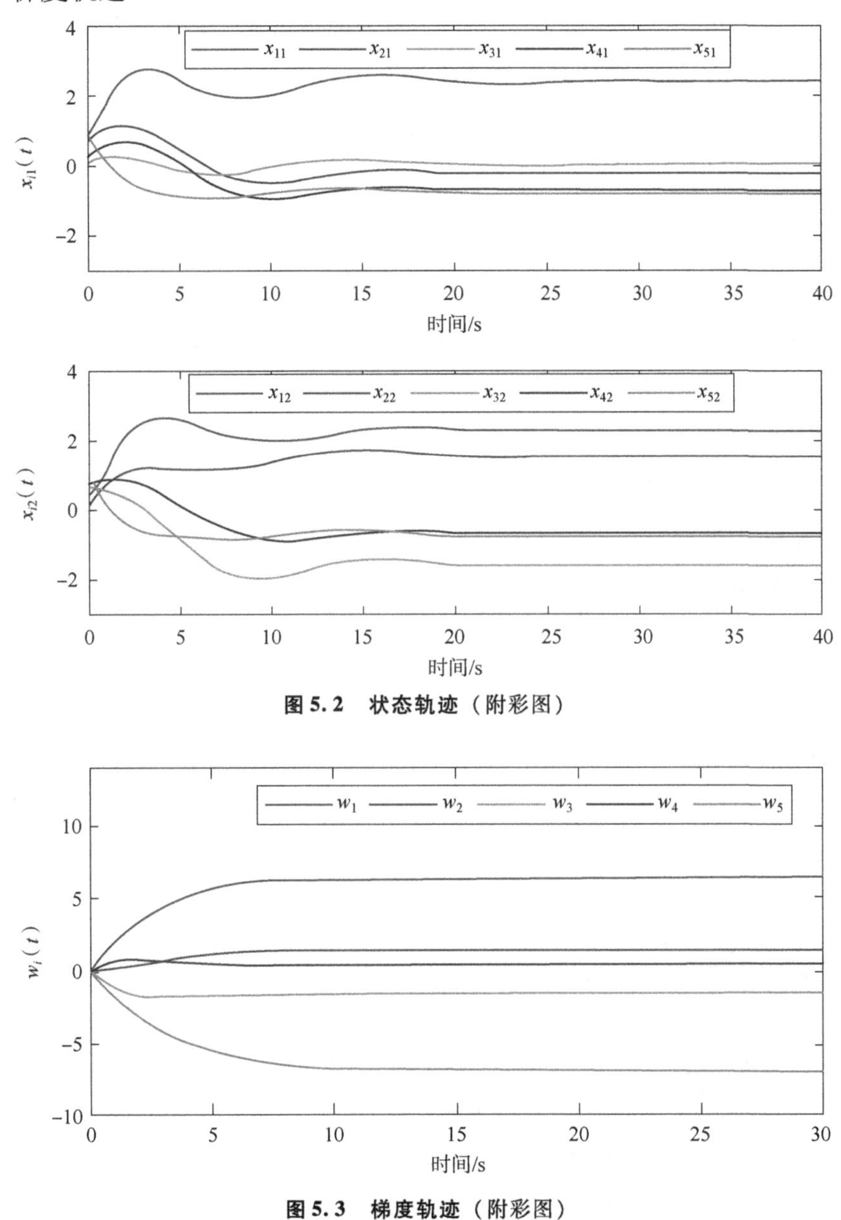

图 5.2　状态轨迹（附彩图）

图 5.3　梯度轨迹（附彩图）

可以看到，状态轨迹最终趋于平稳，这说明状态导数随着时间的增加趋于零.

5.3.2 基于近端梯度算法和拉格朗日方程的算法

5.3.2.1 算法设计及分析

考虑具有二阶动力学的 n 个智能体：

$$\ddot{\boldsymbol{x}}_i(t)=\boldsymbol{u}_i(t),$$

问题描述如式（5.4），并做如下假设：

假设 5.2

（1）$f_i(\cdot)$ 是一个二次可微的凸函数，并且对任意 $i\in\{1,2,\cdots,n\}$，$\nabla f_i(\cdot)$ 是 θ_i - Lipschitz 连续的.

（2）$f_i(\cdot)$ 是 m_i - 强凸的.

（3）$g_i(\cdot)$ 是在 $i\in\{1,2,\cdots,n\}$ 上的（非光滑）下半连续凸函数，其近端算子易获得.

（4）图 $\mathcal{G}$ 是无向连通的.

（5）式（5.4）至少存在一个有限解.

本节提出的基于近端梯度法和拉格朗日方程的算法如下：

$$\begin{cases}\dot{\boldsymbol{x}}_i=\boldsymbol{y}_i,\\ \dot{\boldsymbol{y}}_i=\operatorname{prox}_{g_i}\left(\boldsymbol{x}_i-\nabla f_i(\boldsymbol{x}_i)-\sum\limits_{j=1}^{n}a_{i,j}(\boldsymbol{\eta}_i-\boldsymbol{\eta}_j)-c\sum\limits_{j=1}^{n}a_{i,j}(\boldsymbol{x}_i-\boldsymbol{x}_j)-\beta\boldsymbol{y}_i\right)-\boldsymbol{x}_i-\gamma\boldsymbol{y}_i,\\ \dot{\boldsymbol{\eta}}_i=\sum\limits_{j=1}^{n}a_{i,j}(\boldsymbol{x}_i-\boldsymbol{x}_j)+\gamma\sum\limits_{j=1}^{n}a_{i,j}(\boldsymbol{y}_i-\boldsymbol{y}_j),\end{cases}\tag{5.18}$$

式中，$\gamma>0$；$\boldsymbol{y}_i\in\mathbb{R}^q$；$\boldsymbol{\eta}_i\in\mathbb{R}^q$；$a_{i,j}$ 是图 $\mathcal{G}$ 的加权邻接矩阵的第 (i,j) 个元素. 定义 $\boldsymbol{y}\triangleq[\boldsymbol{y}_1^{\mathrm{T}},\boldsymbol{y}_2^{\mathrm{T}},\cdots,\boldsymbol{y}_n^{\mathrm{T}}]^{\mathrm{T}}\in\mathbb{R}^{nq}$，$\boldsymbol{\eta}\triangleq[\boldsymbol{\eta}_1^{\mathrm{T}},\boldsymbol{\eta}_2^{\mathrm{T}},\cdots,\boldsymbol{\eta}_n^{\mathrm{T}}]^{\mathrm{T}}\in\mathbb{R}^{nq}$，$m\triangleq\min\{m_1,m_2,\cdots,m_n\}$ 并且 $\theta\triangleq\max\{\theta_1,\theta_2,\cdots,\theta_n\}$.

式（5.18）可以简写为

$$\begin{cases}\dot{\boldsymbol{x}}=\boldsymbol{y},\\ \dot{\boldsymbol{y}}=\operatorname{prox}_{g}(\boldsymbol{x}-\nabla f(\boldsymbol{x})-\boldsymbol{L}\boldsymbol{\eta}-c\boldsymbol{L}\boldsymbol{x}-\beta\boldsymbol{y})-\boldsymbol{x}-\gamma\boldsymbol{y},\\ \dot{\boldsymbol{\eta}}=\boldsymbol{L}(\boldsymbol{x}+\gamma\boldsymbol{y}).\end{cases}\tag{5.19}$$

注　式（5.19）是原始－对偶近端梯度法，用来求解拉格朗日函数 $\mathcal{L}(\boldsymbol{x},\boldsymbol{\eta})=f(\boldsymbol{x})+\boldsymbol{g}(\boldsymbol{x})+\boldsymbol{\eta}^{\mathrm{T}}\boldsymbol{L}\boldsymbol{x}$ 的鞍点，其中 $\boldsymbol{x}$ 是原始变量，$\boldsymbol{\eta}$ 是对偶变量. 注意：鞍点应满足以下条件 $\mathbf{0}\in\partial_{\boldsymbol{x}}\mathcal{L}(\boldsymbol{x},\boldsymbol{\eta})$ 并且 $\nabla_{\boldsymbol{\eta}}\mathcal{L}(\boldsymbol{x},\boldsymbol{\eta})=\mathbf{0}$.

注　因为近端算子 $\mathrm{prox}_g(\cdot)$ 是连续且非扩展的，所以尽管式（5.4）是一个非光滑问题，上述算法依旧是 Lipschitz 连续的.

然后，利用凸优化问题的 Karush－Kuhn－Tucker（KKT）条件[11]，可以得到以下引理.

引理 5.2

若假设 5.2 成立，点 $\boldsymbol{x}^*\in\mathbb{R}^{nq}$ 是式（5.4）的最小值，则等价于存在 $\boldsymbol{x}^*,\boldsymbol{y}^*,\boldsymbol{\eta}^*$，使得 $(\boldsymbol{x}^*,\boldsymbol{y}^*,\boldsymbol{\eta}^*)$ 为式（5.19）的一个平衡点，其中 $\boldsymbol{y}^*=\mathbf{0}_{nq}$ 且 $\boldsymbol{\eta}^*\in\mathbb{R}^{nq}$.

证明　必要性：假设 $(\boldsymbol{x}^*,\boldsymbol{y}^*,\boldsymbol{\eta}^*)$ 是式（5.19）的一个平衡点，通过式（5.1）与式（5.19）中近端算子的性质，可得

$$\begin{cases}-\nabla f(\boldsymbol{x}^*)-\boldsymbol{L}\boldsymbol{\eta}^*-c\boldsymbol{L}\boldsymbol{x}^*\in\partial g(\boldsymbol{x}^*),\\ \boldsymbol{L}\boldsymbol{x}^*=\mathbf{0}_{nq},\\ \boldsymbol{y}^*=\mathbf{0}_{nq}.\end{cases}$$

此外，可得 $\mathbf{0}_{nq}\in\nabla f(\boldsymbol{x}^*)+\partial g(\boldsymbol{x}^*)+\boldsymbol{L}\boldsymbol{\eta}^*$. 由凸优化问题的 Karush－Kuhn－Tucker（KKT）条件可知，$\boldsymbol{x}^*$ 是式（5.4）的最小解.

充分性：假设 $\boldsymbol{x}^*$ 是式（5.4）的解，由 Karush－Kuhn－Tucker（KKT）条件可知，存在 $\boldsymbol{\eta}^*\in\mathbb{R}^{nq}$ 使得

$$\begin{cases}\mathbf{0}_{nq}\in\nabla f(\boldsymbol{x}^*)+\boldsymbol{L}\boldsymbol{\eta}^*+\partial g(\boldsymbol{x}^*),\\ \boldsymbol{L}\boldsymbol{x}^*=\mathbf{0}_{nq}.\end{cases}$$

结合式（5.1）中近端算子的性质，可以推导出

$$\begin{cases}\mathrm{prox}_g(\boldsymbol{x}^*-\nabla f(\boldsymbol{x}^*)-\boldsymbol{L}\boldsymbol{\eta}^*)=\boldsymbol{x}^*,\\ \boldsymbol{L}\boldsymbol{x}^*=\mathbf{0}_{nq},\end{cases}\tag{5.20}$$

再结合条件 $c\boldsymbol{L}\boldsymbol{x}^*=\mathbf{0}_{nq}$ 和 $\boldsymbol{y}^*=\mathbf{0}_{nq}$，式（5.20）等价于

$$\begin{cases}\boldsymbol{y}^*=\mathbf{0}_{nq},\\ \mathrm{prox}_g(\boldsymbol{x}^*-\nabla f(\boldsymbol{x}^*)-\boldsymbol{L}\boldsymbol{\eta}^*-c\boldsymbol{L}\boldsymbol{x}^*-\beta\boldsymbol{y}^*)-\boldsymbol{x}^*-\gamma\boldsymbol{y}^*=\mathbf{0}_{nq},\\ \boldsymbol{L}\boldsymbol{x}^*=\mathbf{0}_{nq}.\end{cases}$$

也就是说，$(\boldsymbol{x}^*,\boldsymbol{y}^*,\boldsymbol{\eta}^*)$ 是式（5.19）的一个平衡点.

定义函数

$$V(\boldsymbol{x},\boldsymbol{y},\boldsymbol{\eta}) = V_1(\boldsymbol{x},\boldsymbol{y}) + V_2(\boldsymbol{x},\boldsymbol{y},\boldsymbol{\eta}), \tag{5.21}$$

式中，

$$V_1(\boldsymbol{x},\boldsymbol{y}) = \frac{\beta+2\gamma}{2}\|\boldsymbol{y}\|^2 + \frac{\beta+\gamma}{2}\|\boldsymbol{x}-\boldsymbol{x}^*\|^2 + \frac{c\gamma}{2}\boldsymbol{x}^{\mathrm{T}}\boldsymbol{L}\boldsymbol{x} + \gamma[f(\boldsymbol{x}) - f(\boldsymbol{x}^*) - (\boldsymbol{x}-\boldsymbol{x}^*)^{\mathrm{T}}\nabla f(\boldsymbol{x}^*)],$$

$$V_2(\boldsymbol{x},\boldsymbol{y},\boldsymbol{\eta}) = \frac{1}{2}\|\boldsymbol{\eta}-\boldsymbol{\eta}^*\|^2 + \boldsymbol{y}^{\mathrm{T}}\boldsymbol{L}(\boldsymbol{\eta}-\boldsymbol{\eta}^*) + \boldsymbol{y}^{\mathrm{T}}(\boldsymbol{x}-\boldsymbol{x}^* + c\boldsymbol{L}\boldsymbol{x}),$$

$(\boldsymbol{x}^*,\boldsymbol{y}^*,\boldsymbol{\eta}^*)$ 是式（5.19）的平衡点. 然后得到以下引理.

引理 5.3

若假设 5.2 成立，函数 $V(\boldsymbol{x},\boldsymbol{y},\boldsymbol{\eta})$ 沿式（5.19）的轨迹满足

$$\dot{V}(\boldsymbol{x},\boldsymbol{y},\boldsymbol{\eta}) \leqslant -(\nabla f(\boldsymbol{x}) - \nabla f(\boldsymbol{x}^*))^{\mathrm{T}}(\dot{\boldsymbol{y}}+\boldsymbol{x}-\boldsymbol{x}^*) - (\gamma(\beta+\gamma)-1)\|\boldsymbol{y}\|^2 - \|\dot{\boldsymbol{y}}\|^2 - \boldsymbol{x}^{\mathrm{T}}(c\boldsymbol{L} - 0.5\boldsymbol{L}^2)\boldsymbol{x} + \boldsymbol{y}^{\mathrm{T}}(c\boldsymbol{L} + (0.5+\gamma)\boldsymbol{L}^2)\boldsymbol{y}. \tag{5.22}$$

证明 假设 $(\boldsymbol{x}^*,\boldsymbol{y}^*,\boldsymbol{\eta}^*)$ 是式（5.19）的一个平衡点，然后有

$$\begin{cases} \boldsymbol{y}^* = \boldsymbol{0}_{nq}, \\ \mathrm{prox}_g(\boldsymbol{x}^* - \nabla f(\boldsymbol{x}^*) - \boldsymbol{L}\boldsymbol{\eta}^*) = \boldsymbol{x}^*, \\ \boldsymbol{L}\boldsymbol{x}^* = \boldsymbol{0}_{nq}. \end{cases} \tag{5.23}$$

由式（5.1）、式（5.19）和式（5.23）可知

$$(\boldsymbol{x} - \nabla f(\boldsymbol{x}) - \boldsymbol{L}\boldsymbol{\eta} - c\boldsymbol{L}\boldsymbol{x} - \beta\boldsymbol{y}) - \boldsymbol{x} - \dot{\boldsymbol{y}} - \gamma\boldsymbol{y} \in \partial g(\boldsymbol{x} + \dot{\boldsymbol{y}} + \gamma\boldsymbol{y}),$$

$$(\boldsymbol{x}^* - \nabla f(\boldsymbol{x}^*) - \boldsymbol{L}\boldsymbol{\eta}^*) - \boldsymbol{x}^* \in \partial g(\boldsymbol{x}^*).$$

由于 $g(\cdot)$ 是一个凸函数，$\partial g(\cdot)$是单调的，所以，

$$(-(\nabla f(\boldsymbol{x}) - \nabla f(\boldsymbol{x}^*)) - \boldsymbol{L}(\boldsymbol{\eta}-\boldsymbol{\eta}^*) - c\boldsymbol{L}\boldsymbol{x} - (\beta+\gamma)\boldsymbol{y} - \dot{\boldsymbol{y}})^{\mathrm{T}}(\boldsymbol{x} + \dot{\boldsymbol{y}} + \gamma\boldsymbol{y} - \boldsymbol{x}^*) \geqslant 0.$$

进一步可得

$$\begin{aligned} &\gamma(\nabla f(\boldsymbol{x}) - \nabla f(\boldsymbol{x}^*))^{\mathrm{T}}\boldsymbol{y} + (\beta+\gamma)\boldsymbol{y}^{\mathrm{T}}(\boldsymbol{x}-\boldsymbol{x}^*) + c\gamma\boldsymbol{y}^{\mathrm{T}}\boldsymbol{L}\boldsymbol{x} + (\beta+2\gamma)\boldsymbol{y}^{\mathrm{T}}\dot{\boldsymbol{y}} \\ &\leqslant -(\nabla f(\boldsymbol{x}) - \nabla f(\boldsymbol{x}^*))^{\mathrm{T}}\dot{\boldsymbol{y}} - c\dot{\boldsymbol{y}}^{\mathrm{T}}\boldsymbol{L}\boldsymbol{x} - \gamma(\beta+\gamma)\boldsymbol{y}^{\mathrm{T}}\boldsymbol{y} - \|\dot{\boldsymbol{y}}\|^2 - (\dot{\boldsymbol{y}} + \gamma\boldsymbol{y})^{\mathrm{T}}\boldsymbol{L}(\boldsymbol{\eta}-\boldsymbol{\eta}^*) - \\ &(\nabla f(\boldsymbol{x}) - \nabla f(\boldsymbol{x}^*))^{\mathrm{T}}(\boldsymbol{x}-\boldsymbol{x}^*) - (\boldsymbol{x}-\boldsymbol{x}^*)^{\mathrm{T}}\boldsymbol{L}(\boldsymbol{\eta}-\boldsymbol{\eta}^*) - c\boldsymbol{x}^{\mathrm{T}}\boldsymbol{L}\boldsymbol{x} - \dot{\boldsymbol{y}}^{\mathrm{T}}(\boldsymbol{x}-\boldsymbol{x}^*). \end{aligned} \tag{5.24}$$

注意到 $\boldsymbol{L}\boldsymbol{x}^*=\boldsymbol{0}_{nq}$，$\boldsymbol{y}^{\mathrm{T}}\dot{\boldsymbol{y}}=\frac{1}{2}\cdot\frac{\mathrm{d}}{\mathrm{d}t}\|\boldsymbol{y}\|^2$，$\boldsymbol{y}^{\mathrm{T}}(\boldsymbol{x}-\boldsymbol{x}^*)=\frac{1}{2}\cdot\frac{\mathrm{d}}{\mathrm{d}t}\|\boldsymbol{x}-\boldsymbol{x}^*\|^2$，$\boldsymbol{y}^{\mathrm{T}}\boldsymbol{L}\boldsymbol{x}=\frac{1}{2}\cdot\frac{\mathrm{d}}{\mathrm{d}t}\boldsymbol{x}^{\mathrm{T}}\boldsymbol{L}\boldsymbol{x}$，且 $(\nabla f(\boldsymbol{x})-\nabla f(\boldsymbol{x}^*))^{\mathrm{T}}\boldsymbol{y}=\frac{\mathrm{d}}{\mathrm{d}t}[f(\boldsymbol{x})-f(\boldsymbol{x}^*)-(\boldsymbol{x}-\boldsymbol{x}^*)^{\mathrm{T}}\nabla f(\boldsymbol{x}^*)]$. 因此，

$$
\begin{aligned}
\dot{V}_1(\boldsymbol{x},\boldsymbol{y})=&(\beta+2\gamma)\boldsymbol{y}^{\mathrm{T}}\dot{\boldsymbol{y}}+(\beta+\gamma)\boldsymbol{y}^{\mathrm{T}}(\boldsymbol{x}-\boldsymbol{x}^*)+c\gamma\boldsymbol{y}^{\mathrm{T}}\boldsymbol{L}\boldsymbol{x}+\gamma(\nabla f(\boldsymbol{x})-\nabla f(\boldsymbol{x}^*))^{\mathrm{T}}\boldsymbol{y}\\
\leqslant&-(\nabla f(\boldsymbol{x})-\nabla f(\boldsymbol{x}^*))^{\mathrm{T}}(\boldsymbol{x}-\boldsymbol{x}^*)-\gamma(\beta+\gamma)\|\boldsymbol{y}\|^2-\|\dot{\boldsymbol{y}}\|^2-c\boldsymbol{x}^{\mathrm{T}}\boldsymbol{L}\boldsymbol{x}-\\
&(\boldsymbol{x}-\boldsymbol{x}^*)^{\mathrm{T}}\boldsymbol{L}(\boldsymbol{\eta}-\boldsymbol{\eta}^*)-\dot{\boldsymbol{y}}^{\mathrm{T}}(\boldsymbol{x}-\boldsymbol{x}^*)-\\
&(\nabla f(\boldsymbol{x})-\nabla f(\boldsymbol{x}^*))^{\mathrm{T}}\dot{\boldsymbol{y}}-(\dot{\boldsymbol{y}}+\gamma\boldsymbol{y})^{\mathrm{T}}\boldsymbol{L}(\boldsymbol{\eta}-\boldsymbol{\eta}^*)-c\dot{\boldsymbol{y}}^{\mathrm{T}}\boldsymbol{L}\boldsymbol{x}\\
=&-(\nabla f(\boldsymbol{x})-\nabla f(\boldsymbol{x}^*))^{\mathrm{T}}(\dot{\boldsymbol{y}}+\boldsymbol{x}-\boldsymbol{x}^*)-\gamma(\beta+\gamma)\|\boldsymbol{y}\|^2-\|\dot{\boldsymbol{y}}\|^2-c\boldsymbol{x}^{\mathrm{T}}\boldsymbol{L}\boldsymbol{x}-\\
&(\boldsymbol{x}-\boldsymbol{x}^*+\dot{\boldsymbol{y}}+\gamma\boldsymbol{y})^{\mathrm{T}}\boldsymbol{L}(\boldsymbol{\eta}-\boldsymbol{\eta}^*)-\dot{\boldsymbol{y}}^{\mathrm{T}}(\boldsymbol{x}-\boldsymbol{x}^*+c\boldsymbol{L}\boldsymbol{x})\\
=&-(\nabla f(\boldsymbol{x})-\nabla f(\boldsymbol{x}^*))^{\mathrm{T}}(\dot{\boldsymbol{y}}+\boldsymbol{x}-\boldsymbol{x}^*)-\gamma(\beta+\gamma)\|\boldsymbol{y}\|^2-\|\dot{\boldsymbol{y}}\|^2-c\boldsymbol{x}^{\mathrm{T}}\boldsymbol{L}\boldsymbol{x}-\\
&(\boldsymbol{x}+\dot{\boldsymbol{y}}+\gamma\boldsymbol{y})^{\mathrm{T}}\boldsymbol{L}(\boldsymbol{\eta}-\boldsymbol{\eta}^*)-\dot{\boldsymbol{y}}^{\mathrm{T}}(\boldsymbol{x}-\boldsymbol{x}^*+c\boldsymbol{L}\boldsymbol{x}).
\end{aligned}
$$

由式（5. 19）可知

$$
\begin{aligned}
\dot{V}_2(\boldsymbol{x},\boldsymbol{y},\boldsymbol{\eta})=&(\boldsymbol{\eta}-\boldsymbol{\eta}^*)^{\mathrm{T}}\boldsymbol{L}(\boldsymbol{x}+\gamma\boldsymbol{y})+\dot{\boldsymbol{y}}^{\mathrm{T}}\boldsymbol{L}(\boldsymbol{\eta}-\boldsymbol{\eta}^*)+\boldsymbol{y}^{\mathrm{T}}\boldsymbol{L}^2(\boldsymbol{x}+\gamma\boldsymbol{y})+\\
&\dot{\boldsymbol{y}}^{\mathrm{T}}(\boldsymbol{x}-\boldsymbol{x}^*+c\boldsymbol{L}\boldsymbol{x})+\|\boldsymbol{y}\|^2+\boldsymbol{y}^{\mathrm{T}}\boldsymbol{L}\boldsymbol{y}\\
=&(\boldsymbol{\eta}-\boldsymbol{\eta}^*)^{\mathrm{T}}\boldsymbol{L}(\boldsymbol{x}+\dot{\boldsymbol{y}}+\gamma\boldsymbol{y})+\boldsymbol{y}^{\mathrm{T}}\boldsymbol{L}^2(\boldsymbol{x}+\gamma\boldsymbol{y})+\\
&\dot{\boldsymbol{y}}^{\mathrm{T}}(\boldsymbol{x}-\boldsymbol{x}^*+c\boldsymbol{L}\boldsymbol{x})+\|\boldsymbol{y}\|^2+c\boldsymbol{y}^{\mathrm{T}}\boldsymbol{L}\boldsymbol{y}.
\end{aligned}
$$

结合条件 $\boldsymbol{y}^{\mathrm{T}}\boldsymbol{L}^2\boldsymbol{x}\leqslant0.5\boldsymbol{y}^{\mathrm{T}}\boldsymbol{L}^2\boldsymbol{y}+0.5\boldsymbol{x}^{\mathrm{T}}\boldsymbol{L}^2\boldsymbol{x}$，由 $\dot{V}_1(\boldsymbol{x},\boldsymbol{y})$ 和 $\dot{V}_2(\boldsymbol{x},\boldsymbol{y},\boldsymbol{\eta})$ 求和可得

$$
\begin{aligned}
\dot{V}(\boldsymbol{x},\boldsymbol{y},\boldsymbol{\eta})=&\dot{V}_1(\boldsymbol{x},\boldsymbol{y})+\dot{V}_2(\boldsymbol{x},\boldsymbol{y},\boldsymbol{\eta})\\
\leqslant&-(\nabla f(\boldsymbol{x})-\nabla f(\boldsymbol{x}^*))^{\mathrm{T}}(\dot{\boldsymbol{y}}+\boldsymbol{x}-\boldsymbol{x}^*)-[\gamma(\beta+\gamma)-1]\|\boldsymbol{y}\|^2-\\
&\|\dot{\boldsymbol{y}}\|^2-c\boldsymbol{x}^{\mathrm{T}}\boldsymbol{L}\boldsymbol{x}+\boldsymbol{y}^{\mathrm{T}}\boldsymbol{L}^2\boldsymbol{x}+\gamma\boldsymbol{y}^{\mathrm{T}}\boldsymbol{L}^2\boldsymbol{y}+c\boldsymbol{y}^{\mathrm{T}}\boldsymbol{L}\boldsymbol{y}\\
\leqslant&-(\nabla f(\boldsymbol{x})-\nabla f(\boldsymbol{x}^*))^{\mathrm{T}}(\dot{\boldsymbol{y}}+\boldsymbol{x}-\boldsymbol{x}^*)-[\gamma(\beta+\gamma)-1]\|\boldsymbol{y}\|^2-\|\dot{\boldsymbol{y}}\|^2-c\boldsymbol{x}^{\mathrm{T}}\boldsymbol{L}\boldsymbol{x}+\\
&0.5\boldsymbol{y}^{\mathrm{T}}\boldsymbol{L}^2\boldsymbol{y}+0.5\boldsymbol{x}^{\mathrm{T}}\boldsymbol{L}^2\boldsymbol{x}+\gamma\boldsymbol{y}^{\mathrm{T}}\boldsymbol{L}^2\boldsymbol{y}+c\boldsymbol{y}^{\mathrm{T}}\boldsymbol{L}\boldsymbol{y}\\
\leqslant&-(\nabla f(\boldsymbol{x})-\nabla f(\boldsymbol{x}^*))^{\mathrm{T}}(\dot{\boldsymbol{y}}+\boldsymbol{x}-\boldsymbol{x}^*)-[\gamma(\beta+\gamma)-1]\|\boldsymbol{y}\|^2-\|\dot{\boldsymbol{y}}\|^2-\\
&\boldsymbol{x}^{\mathrm{T}}(c\boldsymbol{L}-0.5\boldsymbol{L}^2)\boldsymbol{x}+\boldsymbol{y}^{\mathrm{T}}(c\boldsymbol{L}+(0.5+\gamma)\boldsymbol{L}^2)\boldsymbol{y}.
\end{aligned}
\tag{5.25}
$$

我们可得以下结果.

定理 5.2

若假设 5.2 成立，考虑式（5.19）．如果正常数 m,θ,β,γ 和 c 满足以下不等式：

$$\begin{cases}\gamma\geqslant 1,\\ c\geqslant 0.5\lambda_{\max},\\ m-\dfrac{\theta^2}{4}>0,\\ \beta+2\gamma-1-c\lambda_{\max}-2\lambda_{\max}^2\geqslant 0,\\ \gamma(\beta+\gamma)-1-c\lambda_{\max}-(0.5+\gamma)\lambda_{\max}^2\geqslant 0,\end{cases}\tag{5.26}$$

那么可得

（ⅰ）函数 $V(\boldsymbol{x},\boldsymbol{y},\boldsymbol{\eta})$ 是正定的，且 $V(\boldsymbol{x},\boldsymbol{y},\boldsymbol{\eta})=0$ 当且仅当 $(\boldsymbol{x},\boldsymbol{y},\boldsymbol{\eta})=(\boldsymbol{x}^*,\boldsymbol{y}^*,\boldsymbol{\eta}^*)$；

（ⅱ）系数实现了分布式最优一致性．

注 如果已知智能体间通信拓扑，那么参数 β,γ 和 c 很容易选择．无论 $\lambda_{\max}$ 有多大，在选定参数 γ 和 c 后，就能调整参数 β 使它适宜，满足式（5.26）中最后两个不等式．θ 和 m 与给定的目标函数有关，可以通过比例变换来进行调整．例如，对于任意的 $\rho>0$，最小化目标函数 $f(\boldsymbol{x})+g(\boldsymbol{x})$ 都等价于最小化 $\rho(f(\boldsymbol{x})+g(\boldsymbol{x}))$．因此，$\theta$ 和 m 可以通过 ρ 来缩放，以满足不等式约束 $\tilde{m}-\dfrac{\tilde{\theta}^2}{4}>0$，其中 $\tilde{m}=\rho m$ 且 $\tilde{\theta}=\rho\theta$．据此，将式（5.18）修改为

$$\begin{cases}\dot{\boldsymbol{x}}_i=\boldsymbol{y}_i,\\ \dot{\boldsymbol{y}}_i=\operatorname{prox}_{\tilde{g}_i}\Big(\boldsymbol{x}_i-\nabla\tilde{f}_i(\boldsymbol{x}_i)-\displaystyle\sum_{j=1}^n a_{i,j}(\boldsymbol{\eta}_i-\boldsymbol{\eta}_j)-c\sum_{j=1}^n a_{i,j}(\boldsymbol{x}_i-\boldsymbol{x}_j)-\beta\boldsymbol{y}_i\Big)-\boldsymbol{x}_i-\gamma\boldsymbol{y}_i,\\ \dot{\boldsymbol{\eta}}_i=\displaystyle\sum_{j=1}^n a_{i,j}(\boldsymbol{x}_i-\boldsymbol{x}_j)+\gamma\sum_{j=1}^n a_{i,j}(\boldsymbol{y}_i-\boldsymbol{y}_j),\end{cases}\tag{5.27}$$

式中，$\tilde{f}_i=\rho f_i$ 且 $\tilde{g}_i=\rho g_i$．

证明 （ⅰ）设 $V(\boldsymbol{x},\boldsymbol{y},\boldsymbol{\eta})$ 如式（5.21）中所定义．因此 $f(\boldsymbol{x})$ 是一个凸函数，由此可见，

$$f(\boldsymbol{x})-f(\boldsymbol{x}^*)-(\boldsymbol{x}-\boldsymbol{x}^*)^{\mathrm{T}}\nabla f(\boldsymbol{x}^*)\geqslant 0. \tag{5.28}$$

因此，

$$\begin{aligned}V_1(\boldsymbol{x},\boldsymbol{y})=&\frac{\beta+2\gamma}{2}\|\boldsymbol{y}\|^2+\frac{\beta+\gamma}{2}\|\boldsymbol{x}-\boldsymbol{x}^*\|^2+\frac{c\gamma}{2}\boldsymbol{x}^{\mathrm{T}}\boldsymbol{L}\boldsymbol{x}+\\&\gamma[f(\boldsymbol{x})-f(\boldsymbol{x}^*)-(\boldsymbol{x}-\boldsymbol{x}^*)^{\mathrm{T}}\nabla f(\boldsymbol{x}^*)]\\\geqslant&0.\end{aligned}$$

结合条件 $\boldsymbol{x}^{\mathrm{T}}\boldsymbol{y}\geqslant-\boldsymbol{x}^{\mathrm{T}}\boldsymbol{x}-\frac{1}{4}\boldsymbol{y}^{\mathrm{T}}\boldsymbol{y}$ 和 $\boldsymbol{x}^{\mathrm{T}}\boldsymbol{y}\geqslant-\frac{1}{2}\boldsymbol{x}^{\mathrm{T}}\boldsymbol{x}-\frac{1}{2}\boldsymbol{y}^{\mathrm{T}}\boldsymbol{y}$，可以推断出

$$\begin{aligned}V_2(\boldsymbol{x},\boldsymbol{y},\boldsymbol{\eta})=&\frac{1}{2}\|\boldsymbol{\eta}-\boldsymbol{\eta}^*\|^2+\boldsymbol{y}^{\mathrm{T}}\boldsymbol{L}(\boldsymbol{\eta}-\boldsymbol{\eta}^*)+\boldsymbol{y}^{\mathrm{T}}(\boldsymbol{x}-\boldsymbol{x}^*+c\boldsymbol{L}\boldsymbol{x}),\\\geqslant&\frac{1}{2}\|\boldsymbol{\eta}-\boldsymbol{\eta}^*\|^2-\boldsymbol{y}^{\mathrm{T}}\boldsymbol{L}^2\boldsymbol{y}-\frac{1}{4}\|\boldsymbol{\eta}-\boldsymbol{\eta}^*\|^2-\\&\frac{1}{2}\boldsymbol{y}^{\mathrm{T}}\boldsymbol{y}-\frac{1}{2}\|\boldsymbol{x}-\boldsymbol{x}^*\|^2-\frac{c}{2}\boldsymbol{y}^{\mathrm{T}}\boldsymbol{L}\boldsymbol{y}-\frac{c}{2}\boldsymbol{x}^{\mathrm{T}}\boldsymbol{L}\boldsymbol{x}.\end{aligned}$$

结合 $V_1(\boldsymbol{x},\boldsymbol{y})$ 和 $V_2(\boldsymbol{x},\boldsymbol{y},\boldsymbol{\eta})$，可知

$$\begin{aligned}V(\boldsymbol{x},\boldsymbol{y},\boldsymbol{\eta})\geqslant&\left(\frac{\beta+2\gamma-2\lambda_{\max}^2-1-c\lambda_{\max}}{2}\right)\|\boldsymbol{y}\|^2+\frac{c\gamma-c}{2}\boldsymbol{x}^{\mathrm{T}}\boldsymbol{L}\boldsymbol{x}+\\&\frac{\beta+\gamma-1}{2}\|\boldsymbol{x}-\boldsymbol{x}^*\|^2+\frac{1}{4}\|\boldsymbol{\eta}-\boldsymbol{\eta}^*\|^2.\end{aligned}$$

根据条件 $\gamma>1$ 和 $\beta+2\gamma-1-c\lambda_{\max}-2\lambda_{\max}^2>0$，可知 $V(\boldsymbol{x},\boldsymbol{y},\boldsymbol{\eta})$ 是正定的. 显然，$V(\boldsymbol{x},\boldsymbol{y},\boldsymbol{\eta})=0$ 当且仅当 $(\boldsymbol{x},\boldsymbol{y},\boldsymbol{\eta})=(\boldsymbol{x}^*,\boldsymbol{y}^*,\boldsymbol{\eta}^*)$.

(ⅱ) 由引理5.3可知，

$$\begin{aligned}\dot{V}(\boldsymbol{x},\boldsymbol{y},\boldsymbol{\eta})\leqslant&-(\nabla f(\boldsymbol{x})-\nabla f(\boldsymbol{x}^*))^{\mathrm{T}}(\dot{\boldsymbol{y}}+\boldsymbol{x}-\boldsymbol{x}^*)-(\gamma(\beta+\gamma)-1)\|\boldsymbol{y}\|^2-\\&\|\dot{\boldsymbol{y}}\|^2-\boldsymbol{x}^{\mathrm{T}}(c\boldsymbol{L}-0.5\boldsymbol{L}^2)\boldsymbol{x}+\boldsymbol{y}^{\mathrm{T}}(c\boldsymbol{L}+(0.5+\gamma)\boldsymbol{L}^2)\boldsymbol{y}\\\leqslant&-m(\boldsymbol{x}-\boldsymbol{x}^*)^{\mathrm{T}}(\boldsymbol{x}-\boldsymbol{x}^*)-(\nabla f(\boldsymbol{x})-\nabla f(\boldsymbol{x}^*))^{\mathrm{T}}\dot{\boldsymbol{y}}-(\gamma(\beta+\gamma)-1)\|\boldsymbol{y}\|^2-\|\dot{\boldsymbol{y}}\|^2-\\&\boldsymbol{x}^{\mathrm{T}}(c\boldsymbol{L}-0.5\boldsymbol{L}^2)\boldsymbol{x}+\boldsymbol{y}^{\mathrm{T}}(c\boldsymbol{L}+(0.5+\gamma)\boldsymbol{L}^2)\boldsymbol{y}\\\leqslant&-m(\boldsymbol{x}-\boldsymbol{x}^*)^{\mathrm{T}}(\boldsymbol{x}-\boldsymbol{x}^*)+\frac{\theta^2}{4}(\boldsymbol{x}-\boldsymbol{x}^*)^{\mathrm{T}}(\boldsymbol{x}-\boldsymbol{x}^*)+\dot{\boldsymbol{y}}^{\mathrm{T}}\dot{\boldsymbol{y}}-(\gamma(\beta+\gamma)-1)\boldsymbol{y}^2-\|\dot{\boldsymbol{y}}\|^2-\\&\boldsymbol{x}^{\mathrm{T}}(c\boldsymbol{L}-0.5\boldsymbol{L}^2)\boldsymbol{x}+(c\lambda_{\max}+(0.5+\gamma)\lambda_{\max}^2)\boldsymbol{y}^{\mathrm{T}}\boldsymbol{y}\\\leqslant&-\varepsilon(\boldsymbol{x}-\boldsymbol{x}^*)^{\mathrm{T}}(\boldsymbol{x}-\boldsymbol{x}^*)-\boldsymbol{x}^{\mathrm{T}}(c\boldsymbol{L}-0.5\boldsymbol{L}^2)\boldsymbol{x}-\varpi\boldsymbol{y}^{\mathrm{T}}\boldsymbol{y},\end{aligned} \tag{5.29}$$

式中，$\varepsilon=m-\frac{\theta^2}{4}$；$\varpi=\gamma(\beta+\gamma)-1-c\lambda_{\max}-(0.5+\gamma)\lambda_{\max}^2$.

当 $c\geqslant0.5\lambda_{\max}$ 时，可知 $-\boldsymbol{x}^{\mathrm{T}}(c\boldsymbol{L}-0.5\boldsymbol{L}^2)\boldsymbol{x}\leqslant0$. 由此，结合式（5.26）中

的条件 $m-\frac{\theta^2}{4}>0$ 和 $\gamma(\beta+\gamma)-1-c\lambda_{\max}-(0.5+\gamma)\lambda_{\max}^2>0$，可以推断出 $\dot{V}(\boldsymbol{x},\boldsymbol{y},\boldsymbol{\eta})\leqslant 0$.

对于任意的 $(\boldsymbol{x},\boldsymbol{y},\boldsymbol{\eta})\in\mathbb{R}^{nq}\times\mathbb{R}^{nq}\times\mathbb{R}^{nq}$，$V(\boldsymbol{x},\boldsymbol{y},\boldsymbol{\eta})$ 都是正定的. $V(\boldsymbol{x},\boldsymbol{y},\boldsymbol{\eta})=0$ 当且仅当 $(\boldsymbol{x},\boldsymbol{y},\boldsymbol{\eta})=(\boldsymbol{x}^*,\boldsymbol{y}^*,\boldsymbol{\eta}^*)$，且随着 $(\boldsymbol{x},\boldsymbol{y},\boldsymbol{\eta})\to\infty$，$V(\boldsymbol{x},\boldsymbol{y},\boldsymbol{\eta})\to\infty$. 因此，对所有的 $t>0$，解 $(\boldsymbol{x},\ \boldsymbol{y},\ \boldsymbol{\eta})$ 都是有界的. 令 $\mathcal{Z}=\{(\boldsymbol{x},\boldsymbol{y},\boldsymbol{\eta})\in\mathbb{R}^{nq}\times\mathbb{R}^{nq}\times\mathbb{R}^{nq}:\dot{V}(\boldsymbol{x},\boldsymbol{y},\boldsymbol{\eta})=0\}\subset\{(\boldsymbol{x},\boldsymbol{y},\boldsymbol{\eta})\in\mathbb{R}^{nq}\times\mathbb{R}^{nq}\times\mathbb{R}^{nq}:\varepsilon(\boldsymbol{x}-\boldsymbol{x}^*)^{\mathrm{T}}(\boldsymbol{x}-\boldsymbol{x}^*)=0,\boldsymbol{x}^{\mathrm{T}}(c\boldsymbol{L}_q-0.5\boldsymbol{L}_q^2)\boldsymbol{x}=0,\varpi\boldsymbol{y}^{\mathrm{T}}\boldsymbol{y}=0\}$. 令 $\mathcal{M}$ 为 $\overline{\mathcal{Z}}$ 的最大不变子集. 由引理 5.1 可知，随着 $t\to\infty$，$(\boldsymbol{x}(t),\boldsymbol{y}(t),\boldsymbol{\eta}(t))\to\mathcal{M}$. 注意到如果 $\boldsymbol{x}\neq\boldsymbol{x}^*$，那么 $\varepsilon(\boldsymbol{x}-\boldsymbol{x}^*)^{\mathrm{T}}(\boldsymbol{x}-\boldsymbol{x}^*)>0$，因为 $\varepsilon>0$. 因此，随着 $t\to\infty$，$\boldsymbol{x}(t)\to\boldsymbol{x}^*$，求解了式 (5.4) 的分布式最优一致性.

5.3.3 数值仿真

本节给出一个数值例子来说明所提算法在二阶多智能体系统一致性最优问题上的有效性. 考虑一个由 6 个智能体组成的连通无向多智能体系统，如图 5.4 所示.

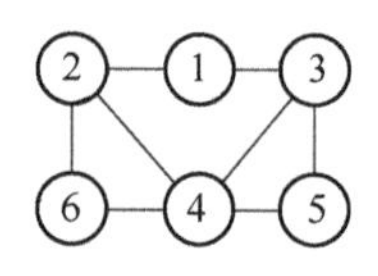

图 5.4 通信拓扑

考虑下面的非光滑一致性优化问题：

$$\begin{aligned}&\min\sum_{i=1}^{6}(f_i(x_i)+g_i(x_i)),\\&\text{s.t.}\quad x_i=x_j,\qquad\forall i,j\in\{1,2,\cdots,6\},\end{aligned}$$

式中，$x_i\in\mathbb{R}$ 且局部代价函数为

$$\begin{aligned}g_i(x_i)&=|x_i|,\quad i=1,2,\cdots,6,\\f_1(x_1)&=|x_1-4|^2,\\f_2(x_2)&=|x_2-2|^2+x_2,\\f_3(x_3)&=|x_3|^2+3,\\f_4(x_4)&=|x_4-1|^2,\\f_5(x_5)&=|x_5+1|^2-x_5,\\f_6(x_6)&=|x_6-2|^2.\end{aligned}$$

$f_i(x_i)$ 和 $g_i(x_i)$ 分别代表二次目标函数和每个智能体 i 距离零点的 l_1 罚函数[6].

显然，$g_i(x_i)(i=1,2,\cdots,6)$是不可微的. $f_i(x_i)(i=1,2,\cdots,6)$是m_i－强凸且梯度满足θ_i－Lipschitz 条件. 令$\theta=2,m=2$. 图 5.4 所对应的拉普拉斯矩阵的最大特征值为6. 用式（5.27）求解上述二阶多智能体系统的最优一致性问题，然后令$\boldsymbol{\beta}=80$，$\gamma=10$，$c=3$，以满足定理 5.2 中的不等式. 将 6 个智能体的初始状态设为$\boldsymbol{x}(0)=[-4;6;-3;2;5;-5]$，初始$\boldsymbol{y}$和$\boldsymbol{\eta}$是零向量. 图 5.5 分别展示了这 6 个智能体的状态x_i与y_i的轨迹. 从图 5.6 中很容易看出，6 个智能体的状态最终达到一致.

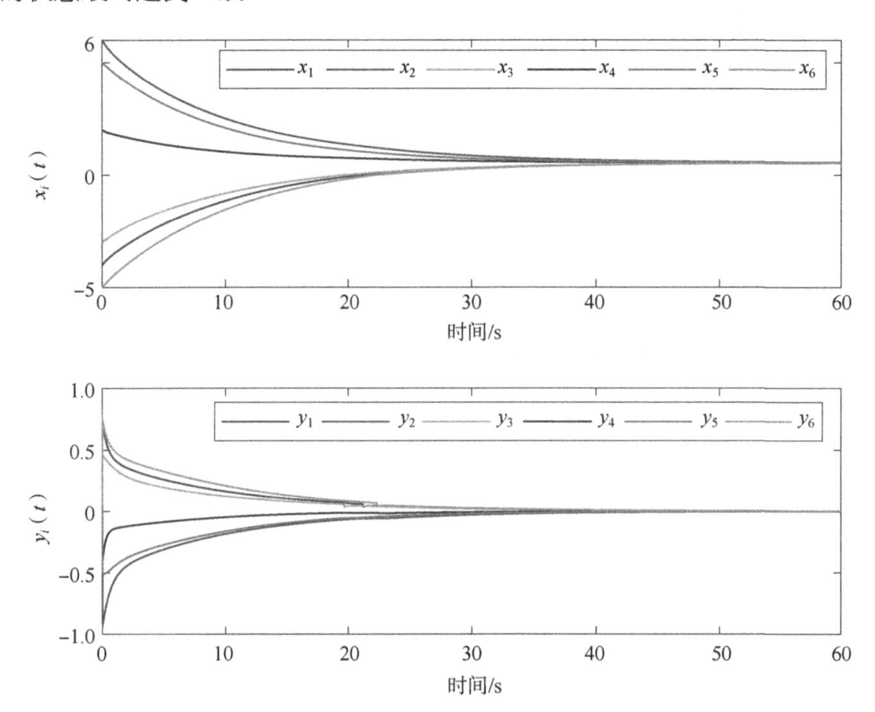

图 5.5 状态 x_i 和 $y_i(i=1,2,\cdots,6)$ 的轨迹（附彩图）

图 5.6 展示了每个智能体的对偶变量$\boldsymbol{\eta}_i$的轨迹. 图 5.7 描述了目标函数的轨迹，简写为$f(\boldsymbol{x})+g(\boldsymbol{x})$. 此外，图 5.7 中的虚线表示由理论计算得到的目标函数的最小值 25.

选择拉格朗日函数$\mathcal{L}(\boldsymbol{x},\boldsymbol{\eta})=f(\boldsymbol{x})+g(\boldsymbol{x})+\boldsymbol{\eta}^{\mathrm{T}}\boldsymbol{L}\boldsymbol{x}$，其中$\boldsymbol{x}$是原始变量，$\boldsymbol{\eta}$是对偶变量. 图 5.8 所示为$\partial_{\boldsymbol{x}}\mathcal{L}(\boldsymbol{x},\boldsymbol{\eta})=\nabla f(\boldsymbol{x})+\partial g(\boldsymbol{x})+\boldsymbol{L}\boldsymbol{\eta}$和$\nabla_{\boldsymbol{\eta}}\mathcal{L}(\boldsymbol{x},\boldsymbol{\eta})=\boldsymbol{L}\boldsymbol{x}$的轨迹. 用$\mathcal{N}(\partial_{\boldsymbol{x}}\mathcal{L}(\boldsymbol{x},\boldsymbol{\eta}))$表示$\partial_{\boldsymbol{x}}\mathcal{L}(\boldsymbol{x},\boldsymbol{\eta})$中具有最小范数的元素. 由图 5.8 可知，随着$t\to\infty$，$\mathcal{N}(\partial_{\boldsymbol{x}}\mathcal{L}(\boldsymbol{x}(t),\boldsymbol{\eta}(t)))\to 0$且$\nabla_{\boldsymbol{\eta}}\mathcal{L}(\boldsymbol{x}(t),\boldsymbol{\eta}(t))\to 0$，这意味着优化问题得到解决.

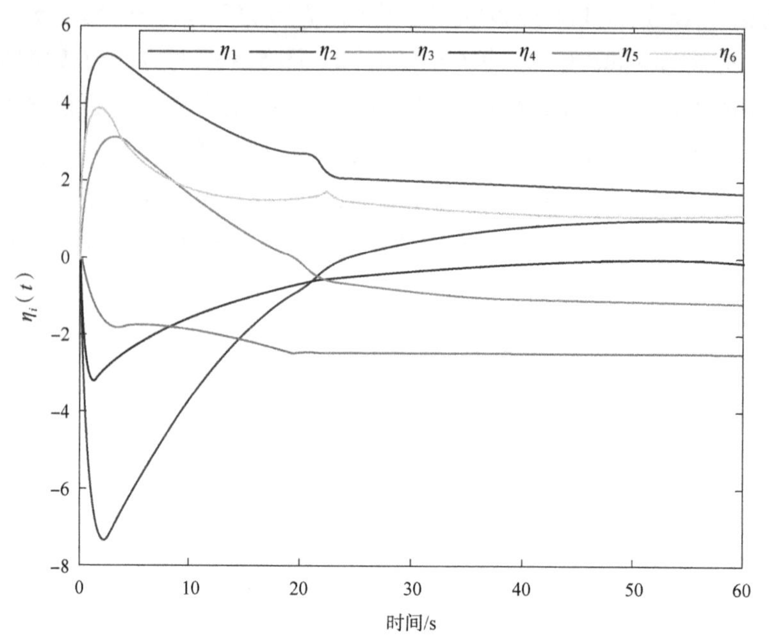

图 5.6　对偶变量 $\eta_i(i=1,2,\cdots,6)$ 的轨迹（附彩图）

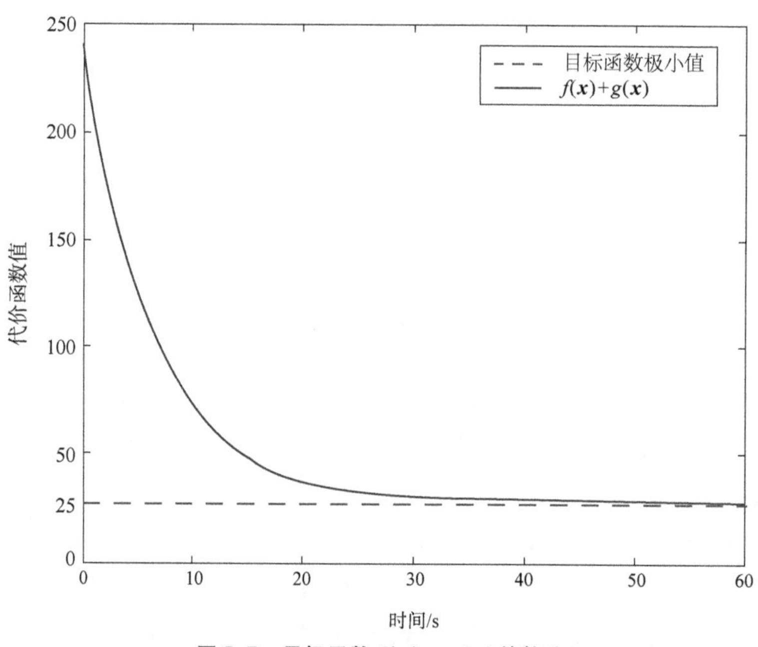

图 5.7　目标函数 $f(x)+g(x)$ 的轨迹

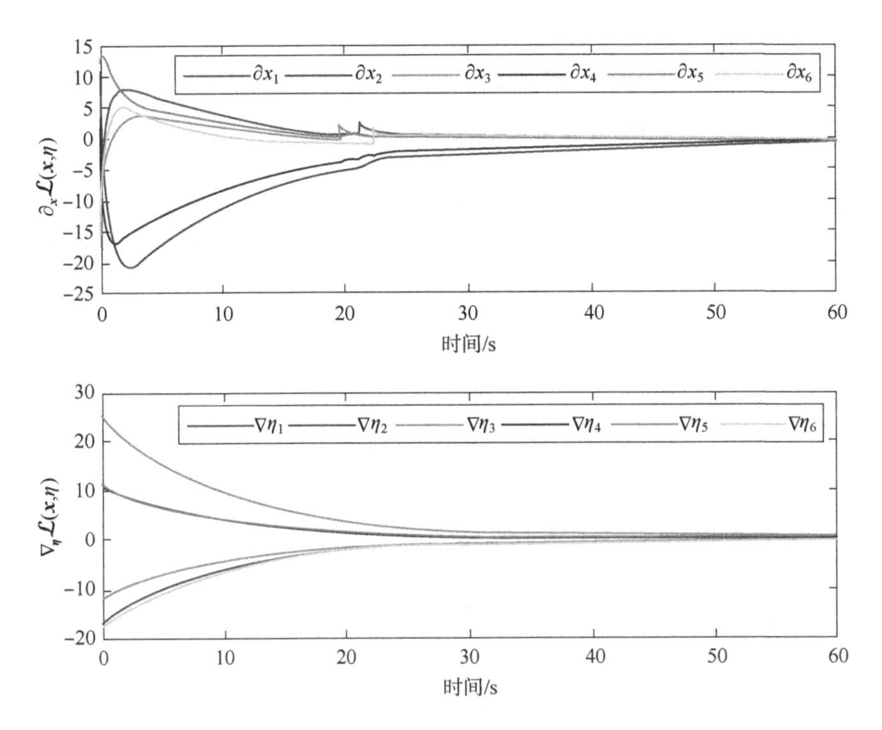

图 5.8 拉格朗日函数 $(\boldsymbol{x},\boldsymbol{\eta})$ 的 ∂_x $(\boldsymbol{x},\boldsymbol{\eta})$ 和 ∇_η $(\boldsymbol{x},\boldsymbol{\eta})$ 的轨迹（附彩图）

5.4 基于近端梯度算法的分布式资源分配控制

5.4.1 算法设计及分析

资源分配问题描述如式（5.5），本节提出近端梯度算法如下：

$$\begin{cases} \dot{\boldsymbol{x}}_i = \boldsymbol{y}_i, \\ \dot{\boldsymbol{y}}_i = \mathrm{prox}_{g_i}(\boldsymbol{x}_i - k\boldsymbol{y}_i - \nabla f_i(\boldsymbol{x}_i) + \boldsymbol{w}_i^{\mathrm{T}}\boldsymbol{\eta}_i) - \boldsymbol{x}_i - \gamma\boldsymbol{y}_i, \\ \dot{\boldsymbol{\eta}}_i = -\sum\limits_{j=1}^{n} a_{ij}(\boldsymbol{\eta}_i - \boldsymbol{\eta}_j) - \sum\limits_{j=1}^{n} a_{ij}(z_i - z_j) + \boldsymbol{d}_i - \boldsymbol{w}_i\boldsymbol{x}_i - \boldsymbol{w}_i\dot{\boldsymbol{y}}_i - \gamma\boldsymbol{w}_i\boldsymbol{y}_i, \\ \dot{z}_i = \sum\limits_{j=1}^{n} a_{ij}(\boldsymbol{\eta}_i - \boldsymbol{\eta}_j), \end{cases} \tag{5.30}$$

式中，$\boldsymbol{y}_i \in \mathbb{R}^q$.

注　$\dot{\boldsymbol{y}}_i$ 是式（5.30）中的微分反馈项，在消除由近端项 $\mathrm{prox}_{g_i}(\boldsymbol{x}_i - k\boldsymbol{y}_i - \nabla f_i(\boldsymbol{x}_i) + \boldsymbol{w}_i^{\mathrm{T}}\boldsymbol{\eta}_i)$ 引起的"麻烦"中能起到重要作用，见式（5.35）.

定理 5.3

假定假设 5.2 成立并考虑式（5.30）. 如果正参数 $k,\gamma,\epsilon_1,\epsilon_2$ 满足以下不等式：

$$\begin{cases} k \geqslant 1, \\ m - \dfrac{\gamma\theta^2}{4\epsilon_1} - \dfrac{\theta^2}{4\epsilon_2} > 0, \\ \gamma k + \gamma^2 - 1 - \gamma\epsilon_1 \geqslant 0, \\ 1 - \epsilon_2 \geqslant 0, \end{cases} \tag{5.31}$$

那么式（5.30）可以解决二阶多智能体系统的优化问题（式（5.5））.

证明　记 $\boldsymbol{L} = \boldsymbol{L}_n \otimes \boldsymbol{I}_p$，$\boldsymbol{\eta} = [\boldsymbol{\eta}_1^{\mathrm{T}}, \boldsymbol{\eta}_2^{\mathrm{T}}, \cdots, \boldsymbol{\eta}_n^{\mathrm{T}}]^{\mathrm{T}} \in \mathbb{R}^{np}$，$\boldsymbol{z} = [\boldsymbol{z}_1^{\mathrm{T}}, \boldsymbol{z}_2^{\mathrm{T}}, \cdots, \boldsymbol{z}_n^{\mathrm{T}}]^{\mathrm{T}} \in \mathbb{R}^{np}$，$\boldsymbol{d} = [\boldsymbol{d}_1^{\mathrm{T}}, \boldsymbol{d}_2^{\mathrm{T}}, \cdots, \boldsymbol{d}_n^{\mathrm{T}}]^{\mathrm{T}} \in \mathbb{R}^{np}$，$\boldsymbol{w} = \mathrm{diag}\{w_1, w_2, \cdots, w_n\}$. 式（5.30）可以简写为

$$\begin{cases} \dot{\boldsymbol{x}} = \boldsymbol{y}, \\ \dot{\boldsymbol{y}} = \mathrm{prox}_g(\boldsymbol{x} - k\boldsymbol{y} - \nabla f(\boldsymbol{x}) + \boldsymbol{w}^{\mathrm{T}}\boldsymbol{\eta}) - \boldsymbol{x} - \gamma\boldsymbol{y}, \\ \dot{\boldsymbol{\eta}} = -\hat{\boldsymbol{L}}\boldsymbol{\eta} - \hat{\boldsymbol{L}}\boldsymbol{z} + \boldsymbol{d} - \boldsymbol{w}\boldsymbol{x} - \boldsymbol{w}\dot{\boldsymbol{y}} - \gamma\boldsymbol{w}\boldsymbol{y}, \\ \dot{\boldsymbol{z}} = \hat{\boldsymbol{L}}\boldsymbol{\eta}. \end{cases} \tag{5.32}$$

假设平衡点为 $(\boldsymbol{x}^*, \boldsymbol{y}^*, \boldsymbol{\eta}^*, \boldsymbol{z}^*)$. 与引理 5.2 的证明相似，很容易证明 $\boldsymbol{x}^*$ 是式（5.5）的解.

将平衡点代入式（5.32），可得

$$\begin{cases} \mathrm{prox}_g(\boldsymbol{x}^* - k\boldsymbol{y}^* - \nabla f(\boldsymbol{x}^*) + \boldsymbol{w}^{\mathrm{T}}\boldsymbol{\eta}^*) = \boldsymbol{x}^*, \\ \boldsymbol{d} = \boldsymbol{w}\boldsymbol{x}^* + \hat{\boldsymbol{L}}\boldsymbol{\eta}^* + \hat{\boldsymbol{L}}\boldsymbol{z}^*, \\ \hat{\boldsymbol{L}}\boldsymbol{\eta}^* = \boldsymbol{0}_{np}, \\ \boldsymbol{y}^* = \boldsymbol{0}_{np}. \end{cases} \tag{5.33}$$

进一步得到

$$(\boldsymbol{x} - k\boldsymbol{y} - \nabla f(\boldsymbol{x}) + \boldsymbol{w}^{\mathrm{T}}\boldsymbol{\eta}) - \boldsymbol{x} - \dot{\boldsymbol{y}} - \gamma\boldsymbol{y} \in \partial g(\boldsymbol{x} + \dot{\boldsymbol{y}} + \gamma\boldsymbol{y}),$$

$$(x^* - ky^* - \nabla f(x^*) + w^{\mathrm{T}}\eta^*) - x^* \in \partial g(x^*). \tag{5.34}$$

最终，由式（5.34）可以推出

$$(-(k+\gamma)(y-y^*) - (\nabla f(x) - \nabla f(x^*)) + w^{\mathrm{T}}(\eta - \eta^*) - \dot{y})^{\mathrm{T}}(x - x^* + \dot{y} + \gamma y) \geqslant 0,$$

这意味着

$$\begin{aligned}
&-(k+\gamma)(y-y^*)^{\mathrm{T}}(x-x^*) - (\nabla f(x) - \nabla f(x^*))^{\mathrm{T}}(x-x^*) + \\
&(\eta-\eta^*)^{\mathrm{T}}w(x-x^*) - \dot{y}^{\mathrm{T}}(x-x^*) - \gamma(k+\gamma)(y-y^*)^{\mathrm{T}}(y-y^*) - \\
&\gamma(\nabla f(x) - \nabla f(x^*))^{\mathrm{T}}(y-y^*) + \gamma(\eta-\eta^*)^{\mathrm{T}}w(y-y^*) - \gamma\dot{y}^{\mathrm{T}}(y-y^*) - \\
&(k+\gamma)(y-y^*)^{\mathrm{T}}\dot{y} - (\nabla f(x) - \nabla f(x^*))^{\mathrm{T}}\dot{y} + (\eta-\eta^*)^{\mathrm{T}}w\dot{y} - \dot{y}^{\mathrm{T}}\dot{y} \\
&\geqslant 0.
\end{aligned} \tag{5.35}$$

为简化式(5.35)，令 $\hat{x} = x - x^*$，$\hat{y} = y - y^*$，$\hat{\eta} = \eta - \eta^*$，$h = \nabla f(x) - \nabla f(x^*)$，于是得到

$$\begin{aligned}
&-\gamma\hat{\eta}^{\mathrm{T}}w\hat{y} + (k+2\gamma)\dot{\hat{y}}^{\mathrm{T}}\hat{y} + (k+\gamma)\hat{y}^{\mathrm{T}}\hat{x} - \hat{\eta}^{\mathrm{T}}w\hat{x} + \dot{y}^{\mathrm{T}}\hat{x} - \hat{\eta}^{\mathrm{T}}w\dot{y} \\
&\leqslant -\gamma(k+\gamma)\hat{y}^{\mathrm{T}}\hat{y} - \gamma h^{\mathrm{T}}\hat{y} - h^{\mathrm{T}}\hat{x} - h^{\mathrm{T}}\dot{y} - \dot{y}^{\mathrm{T}}\dot{y}.
\end{aligned} \tag{5.36}$$

选择李雅普诺夫函数候选：

$$\begin{aligned}
V_B = &\frac{k+\gamma}{2}\|x - x^*\|^2 + \frac{k+2\gamma}{2}\|y - y^*\|^2 + (x - x^*)^{\mathrm{T}}(y - y^*) + \\
&\frac{1}{2}\|\eta - \eta^*\|^2 + \frac{1}{2}\|z - z^*\|^2.
\end{aligned} \tag{5.37}$$

显然，当 $k \geqslant 1$ 时，V_B 是正定的. 结合式（5.33）中 $d = wx^* + \hat{L}\eta^* + \hat{L}z^*$，$V_B$ 的导数推导如下：

$$\begin{aligned}
\dot{V}_B &= (k+\gamma)\hat{x}^{\mathrm{T}}\dot{\hat{x}} + (k+2\gamma)\hat{y}^{\mathrm{T}}\dot{\hat{y}} + \hat{x}^{\mathrm{T}}\dot{y} + \hat{y}^{\mathrm{T}}\hat{y} + \hat{z}^{\mathrm{T}}\dot{\hat{z}} + \hat{\eta}^{\mathrm{T}}\dot{\hat{\eta}} \\
&= (k+\gamma)\hat{x}^{\mathrm{T}}\hat{y} + (k+2\gamma)\hat{y}^{\mathrm{T}}\dot{\hat{y}} + \hat{x}^{\mathrm{T}}\dot{y} + \hat{y}^{\mathrm{T}}\hat{y} + \hat{z}^{\mathrm{T}}\hat{L}\eta + \\
&\quad \hat{\eta}^{\mathrm{T}}(d - wx - \hat{L}z - \hat{L}\eta - w\dot{y} - \gamma wy) \\
&= (k+\gamma)\hat{x}^{\mathrm{T}}\hat{y} + (k+2\gamma)\hat{y}^{\mathrm{T}}\dot{\hat{y}} + \hat{x}^{\mathrm{T}}\dot{y} + \hat{y}^{\mathrm{T}}\hat{y} + \hat{z}^{\mathrm{T}}\hat{L}\hat{\eta} + \\
&\quad \hat{\eta}^{\mathrm{T}}(-w\hat{x} - \hat{L}\hat{z} - \hat{L}\hat{\eta} - w\dot{y} - \gamma wy).
\end{aligned} \tag{5.38}$$

结合式（5.36）和式（5.38）可得

$$\dot{V}_B \leqslant -\hat{\eta}^{\mathrm{T}}\hat{L}\hat{\eta} - \gamma(k+\gamma)\hat{y}^{\mathrm{T}}\hat{y} + \hat{y}^{\mathrm{T}}\hat{y} - h^{\mathrm{T}}\hat{x} - h^{\mathrm{T}}\dot{y} - \gamma h^{\mathrm{T}}\hat{y} - \dot{y}^{\mathrm{T}}\dot{y}. \tag{5.39}$$

结合已知条件 $h^{\mathrm{T}}\hat{x} \geqslant m\hat{x}^{\mathrm{T}}\hat{x}$，$-\gamma h^{\mathrm{T}}\hat{y} \leqslant \frac{\gamma}{4\epsilon_1}h^{\mathrm{T}}h + \gamma\epsilon_1\hat{y}^{\mathrm{T}}\hat{y}\ (\epsilon_1 > 0)$，$-h^{\mathrm{T}}\dot{y} \leqslant$

$\frac{1}{4\epsilon_2}\boldsymbol{h}^{\mathrm{T}}\boldsymbol{h}+\epsilon_2\dot{\boldsymbol{y}}^{\mathrm{T}}\dot{\boldsymbol{y}}\,(\epsilon_2>0)$和$\boldsymbol{h}^{\mathrm{T}}\boldsymbol{h}\leqslant\theta^2\hat{\boldsymbol{x}}^{\mathrm{T}}\hat{\boldsymbol{x}}$，可得

$$\begin{aligned}\dot{V}_B&\leqslant-\hat{\boldsymbol{\eta}}^{\mathrm{T}}\hat{\boldsymbol{L}}\hat{\boldsymbol{\eta}}-(\gamma k+\gamma^2-1)\hat{\boldsymbol{y}}^{\mathrm{T}}\hat{\boldsymbol{y}}-m\hat{\boldsymbol{x}}^{\mathrm{T}}\hat{\boldsymbol{x}}-\boldsymbol{h}^{\mathrm{T}}\dot{\boldsymbol{y}}-\gamma\boldsymbol{h}^{\mathrm{T}}\hat{\boldsymbol{y}}-\dot{\boldsymbol{y}}^{\mathrm{T}}\dot{\boldsymbol{y}}\\&\leqslant-\hat{\boldsymbol{\eta}}^{\mathrm{T}}\hat{\boldsymbol{L}}\hat{\boldsymbol{\eta}}-\mu_1\hat{\boldsymbol{x}}^{\mathrm{T}}\hat{\boldsymbol{x}}-\mu_2\hat{\boldsymbol{y}}^{\mathrm{T}}\hat{\boldsymbol{y}}-\mu_3\dot{\boldsymbol{y}}^{\mathrm{T}}\dot{\boldsymbol{y}},\\&\leqslant0.\end{aligned}\tag{5.40}$$

式中，$\mu_1=m-\frac{\gamma\theta^2}{4\epsilon_1}-\frac{\theta^2}{4\epsilon_2}$，$\mu_2=\gamma k+\gamma^2-1-\gamma\epsilon_1$ 且 $\mu_3=1-\epsilon_2$.

对于任意$(\boldsymbol{x},\boldsymbol{y},\boldsymbol{\eta},\boldsymbol{z})\in\mathbb{R}^{nq}\times\mathbb{R}^{nq}\times\mathbb{R}^{np}\times\mathbb{R}^{np}$，$V_B$ 都是正定的. $V_B=0$ 当且仅当$(\boldsymbol{x},\boldsymbol{y},\boldsymbol{\eta},\boldsymbol{z})=(\boldsymbol{x}^*,\boldsymbol{y}^*,\boldsymbol{\eta}^*,\boldsymbol{z}^*)$，且随着$(\boldsymbol{x},\boldsymbol{y},\boldsymbol{\eta},\boldsymbol{z})\to\infty$，$V_B\to\infty$. 令$\mathcal{Z}=\{(\boldsymbol{x},\boldsymbol{y},\boldsymbol{\eta},\boldsymbol{z})\in\mathbb{R}^{nq}\times\mathbb{R}^{nq}\times\mathbb{R}^{np}\times\mathbb{R}^{np}:\dot{V}_B=0\}\subset\{(\boldsymbol{x},\boldsymbol{y},\boldsymbol{\eta},\boldsymbol{z})\in\mathbb{R}^{nq}\times\mathbb{R}^{nq}\times\mathbb{R}^{np}\times\mathbb{R}^{np}:\mu_1\hat{\boldsymbol{x}}^{\mathrm{T}}\hat{\boldsymbol{x}}=0,\mu_2\hat{\boldsymbol{y}}^{\mathrm{T}}\hat{\boldsymbol{y}}=0,\mu_3\dot{\boldsymbol{y}}^{\mathrm{T}}\dot{\boldsymbol{y}}=0,\hat{\boldsymbol{\eta}}^{\mathrm{T}}\hat{\boldsymbol{L}}\hat{\boldsymbol{\eta}}^{\mathrm{T}}=0\}$. 令$\mathcal{M}$为$\overline{\mathcal{Z}}$的最大不变子集. 由引理5.1可知，随着$t\to\infty$，$(\boldsymbol{x}(t),\boldsymbol{y}(t),\boldsymbol{\eta}(t),\boldsymbol{z}(t))\to\mathcal{M}$. 注意到如果$\boldsymbol{x}\neq\boldsymbol{x}^*$，则$\mu_1\hat{\boldsymbol{x}}^{\mathrm{T}}\hat{\boldsymbol{x}}>0$（因为$\mu_1>0$），因此随着$t\to\infty$，$\boldsymbol{x}(t)\to\boldsymbol{x}^*$，这意味着式（5.5）所述的分布式优化问题得到解决.

注 与式（5.27）不同，式（5.30）中引入了一个辅助变量$\boldsymbol{z}_i$，借助它使对偶变量$\boldsymbol{\eta}_i$达到一致.

5.4.2 数值仿真

本节将给出一个数值例子来说明所提算法在二阶多智能体系统的资源分配问题上的有效性. 考虑一个由 6 个智能体组成的无向连通多智能体系统，如图5.5 所示.

考虑下面非光滑分布式优化资源分配的问题：

$$\min\sum_{i=1}^{6}(f_i(\boldsymbol{x}_i)+g_i(\boldsymbol{x}_i)),$$

$$\text{s. t.}\ \sum_{i=1}^{6}\boldsymbol{x}_i=\sum_{i=1}^{6}\boldsymbol{d}_i,$$

式中，$\boldsymbol{x}_i\in\mathbb{R}^2,i\in\{1,2,\cdots,6\}$ 且 $\boldsymbol{d}_i=[0.3;0.2]$. 局部代价函数如下：

$$g_i(\boldsymbol{x}_i)=\begin{cases}0, & \boldsymbol{x}_i\in\Omega_i,\\ \infty, & \boldsymbol{x}_i\notin\Omega_i,\end{cases}$$

$$f_i(\boldsymbol{x}_i) = \|\boldsymbol{x}_i - \boldsymbol{p}_i\|^2,$$

式中，$\Omega_i = \{\boldsymbol{\delta} \in \mathbb{R}^2 \mid \|\boldsymbol{\delta} - \boldsymbol{x}_i(0)\|^2 \leqslant 64\}, \boldsymbol{p}_i = [i-2, 0]^{\mathrm{T}}$.

$f_i(\boldsymbol{x}_i)$ 和 $g_i(\boldsymbol{x}_i)$ 分别表示二次目标函数和约束集合 $\boldsymbol{x}_i \in \Omega_i$ 的指标函数. 基于上述定义，每个智能体的近端算子与梯度分别为 $\mathrm{prox}_{g_i}(\boldsymbol{v}) = \arg\min_{\boldsymbol{\delta} \in \Omega_i} \|\boldsymbol{\delta} - \boldsymbol{v}\|^2$ 和 $\nabla f_i(\boldsymbol{x}_i) = 2(\boldsymbol{x}_i - \boldsymbol{p}_i) \in \mathbb{R}^2$. 图 5.5 对应的拉普拉斯矩阵的最大特征值为 6.

使用式（5.30）解决二阶多智能体系统的资源分配问题. 选择参数 $k=5, \gamma=0.5, \epsilon_1=\epsilon_2=1$. $\boldsymbol{x}_i(0)(i=1,2,\cdots,6)$ 的初始值为 $\boldsymbol{x}_1(0)=[-4;5.5], \boldsymbol{x}_2(0)=[6;5], \boldsymbol{x}_3(0)=[-3;2], \boldsymbol{x}_4(0)=[2;-3], \boldsymbol{x}_5(0)=[5;-3.5], \boldsymbol{x}_6(0)=[-5;5]$，且初始值 $\boldsymbol{y}_i(0)$ 和 $\boldsymbol{\eta}_i(0)$ 为零向量. 图 5.9 ~ 图 5.11 所示为状态 $\boldsymbol{x}$ 的轨迹、状态 $\boldsymbol{y}$ 的轨迹、式（5.30）中 6 个智能体的辅助变量 $\boldsymbol{\eta}$ 的轨迹. 图 5.12 所示为约束条件 $\sum_{i=1}^{n} \boldsymbol{x}_i - \sum_{i=1}^{n} \boldsymbol{d}_i$ 的误差，简写为 $[e_1, e_2]^{\mathrm{T}}$.

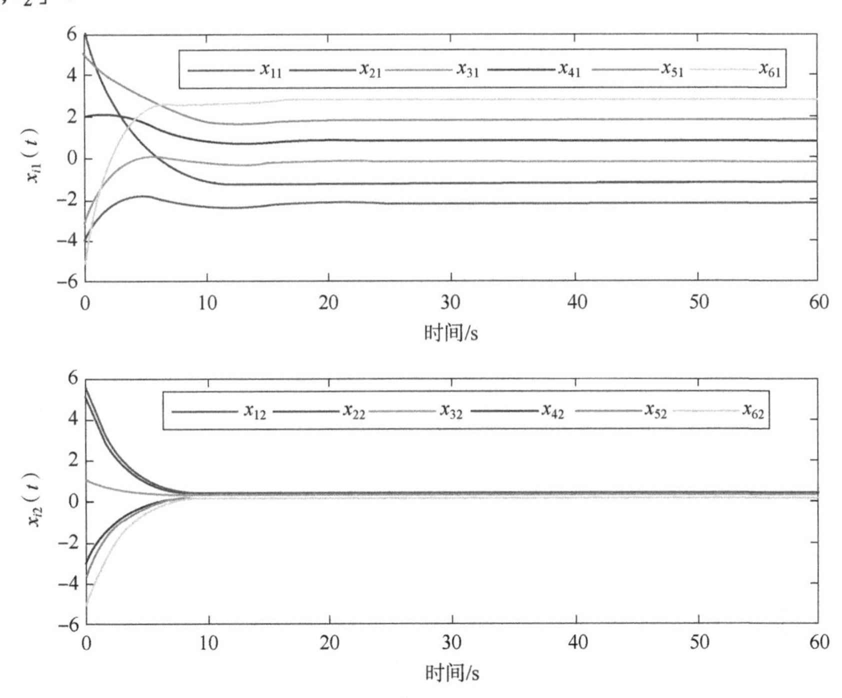

图 5.9　状态 $\boldsymbol{x}_i(i=1,2,\cdots,6)$ 的轨迹（附彩图）

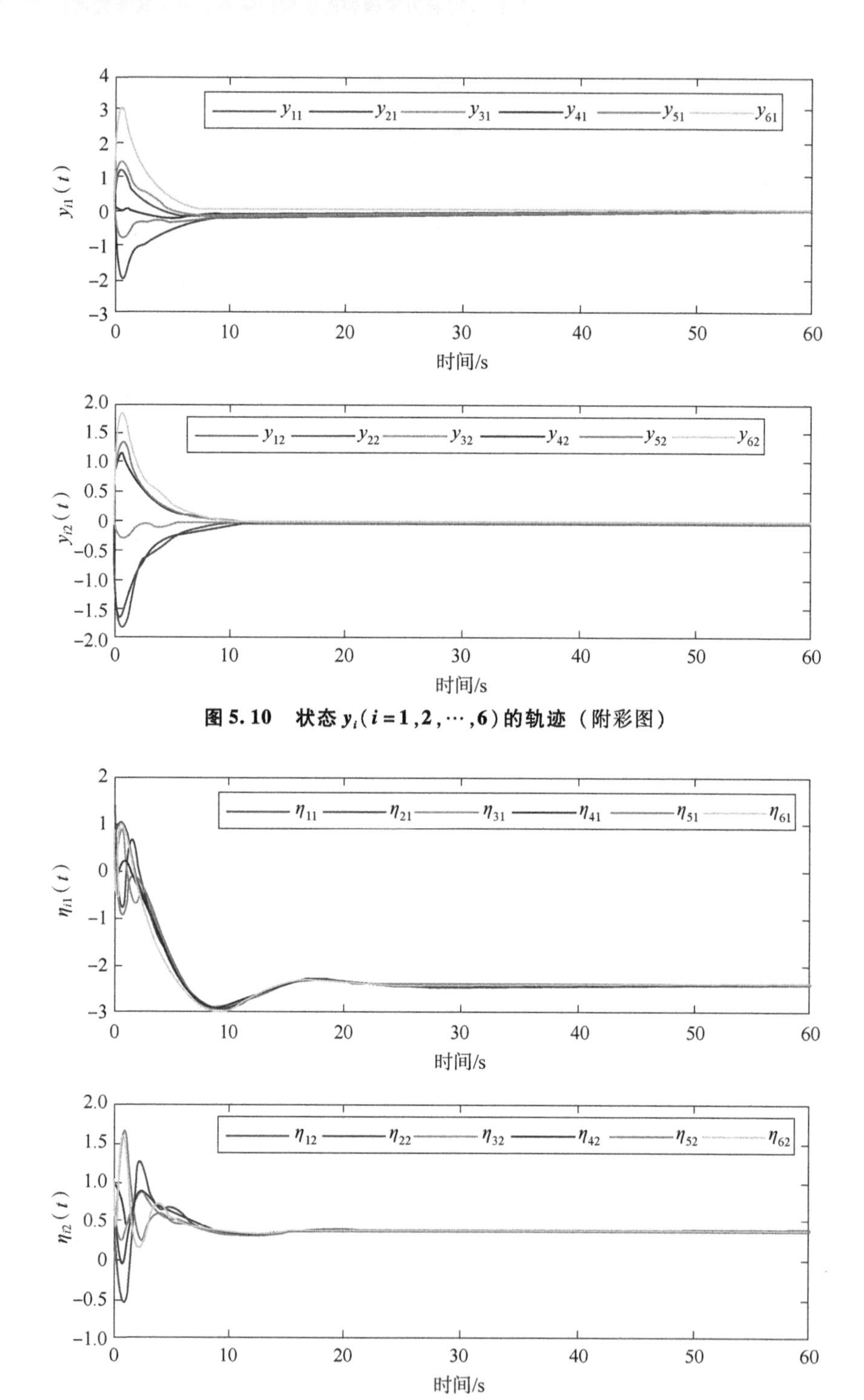

图 5.10　状态 $y_i(i=1,2,\cdots,6)$ 的轨迹（附彩图）

图 5.11　对偶变量 $\eta_i(i=1,2,\cdots,6)$ 的轨迹（附彩图）

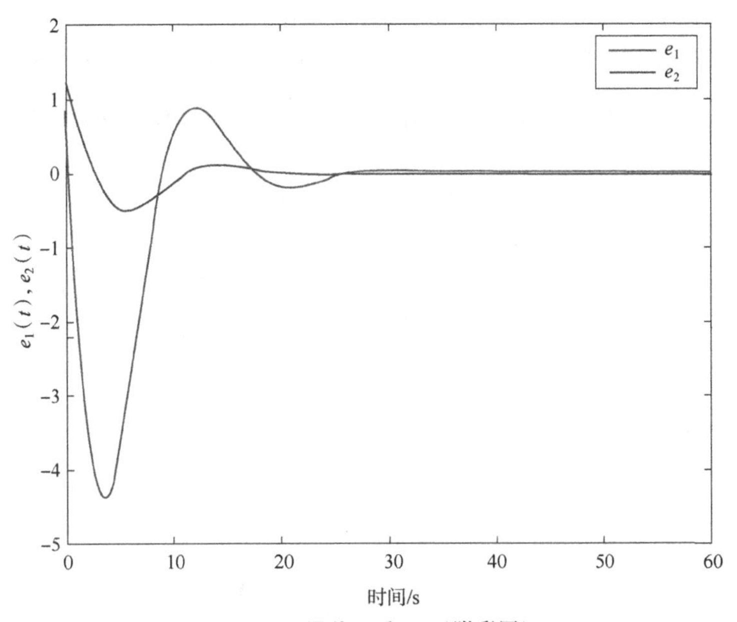

图 5.12　误差 e_1 和 e_2（附彩图）

图 5.13 所示为各智能体局部目标函数之和的轨迹，其中虚线表示满足等式约束的目标函数的理论计算最小值为 8.64. 由仿真可知，误差可以收敛到 0，这意味着约束条件 $\sum_{i=1}^{n} \boldsymbol{x}_i = \sum_{i=1}^{n} \boldsymbol{d}_i$ 能够得到满足.

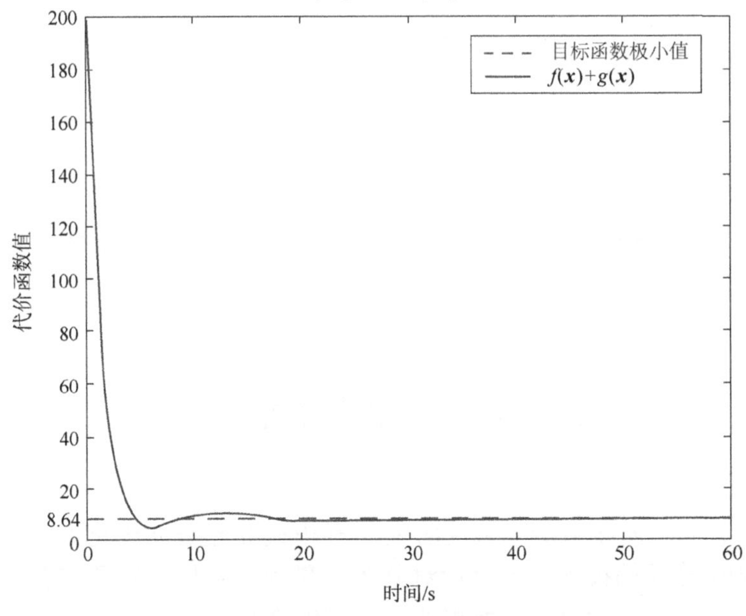

图 5.13　目标函数 $f(x)+g(x)$ 的轨迹（附彩图）

选择拉格朗日函数$\mathcal{L}(\boldsymbol{x},\boldsymbol{z},\boldsymbol{\eta})=f(\boldsymbol{x})+g(\boldsymbol{x})+\boldsymbol{\eta}^{\mathrm{T}}(\boldsymbol{d}-\boldsymbol{w}\boldsymbol{x}-\hat{\boldsymbol{L}}\boldsymbol{z})-\frac{1}{2}\boldsymbol{\eta}^{\mathrm{T}}\hat{\boldsymbol{L}}\boldsymbol{\eta}$，其中$\boldsymbol{x},\boldsymbol{z}$是原始变量，$\boldsymbol{\eta}$是对偶变量．图 5.14 所示为$\partial_{\boldsymbol{x}}\mathcal{L}(\boldsymbol{x},\boldsymbol{z},\boldsymbol{\eta})=\nabla f(\boldsymbol{x})+\partial g(\boldsymbol{x})+\boldsymbol{w}^{\mathrm{T}}\boldsymbol{\eta}$，$\nabla_z\mathcal{L}(\boldsymbol{x},\boldsymbol{z},\boldsymbol{\eta})=-\hat{\boldsymbol{L}}\boldsymbol{\eta}$和$\nabla_{\boldsymbol{\eta}}\mathcal{L}(\boldsymbol{x},\boldsymbol{z},\boldsymbol{\eta})=\boldsymbol{d}-\boldsymbol{w}\boldsymbol{x}-\hat{\boldsymbol{L}}\boldsymbol{z}-\hat{\boldsymbol{L}}\boldsymbol{\eta}$的轨迹．用$\mathcal{N}(\partial_{\boldsymbol{x}}\mathcal{L}(\boldsymbol{x},\boldsymbol{z},\boldsymbol{\eta}))$表示$\partial_{\boldsymbol{x}}\mathcal{L}(\boldsymbol{x},\boldsymbol{z},\boldsymbol{\eta})$中具有最小范数的元素，由图 5.14 可知，随着$t\to\infty$，$\mathcal{N}(\partial_{\boldsymbol{x}}\mathcal{L}(\boldsymbol{x}(t),\boldsymbol{z}(t),\boldsymbol{\eta}(t)))\to 0$，$\nabla_z\mathcal{L}(\boldsymbol{x}(t),\boldsymbol{z}(t),\boldsymbol{\eta}(t))\to 0$，且$\nabla_{\boldsymbol{\eta}}\mathcal{L}(\boldsymbol{x}(t),\boldsymbol{z}(t),\boldsymbol{\eta}(t))\to 0$，这意味着得到了最优解．

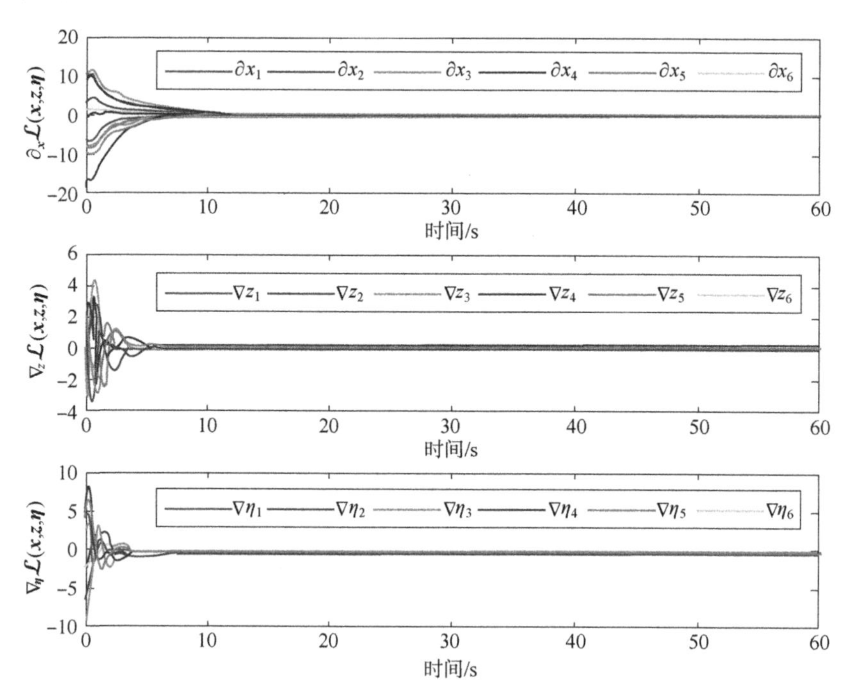

图 5.14　拉格朗日函数 $(\boldsymbol{x},\boldsymbol{z},\boldsymbol{\eta})$的$\partial_x$ $(\boldsymbol{x},\boldsymbol{z},\boldsymbol{\eta})$、$\nabla_z$ $(\boldsymbol{x},\boldsymbol{z},\boldsymbol{\eta})$和$\nabla_{\boldsymbol{\eta}}$ $(\boldsymbol{x},\boldsymbol{z},\boldsymbol{\eta})$的轨迹（附彩图）

5.5　本章小结

本章针对二阶多智能体系统研究了分布式非光滑凸优化方法．基于近端算子和微分反馈技术，本章针对分布式最优一致性问题和资源分配问题分别提出了近端梯度算法，所提的算法能够在满足等式约束的同时收敛到最优解. 未来的研究将对这些算法继续改进，并将结果推广到具有有向拓扑的高阶或非线性多智能体系统.

参考文献

[1] YI P, HONG Y, LIU F. Distributed gradient algorithm for constrained optimization with application to load sharing in power systems [J]. Systems & Control Letters, 2015, 83: 45 - 52.

[2] LI X, XIE L, HONG Y G. Distributed continuous - time algorithm for a general nonsmooth monotropic optimization problem [J]. International Journal of Robust and Nonlinear Control, 2019, 29: 3252 - 3266.

[3] ZENG X L, YI P, HONG Y G, et al. Continuous - time distributed algorithms for extended monotropic optimization problem [J]. SIAM Journal on Control and Optimization, 2018, 56: 3948 - 3972.

[4] BERTSEKAS D, NEDIC A, OZDAGLAR A. Convex analysis and optimization [M]. Belmont, Massachusetts: Athena Scientific, 2003.

[5] ZHANG Y Q, HONG Y G. Distributed optimization design for high - order multi - agent systems [C]//Proceedings of 34th Chinese Control Conference, Hangzhou, 2015: 7251 - 7256.

[6] WEI Y, FANG H, ZENG X L, et al. A smooth double proximal primal dual algorithm for a class of distributed nonsmooth optimization problems [J]. IEEE Transactions on Automatic Control, 2020, 65: 1800 - 1806.

[7] HUI Q, HADDAD W M, BHAT S P. Semistability, finite - time stability, differential inclusions, and discontinuous dynamical systems having a continuum of equilibria [J]. IEEE Transactions on Automatic Control, 2009, 54: 2465 - 2470.

[8] PARIKH N, BOYD S. Proximal algorithms [J]. Foundations and Trends in Optimization, 2014, 1: 123 - 231.

[9] TIBSHIRANI R, SAUNDERS M, ROSSET S, et al. Sparsity and smoothness via the fused LASSO [J]. Journal of the Royal Statistical Society: Series B (Statistical Methodology), 2005, 67: 91 - 108.

[10] YI P, HONG Y G, LIU F. Initialization – free distributed algorithms for optimal resource allocation with feasibility constraints and application to economic dispatch of power systems [J]. Automatica, 2016, 74: 259 – 269.
[11] RUSZCSYNSKI A. Nonlinear optimization [M]. Princeton: Princeton University Press, 2006.

第6章

基于混杂控制的多智能体系统分布式非光滑优化控制

6.1 引　　言

第 5 章研究了具有二阶动力学模型的多智能体系统的分布式非光滑优化控制问题，提出了有效的分布式非光滑优化算法，改善了二阶动力学系统的分布式控制性能．在更加复杂的应用系统中，系统往往存在不同类型、不同层次的各种子系统，无法建模为连续动力学模型．为了实现对多种子系统构成的复杂系统的分布式控制，本章研究具有混杂动力学模型的多智能体非光滑优化控制问题，借助混杂动态系统理论，分别针对具有混杂动力学模型的多智能体分布式非光滑一致性优化控制和分布式非光滑资源分配控制问题，提出有效的分布式优化控制算法，改善现有连续时间变量更新方法的动态收敛性能，并给出理论分析保证．

6.2 具有混杂动力学模型的多智能体系统分布式非光滑优化控制问题

多智能体网络中的非光滑优化问题大致可分为两种：非光滑一致性优

化控制、非光滑资源分配控制. 在多智能体网络中的分布式优化问题中，每个个体只知道自己的局部目标（代价）函数和约束信息，且这些信息往往由于隐私、安全等原因而无法通信，导致多节点的分布式优化算法的设计和分析变得复杂. 当个体的目标函数不可微（非光滑）时，本地变量的更新无法使用函数的梯度信息，进一步增加了算法设计的难度.

当多智能体网络中的个体目标函数不可微，且决策变量需要保持一致时，这样的优化问题称为分布式非光滑一致性优化控制问题. 其往往具有以下形式：

$$\begin{aligned}&\min_{\boldsymbol{x}} \sum_{i=1}^{m} f_i(\boldsymbol{x}_i),\\&\text{s.t.}\ \ \boldsymbol{x}_i = \boldsymbol{x}_j,\ \forall i,j \in \{1,2,\cdots,m\},\, i \neq j.\end{aligned} \tag{6.1}$$

式中，$\boldsymbol{x}=[\boldsymbol{x}_1,\boldsymbol{x}_2,\cdots,\boldsymbol{x}_m]$，$\boldsymbol{x}_i$ 是个体 i 对于全局决策变量的估计，$f_i(\cdot)$ 为个体 i 的局部目标（代价）函数，等式约束 $\boldsymbol{x}_i=\boldsymbol{x}_j$ 是为了实现各个个体对于全局决策变量的估计保持一致. 该分布式非光滑一致性优化控制问题是分布式一致性控制的推广，当目标函数为常数时，该优化问题退化为分布式一致性控制问题，可以实现在无人机集群的一致编队. 分布式优化问题在保证个体之间决策变量一致的基础上，进一步保证了个体决策变量收敛到全局优化问题的同一最优解.

当多智能体网络中的个体目标函数不可微，且个体决策变量之间需要满足耦合等式约束时，这样的优化问题称为分布式非光滑资源分配控制问题. 其往往具有以下形式：

$$\min_{\boldsymbol{x}} \quad \sum_{i=1}^{m} f_i(\boldsymbol{x}_i), \tag{6.2a}$$

$$\text{s.t.} \quad g(\boldsymbol{x}) = \boldsymbol{b}. \tag{6.2b}$$

式中，$\boldsymbol{x}=[\boldsymbol{x}_1,\boldsymbol{x}_2,\cdots,\boldsymbol{x}_m]$，$\boldsymbol{x}_i$ 是个体 i 对于全局决策变量的估计，$f_i(\cdot)$ 为个体 i 的局部目标（代价）函数，等式约束 $g(\boldsymbol{x})=\boldsymbol{b}$ 是所有个体的决策变量需要满足的耦合等式约束. 式（6.2b）的典型耦合等式约束之一为线性等式约束 $\boldsymbol{W}\boldsymbol{x}=\boldsymbol{d}$，即所有决策变量乘以局部数据 $\boldsymbol{W}_i$ 的和应为一个固定值，$\sum_{i=1}^{m}\boldsymbol{W}_i\boldsymbol{x}_i=\boldsymbol{d}$，$\boldsymbol{W}_i$ 为系数矩阵的第 i 行向量，$\boldsymbol{d}$ 为常数向量. 由于该问题在资源分配控制中很常见，因此本章称之为分布式非光滑资源分配控制问题.

在实际复杂系统应用中，系统的状态往往很复杂，通常存在不同层次、不同类型的各种子系统，需要用定性定量相结合的方法来处理．定性行为常用符号、逻辑、模糊等离散型变量来描述，而定量行为则可用连续变量及相关的微分或差分方程来描述．混杂动态系统（hybrid dynamic system）作为一类兼有离散事件和连续变量两种运行机制的动态系统，成为研究复杂系统的一种重要的数学模型和理论方法．因此，本章主要讨论具有混杂动力学模型的多智能体非光滑优化控制问题．

6.3 基于混杂控制的分布式非光滑一致性优化控制

考虑一般的分布式优化问题，网络中的个体通过网络拓扑$\mathcal{G}$通信来解决下面的问题：

$$\begin{aligned} &\min_{\boldsymbol{x}} \ f(\boldsymbol{x}), \quad f(\boldsymbol{x}) = \sum_{i=1}^{m} f_i(\boldsymbol{x}), \\ &\text{s. t.} \quad \boldsymbol{A}_i\boldsymbol{x} = \boldsymbol{b}_i, \quad i = 1,2,\cdots,m, \end{aligned} \tag{6.3}$$

式中，$\boldsymbol{x} \in \mathbb{R}^n$是全局优化变量；$\boldsymbol{A}_i \in \mathbb{R}^{q\times n}$，$\boldsymbol{b}_i \in \mathbb{R}^{q\times 1}$.

在多智能体网络中，每个个体i只知道局部代价函数$f_i(\cdot)$和局部等式约束$\boldsymbol{A}_i\boldsymbol{x} = \boldsymbol{b}_i$．每个智能体求解局部约束优化问题，并通过局部通信与邻居共享其估计解，从而得到全局最优解．本章需要做如下假设．

假设 6.1

（1）网络的通信拓扑$\mathcal{G}$为无向连通图．

（2）对于所有个体$i \in \{1,2,\cdots,m\}$，局部代价函数$f_i(\boldsymbol{x})$是凸函数．

（3）式（6.3）至少有一个最优解．

注 假设 6.1 在分布式优化问题中具有普遍性．其中，条件（1）广泛用于定义底层的多个体网络拓扑结构，条件（2）表明所考虑的问题是一个凸优化问题，条件（3）使优化问题定义良好．

定义$\hat{\boldsymbol{x}} = [\boldsymbol{x}_1^{\mathrm{T}}, \boldsymbol{x}_2^{\mathrm{T}}, \cdots, \boldsymbol{x}_m^{\mathrm{T}}]^{\mathrm{T}} \in \mathbb{R}^{mn}$为所有个体的本地变量估计的集合，$\boldsymbol{x}_i \in \mathbb{R}^n$为个体$i$的本地关于全局最优解$\boldsymbol{x}^*$的局部估计．$\boldsymbol{A} = \mathrm{diag}[\boldsymbol{A}_1, \boldsymbol{A}_2, \cdots,$

$\boldsymbol{A}_m] \in \mathbb{R}^{mq \times mn}, \boldsymbol{b} = [\boldsymbol{b}_1^{\mathrm{T}}, \boldsymbol{b}_2^{\mathrm{T}}, \cdots, \boldsymbol{b}_m^{\mathrm{T}}]^{\mathrm{T}} \in \mathbb{R}^{mq}, \boldsymbol{L} = \boldsymbol{L}_n \otimes \boldsymbol{I}_m \in \mathbb{R}^{mn \times mn}$. 因为拓扑的拉普拉斯矩阵 $\boldsymbol{L}_n$ 的行和为0，所以 $\boldsymbol{L}\hat{\boldsymbol{x}} = 0$ 当且仅当对任意的 $i, j \in \{1, 2, \cdots, m\}$ 都满足 $\boldsymbol{x}_i = \boldsymbol{x}_j$. 在假设6.1下，我们可以得到如下等价的分布式凸优化问题：

$$\begin{aligned} \min_{\hat{\boldsymbol{x}}} \quad & f(\hat{\boldsymbol{x}}), \quad f(\hat{\boldsymbol{x}}) = \sum_{i=1}^{m} f_i(\boldsymbol{x}_i), \\ \text{s. t.} \quad & \boldsymbol{A}\hat{\boldsymbol{x}} = \boldsymbol{b}, \\ & \boldsymbol{L}\hat{\boldsymbol{x}} = \boldsymbol{0}_{mn}. \end{aligned} \tag{6.4}$$

6.3.1 混杂动态系统

一个混杂动态系统由连续时间动力学、离散时间动力学以及动力学切换规则组成. 系统具有如下形式：

$$\dot{\boldsymbol{x}}(t) \in f_{\mathrm{c}}(\boldsymbol{x}(t)), \boldsymbol{x}(t) \in \mathcal{C}, \tag{6.5a}$$

$$\boldsymbol{x}^{+}(t) \in f_{\mathrm{d}}(\boldsymbol{x}(t)), \boldsymbol{x}(t) \in \mathcal{S}, \tag{6.5b}$$

式中，$t \geqslant 0$；集合映射 $f_{\mathrm{c}}(\cdot)$ 和 $f_{\mathrm{d}}(\cdot)$ 分别描述了连续时间和离散时间更新；集合 $\mathcal{C}$ 和 $\mathcal{S}$ 分别描述了这些更新可能发生的条件. 如果 $f_{\mathrm{c}}(\boldsymbol{x}_{\mathrm{e}}) \ni 0$，则称点 $\boldsymbol{x}_{\mathrm{e}} \in \mathcal{C}$ 是式（6.5）的一个平衡点.

同时，我们需要做以下基本假设.

假设6.2

混杂动态系统的基本假设：

（1）集合 $\mathcal{C}$ 和 $\mathcal{S}$ 都是 $\mathbb{R}^n$ 上的闭集.

（2）连续时间函数 f_{c}：$\mathbb{R}^n \to \mathbb{R}^n$ 是外半连续集值映射，在集合 $\mathcal{C}$ 上局部有界，且对于每个 $\boldsymbol{x} \in \mathcal{C}$，函数 $f_{\mathrm{c}}(\boldsymbol{x})$ 为非空的且为凸函数.

（3）离散时间函数 f_{d}：$\mathbb{R}^n \to \mathbb{R}^n$ 是外半连续集值映射，在集合 $\mathcal{S}$ 上局部有界，且对于每个 $\boldsymbol{x} \in \mathcal{S}$，函数 $f_{\mathrm{d}}(\boldsymbol{x})$ 非空.

上述假设在不可微混杂动态系统中非常普遍，在以往的工作[1-2]中得到了广泛的应用.

此外，在接下来的引理中引入了混杂系统（6.5）的一个不变集性质，这对分析本章提出的混杂算法的收敛性很重要.

引理 6.1

假定混杂系统$\mathcal{H}=(\mathcal{C}, f_c, \mathcal{S}, f_d)$满足基本假设 6.2. 令函数 $V: \mathbb{R}^n \to \mathbb{R}$ 在包含集合$\mathcal{C}$的开集上连续可微，在集合$\mathcal{C}\cup\mathcal{S}$上连续，并且满足

$$u_c(\boldsymbol{x}) \leqslant 0, \forall \boldsymbol{x} \in \mathcal{C}, \text{其中 } u_c(\boldsymbol{x}) = \max_{h_c \in f_c(\boldsymbol{x})} \langle \nabla V(\boldsymbol{x}), h_c \rangle,$$

$$u_d(\boldsymbol{x}) \leqslant 0, \forall \boldsymbol{x} \in \mathcal{S}, \text{其中 } u_d(\boldsymbol{x}) = \max_{h_d \in f_d(\boldsymbol{x})} V(h_d) - V(\boldsymbol{x}).$$

则存在 $r \in \mathbb{R}$使得$\mathcal{H}$的每个完全有界解 $\boldsymbol{x}$ 收敛到如下集合的最大弱不变子集：

$$\mathcal{R} = \{z : V(z) = r\} \cap (u_c^{-1}(0) \cup (u_d^{-1}(0) \cap f_d(u_d^{-1}(0)))),$$

式中，$u_c^{-1}(0) = \{z \in \mathcal{C} : u_c(z) = 0\}$ 且 $u_d^{-1}(0) = \{z \in \mathcal{S} : u_d(z) = 0\}$.

6.3.2 分布式混杂原始 – 对偶算法设计

定义 $\boldsymbol{z}_i \in \mathbb{R}^n, \boldsymbol{\lambda}_i \in \mathbb{R}^q, \hat{\boldsymbol{\lambda}} = [\boldsymbol{\lambda}_1^{\mathrm{T}}, \boldsymbol{\lambda}_2^{\mathrm{T}}, \cdots, \boldsymbol{\lambda}_m^{\mathrm{T}}]^{\mathrm{T}} \in \mathbb{R}^{mq}, \hat{\boldsymbol{z}} = [\boldsymbol{z}_1^{\mathrm{T}}, \boldsymbol{z}_2^{\mathrm{T}}, \cdots, \boldsymbol{z}_m^{\mathrm{T}}]^{\mathrm{T}} \in \mathbb{R}^{mn}$, $\boldsymbol{\gamma}(t) = \mathrm{col}\{\hat{\boldsymbol{x}}(t), \hat{\boldsymbol{\lambda}}(t), \hat{\boldsymbol{z}}(t)\} \in \mathbb{R}^{2mn+mq}$. 针对式（6.4）所述的优化问题，提出如下分布式混杂脉冲算法：

$$\dot{\boldsymbol{x}}_i(t) = \sum_{j\in\mathcal{N}_i} a_{ij}(\boldsymbol{x}_j(t) - \boldsymbol{x}_i(t)) + \sum_{j\in\mathcal{N}_i} a_{ij}(\boldsymbol{z}_j(t) - \boldsymbol{z}_i(t)) - \boldsymbol{A}_i^{\mathrm{T}}\boldsymbol{\lambda}_i(t) - \boldsymbol{g}_i(\boldsymbol{x}_i(t)) - \boldsymbol{A}_i^{\mathrm{T}}(\boldsymbol{A}_i\boldsymbol{x}_i(t) - \boldsymbol{b}_i), \quad \boldsymbol{\gamma}(t) \notin \mathcal{Z}, \tag{6.6a}$$

$$\dot{\boldsymbol{\lambda}}_i(t) = \boldsymbol{A}_i\boldsymbol{x}_i(t) - \boldsymbol{b}_i, \tag{6.6b}$$

$$\dot{\boldsymbol{z}}_i(t) = \sum_{j\in\mathcal{N}_i} a_{ij}(\boldsymbol{x}_i(t) - \boldsymbol{x}_j(t)), \tag{6.6c}$$

$$\boldsymbol{x}_i^+ = \frac{\sum_{j=1}^{m}\boldsymbol{x}_j(t)}{m}, \quad \boldsymbol{\gamma}(t) \in \mathcal{Z}, \tag{6.6d}$$

式中，$\boldsymbol{g}_i(\boldsymbol{x}_i(t)) \in \partial f_i(\boldsymbol{x}_i(t))$. 离散动力学触发的重置集合$\mathcal{Z}$定义为

$$\mathcal{Z} = \left\{\boldsymbol{\gamma}(t) : \frac{\mathrm{d}}{\mathrm{d}t}\hat{\boldsymbol{x}}(t)^{\mathrm{T}}\boldsymbol{L}\hat{\boldsymbol{x}}(t) \leqslant \sigma\right\}, \tag{6.7}$$

式中，$\sigma < 0$.

式（6.6）可以写成标准的混杂动态系统形式（式（6.5））. 可以看出，脉冲机制的引入加速了变量的一致收敛.

注 式（6.6）基于原始 – 对偶框架，可以看成是文献［3］、［4］研究的

扩展. 在不存在脉冲机制的情况下，本章提出的算法与文献［3］中的算法相同，是一种分布式连续时间原始－对偶方法. 如果式（6.4）的目标函数和第一个等式约束条件缺失，本章所提的算法和文献［4］中的工作相同，在这种情况下，不同个体的变量估计只能达成共识.

6.3.3　理论分析

本节分析所提算法（式（6.6））的收敛性能，利用非线性混杂系统的不变性原理和半稳定性，证明了所提算法可以获得式（6.4）的一个最优解. 为了简便起见，将式（6.6）写成如下形式：

$$\dot{\hat{\boldsymbol{x}}} = -\boldsymbol{L}\hat{\boldsymbol{x}} - \boldsymbol{G}(\hat{\boldsymbol{x}}) - \boldsymbol{L}\hat{z} - \boldsymbol{A}^{\mathrm{T}}\hat{\boldsymbol{\lambda}} - \boldsymbol{A}^{\mathrm{T}}(\boldsymbol{A}\hat{\boldsymbol{x}} - \boldsymbol{b}), \boldsymbol{\gamma} \notin \mathcal{Z}, \tag{6.8a}$$

$$\dot{\hat{\boldsymbol{\lambda}}} = \boldsymbol{A}\hat{\boldsymbol{x}} - \boldsymbol{b}, \tag{6.8b}$$

$$\dot{\hat{z}} = \boldsymbol{L}\hat{\boldsymbol{x}}, \tag{6.8c}$$

$$\hat{\boldsymbol{x}}^{+} = \frac{1}{m}\boldsymbol{1}_m \otimes (\boldsymbol{1}_m^{\mathrm{T}} \otimes \boldsymbol{I}_n)\hat{\boldsymbol{x}}, \quad \boldsymbol{\gamma} \in \mathcal{Z}, \tag{6.8d}$$

式中，$\boldsymbol{G}(\hat{\boldsymbol{x}}) = [\boldsymbol{g}_1(\boldsymbol{x}_1)^{\mathrm{T}}, \boldsymbol{g}_2(\boldsymbol{x}_2)^{\mathrm{T}}, \cdots, \boldsymbol{g}_m(\boldsymbol{x}_m)^{\mathrm{T}}]^{\mathrm{T}} \in \partial f(\hat{\boldsymbol{x}})$；$\mathcal{Z}$ 由式（6.7）定义.

首先，引入式（6.4）的增广拉格朗日函数. 拉格朗日函数的每个鞍点对应优化问题的一个解，这可以由文献［5］中的命题 3.2 来证明，所以这里只给出部分结果.

引理 6.2

在假设 6.1 下，假定式（6.4）的增广拉格朗日函数 L_{f}：$\mathbb{R}^{2mn+mq} \to \mathbb{R}$ 定义为

$$L_{\mathrm{f}}(\hat{\boldsymbol{x}}, \hat{\boldsymbol{\lambda}}, \hat{z}) = f(\hat{\boldsymbol{x}}) + \hat{\boldsymbol{\lambda}}^{\mathrm{T}}(\boldsymbol{A}\hat{\boldsymbol{x}} - \boldsymbol{b}) + \hat{z}^{\mathrm{T}}\boldsymbol{L}\hat{\boldsymbol{x}} + \frac{1}{2}\hat{\boldsymbol{x}}^{\mathrm{T}}\boldsymbol{L}\hat{\boldsymbol{x}} + \frac{1}{2}\|\boldsymbol{A}\hat{\boldsymbol{x}} - \boldsymbol{b}\|^2. \tag{6.9}$$

（i）函数 L_{f} 的任意鞍点 $(\hat{\boldsymbol{x}}^*, \hat{\boldsymbol{\lambda}}^*, \hat{z}^*)$ 中的 $\hat{\boldsymbol{x}}^*$ 一定是式（6.4）的一个解.

（ii）如果 $\hat{\boldsymbol{x}}^*$ 是式（6.4）的一个最优解，则一定存在 $\hat{\boldsymbol{\lambda}}^*$ 和 $\hat{z}^*$ 满足 $\boldsymbol{A}^{\mathrm{T}}\hat{\boldsymbol{\lambda}}^* + \boldsymbol{L}\hat{z}^* = -\boldsymbol{G}(\hat{\boldsymbol{x}}^*)$ 并且 $(\hat{\boldsymbol{x}}^*, \hat{\boldsymbol{\lambda}}^*, \hat{z}^*)$ 是函数 L_{f} 的一个鞍点.

（iii）函数 L_{f} 的任意鞍点是式（6.8）的平衡点，反之也成立.

接下来，给出一个连续可微函数 V，并证明所提算法生成的变量状态收敛到$\mathcal{R}$的一个不变集．通过引理 6.1，所提混杂系统（式（6.8））相应的不变集合$\mathcal{R}$定义为式（6.14）．

命题 6.1

假定假设 6.1 成立：

（ⅰ）式（6.8）的任意平衡点都是李雅普诺夫稳定的．

（ⅱ）令$\mathcal{M}$为$\mathcal{R}=\{\boldsymbol{\gamma}\in\mathcal{D}_{\mathrm{c}}:\boldsymbol{\gamma}\in\overline{\mathcal{D}\backslash\mathcal{Z}},\max_{\boldsymbol{p}\in f_c(\boldsymbol{\gamma})}\{\nabla V(\boldsymbol{\gamma})^{\mathrm{T}}\boldsymbol{p}\}=0\}$的最大弱不变集，则 $\boldsymbol{\gamma}(t)$随着 $t\to\infty$ 收敛到$\mathcal{M}$.

证明　定义正定函数 V：$\mathbb{R}^{2mn+mq}\to\mathbb{R}$为

$$V(\boldsymbol{\gamma})=\frac{1}{2}\|\hat{\boldsymbol{x}}-\hat{\boldsymbol{x}}^*\|^2+\frac{1}{2}\|\hat{\boldsymbol{\lambda}}-\hat{\boldsymbol{\lambda}}^*\|^2+\frac{1}{2}\|\hat{z}-\hat{z}^*\|^2, \tag{6.10}$$

式中，$(\hat{\boldsymbol{x}}^*,\hat{\boldsymbol{\lambda}}^*,\hat{z}^*)$是式（6.8）的平衡点．函数 $V(\boldsymbol{\gamma})$ 是连续可微的．对于 $\boldsymbol{\gamma}\in\overline{\mathcal{D}\backslash\mathcal{Z}}$，变量按照式（6.8）的连续动力学模型更新，函数 $V(\boldsymbol{\gamma})$ 满足下式：

$$\begin{aligned}\nabla V(\boldsymbol{\gamma})^{\mathrm{T}}\dot{\boldsymbol{\gamma}}=&-(\hat{\boldsymbol{x}}-\hat{\boldsymbol{x}}^*)^{\mathrm{T}}(\boldsymbol{L}\hat{\boldsymbol{x}}+\boldsymbol{A}^{\mathrm{T}}\hat{\boldsymbol{\lambda}}+\boldsymbol{L}\hat{z}+\boldsymbol{G}(\hat{\boldsymbol{x}})+\boldsymbol{A}^{\mathrm{T}}(\boldsymbol{A}\hat{\boldsymbol{x}}-\boldsymbol{b}))+\\&(\hat{\boldsymbol{\lambda}}-\hat{\boldsymbol{\lambda}}^*)^{\mathrm{T}}(\boldsymbol{A}\hat{\boldsymbol{x}}-\boldsymbol{b})+(\hat{z}-\hat{z}^*)^{\mathrm{T}}\boldsymbol{L}\hat{\boldsymbol{x}},\boldsymbol{G}(\hat{\boldsymbol{x}})\in\partial f(\hat{\boldsymbol{x}}).\end{aligned} \tag{6.11}$$

因为式（6.9）中的增广拉格朗日函数 $L_{\mathrm{f}}(\hat{\boldsymbol{x}},\hat{\boldsymbol{\lambda}},\hat{z})$为关于 $\hat{\boldsymbol{x}}$ 的凸函数，并且 L_{f} 关于 $\hat{\boldsymbol{x}}$ 的一阶偏导满足 $\boldsymbol{L}\hat{\boldsymbol{x}}+\boldsymbol{A}^{\mathrm{T}}\hat{\boldsymbol{\lambda}}+\boldsymbol{L}\hat{z}+\boldsymbol{G}(\hat{\boldsymbol{x}})+\boldsymbol{A}^{\mathrm{T}}(\boldsymbol{A}\hat{\boldsymbol{x}}-\boldsymbol{b})\in\partial_{\hat{\boldsymbol{x}}}L_{\mathrm{f}}(\boldsymbol{\gamma})$，可得

$$(\hat{\boldsymbol{x}}^*-\hat{\boldsymbol{x}})^{\mathrm{T}}(\boldsymbol{L}\hat{\boldsymbol{x}}+\boldsymbol{A}^{\mathrm{T}}\hat{\boldsymbol{\lambda}}+\boldsymbol{L}\hat{z}+\boldsymbol{G}(\hat{\boldsymbol{x}})+\boldsymbol{A}^{\mathrm{T}}(\boldsymbol{A}\hat{\boldsymbol{x}}-\boldsymbol{b}))\leqslant L_{\mathrm{f}}(\hat{\boldsymbol{x}}^*,\hat{\boldsymbol{\lambda}},\hat{z})-L_{\mathrm{f}}(\hat{\boldsymbol{x}},\hat{\boldsymbol{\lambda}},\hat{z}). \tag{6.12}$$

并且，L_{f} 为 $\hat{\boldsymbol{\lambda}}$ 和 $\hat{z}$ 的线性函数，意味着

$$(\hat{\boldsymbol{\lambda}}-\hat{\boldsymbol{\lambda}}^*)^{\mathrm{T}}(\boldsymbol{A}\hat{\boldsymbol{x}}-\boldsymbol{b})+(\hat{z}-\hat{z}^*)^{\mathrm{T}}\boldsymbol{L}\hat{\boldsymbol{x}}=L_{\mathrm{f}}(\hat{\boldsymbol{x}},\hat{\boldsymbol{\lambda}},\hat{z})-L_{\mathrm{f}}(\hat{\boldsymbol{x}},\hat{\boldsymbol{\lambda}}^*,\hat{z}^*). \tag{6.13}$$

将式（6.12）和式（6.13）代入式（6.11），可得$\nabla V(\boldsymbol{\gamma})^{\mathrm{T}}\dot{\boldsymbol{\gamma}}\leqslant L_{\mathrm{f}}(\hat{\boldsymbol{x}}^*,\hat{\boldsymbol{\lambda}},\hat{z})-L_{\mathrm{f}}(\hat{\boldsymbol{x}},\hat{\boldsymbol{\lambda}},\hat{z})+L_{\mathrm{f}}(\hat{\boldsymbol{x}},\hat{\boldsymbol{\lambda}},\hat{z})-L_{\mathrm{f}}(\hat{\boldsymbol{x}},\hat{\boldsymbol{\lambda}}^*,\hat{z}^*)$．由于$(\hat{\boldsymbol{x}}^*,\hat{\boldsymbol{\lambda}}^*,\hat{z}^*)$是 L_{f} 的鞍点，因此 $L_{\mathrm{f}}(\hat{\boldsymbol{x}}^*,\hat{\boldsymbol{\lambda}},\hat{z})\leqslant L_{\mathrm{f}}(\hat{\boldsymbol{x}},\hat{\boldsymbol{\lambda}}^*,\hat{z}^*)$，这意味着$\nabla V(\boldsymbol{\gamma})^{\mathrm{T}}\dot{\boldsymbol{\gamma}}\leqslant 0$.

接下来，考虑 $\boldsymbol{\gamma}\in\mathcal{Z}$的情况．由式（6.8）中的离散时间更新，可得

$$
\begin{aligned}
2\Delta V(\boldsymbol{\gamma}) &= 2(\boldsymbol{V}(\boldsymbol{\gamma}^{+}) - \boldsymbol{V}(\boldsymbol{\gamma})) \\
&= \|\hat{\boldsymbol{x}}^{+} - \hat{\boldsymbol{x}}^{*}\|^{2} - \|\hat{\boldsymbol{x}} - \hat{\boldsymbol{x}}^{*}\|^{2} \\
&= \langle \frac{1}{m}\mathbf{1}_{m}\otimes(\mathbf{1}_{m}^{\mathrm{T}}\otimes\boldsymbol{I}_{n})\hat{\boldsymbol{x}} - \hat{\boldsymbol{x}}, \frac{1}{m}\mathbf{1}_{m}\otimes(\mathbf{1}_{m}^{\mathrm{T}}\otimes\boldsymbol{I}_{n})\hat{\boldsymbol{x}} + \hat{\boldsymbol{x}} - 2\hat{\boldsymbol{x}}^{*} \rangle \\
&= \left\| \frac{1}{m}\mathbf{1}_{m}\otimes(\mathbf{1}_{m}^{\mathrm{T}}\otimes\boldsymbol{I}_{n})\hat{\boldsymbol{x}} - \hat{\boldsymbol{x}} \right\|^{2} + \\
&\quad 2\langle \frac{1}{m}\mathbf{1}_{m}\otimes(\mathbf{1}_{m}^{\mathrm{T}}\otimes\boldsymbol{I}_{n})\hat{\boldsymbol{x}} - \hat{\boldsymbol{x}}, \hat{\boldsymbol{x}} - \hat{\boldsymbol{x}}^{*} \rangle \\
&= \left\| \frac{1}{m}\mathbf{1}_{m}\otimes(\mathbf{1}_{m}^{\mathrm{T}}\otimes\boldsymbol{I}_{n})\hat{\boldsymbol{x}} \right\|^{2} + \|\hat{\boldsymbol{x}}\|^{2} - 2\langle \frac{1}{m}\mathbf{1}_{m}\otimes(\mathbf{1}_{m}^{\mathrm{T}}\otimes\boldsymbol{I}_{n})\hat{\boldsymbol{x}}, \hat{\boldsymbol{x}} \rangle + \\
&\quad \frac{2}{m}\langle \mathbf{1}_{m}\otimes(\mathbf{1}_{m}^{\mathrm{T}}\otimes\boldsymbol{I}_{n})\hat{\boldsymbol{x}}, \hat{\boldsymbol{x}} - \hat{\boldsymbol{x}}^{*} \rangle - 2\langle \hat{\boldsymbol{x}}, \hat{\boldsymbol{x}} - \hat{\boldsymbol{x}}^{*} \rangle \\
&= \left\| \frac{1}{m}\mathbf{1}_{m}\otimes(\mathbf{1}_{m}^{\mathrm{T}}\otimes\boldsymbol{I}_{n})\hat{\boldsymbol{x}} \right\|^{2} + \|\hat{\boldsymbol{x}}\|^{2} - 2\langle \frac{1}{m}\mathbf{1}_{m}\otimes(\mathbf{1}_{m}^{\mathrm{T}}\otimes\boldsymbol{I}_{n})(\hat{\boldsymbol{x}} - \hat{\boldsymbol{x}}^{*}), \hat{\boldsymbol{x}} \rangle - \\
&\quad 2\langle \hat{\boldsymbol{x}}^{*}, \hat{\boldsymbol{x}} \rangle + \frac{2}{m}\langle \mathbf{1}_{m}\otimes(\mathbf{1}_{m}^{\mathrm{T}}\otimes\boldsymbol{I}_{n})\hat{\boldsymbol{x}}, \hat{\boldsymbol{x}} - \hat{\boldsymbol{x}}^{*} \rangle - 2\langle \hat{\boldsymbol{x}}, \hat{\boldsymbol{x}} \rangle + 2\langle \hat{\boldsymbol{x}}, \hat{\boldsymbol{x}}^{*} \rangle \\
&= \left\| \mathbf{1}_{m}\otimes\frac{(\mathbf{1}_{m}^{\mathrm{T}}\otimes\boldsymbol{I}_{n})\hat{\boldsymbol{x}}}{m} \right\|^{2} - \langle \hat{\boldsymbol{x}}, \hat{\boldsymbol{x}} \rangle.
\end{aligned}
$$

由函数 $\|\cdot\|^{2}$ 的凸性，直观得到 $\left\| \frac{1}{m}\mathbf{1}_{m}\otimes(\mathbf{1}_{m}^{\mathrm{T}}\otimes\boldsymbol{I}_{n})\hat{\boldsymbol{x}} \right\|^{2} \leqslant \langle \hat{\boldsymbol{x}}, \hat{\boldsymbol{x}} \rangle$. 因此，$\Delta V \leqslant 0$. 由文献［1］中的混杂李雅普诺夫定理，可知所提算法的平衡点都是李雅普诺夫稳定的，并且变量状态都是有界的.

考虑式（6.8）为形如式（6.5）的非线性混杂动态系统. 因为变量状态都是有界的，并且局部函数都是凸函数，则所提方法满足假设 6.2. 对应的正不变集为 $\mathcal{D}_{\mathrm{c}} = \{\boldsymbol{\gamma} : V(\boldsymbol{\gamma}) \leqslant c\}$，其中 $c > 0$. 定义集合 $\mathcal{R}$ 为

$$
\mathcal{R} = \{\boldsymbol{\gamma} \in \mathcal{D}_{\mathrm{c}} : \boldsymbol{\gamma} \in \overline{\mathcal{D}\backslash\mathcal{Z}}, \quad \max_{\boldsymbol{p} \in f_{\mathrm{c}}(\boldsymbol{\gamma})} \{\nabla V(\boldsymbol{\gamma})^{\mathrm{T}}\boldsymbol{p}\} = 0\}. \qquad (6.14)
$$

由引理 6.1 可知，有界变量 $\boldsymbol{\gamma}(t)$ 随着 $t \to \infty$ 的收敛到 $\mathcal{R}$ 的弱不变集.

由命题 6.1，证明式（6.8）的平衡点是李雅普诺夫稳定的，并且变量状态收敛到不变集 $\mathcal{M}$. 为了证明变量状态也收敛到平衡点集，接下来证明集合 $\mathcal{M}$ 中的点都是式（6.8）的平衡点. 在证明之前，引入一个相关的引理.

引理 6.3

令 $f(\boldsymbol{v}):\mathbb{R}^n\to\mathbb{R}$ 为局部 Lipschitz 的凸函数. $\boldsymbol{v}^*$ 为约束 $\boldsymbol{Bv}-\boldsymbol{u}=\boldsymbol{0}$ 下最小化 $f(\boldsymbol{v}(t))$ 的最优解，其中 $\boldsymbol{B}\in\mathbb{R}^{q\times n},\boldsymbol{u}\in\mathbb{R}^{q\times 1}$. 定义 $\tilde{f}(\boldsymbol{v})\triangleq f(\boldsymbol{v})+\boldsymbol{w}^{\mathrm{T}}(\boldsymbol{Bv}(t)-\boldsymbol{u})$，其中 $\boldsymbol{w}\in\mathbb{R}^q$ 为最优对偶变量. 从 $\boldsymbol{v}^*$ 开始，满足 $\dot{\boldsymbol{v}}(t)\in-\partial\tilde{f}(\boldsymbol{v}(t))$ 的唯一解是 $\boldsymbol{v}(t)=\boldsymbol{v}^*$.

证明　用反证法证明结果. 假定 $\boldsymbol{v}(t)$ 不恒等于 $\boldsymbol{v}^*$. 因为函数 $\tilde{f}(\boldsymbol{v}(t))$ 随着连续时间更新 $\dot{\boldsymbol{v}}(t)\in-\partial\tilde{f}(\boldsymbol{v}(t))$ 为单调非增的，变量轨迹 $\boldsymbol{v}(t)$ 一定保持在 $\tilde{f}(\boldsymbol{v}(t))$ 最小解中，并且随着 t 变化函数值保持不变. 定义 t' 为满足 $-\partial\tilde{f}(\boldsymbol{v}^*(t))\ni\boldsymbol{\eta}=\dot{\boldsymbol{v}}(t')\neq 0$ 的第一个时刻. 利用文献［6］的引理 1，可得 $0=\frac{\mathrm{d}}{\mathrm{d}t}\tilde{f}(\boldsymbol{v}^*(t))=\boldsymbol{\eta}^{\mathrm{T}}\boldsymbol{\delta}$ 对于所有的 $\boldsymbol{\delta}\in\partial\tilde{f}(\boldsymbol{v}^*(t))$ 都成立. 当 $\boldsymbol{\delta}=-\boldsymbol{\eta}$ 时，有 $0=-\|\boldsymbol{\eta}\|^2$，即产生矛盾. 因此，$\boldsymbol{v}(t)\equiv\boldsymbol{v}^*$.

命题 6.2

在假设 6.1 下，式（6.8）收敛到它的平衡点集.

证明　任选一个点 $\boldsymbol{\gamma}\in\mathcal{M}$. 令 $V,\mathcal{R},\mathcal{M}$ 定义在命题 6.1 中. 因为不变集 $\mathcal{M}$ 属于 $\mathcal{R}$，因此 $\boldsymbol{\gamma}$ 满足关系 $\boldsymbol{\gamma}\in\overline{\mathcal{D}\setminus\mathcal{Z}}$ 和 $\nabla V^{\mathrm{T}}(\boldsymbol{\gamma})\boldsymbol{p}=0$，其中 $\boldsymbol{p}\in f_{\mathrm{c}}(\boldsymbol{\gamma})$. 通过命题 6.1 中的讨论，有

$$
\begin{aligned}
&L_{\mathrm{f}}(\hat{\boldsymbol{x}}^*,\hat{\boldsymbol{\lambda}},\hat{z})-L_{\mathrm{f}}(\hat{\boldsymbol{x}},\hat{\boldsymbol{\lambda}}^*,\hat{z}^*)=0,\\
&f(\hat{\boldsymbol{x}}^*)-f(\hat{\boldsymbol{x}})-\hat{\boldsymbol{\lambda}}^{*\mathrm{T}}(\boldsymbol{A}\hat{\boldsymbol{x}}-\boldsymbol{b})-\hat{z}^{*\mathrm{T}}\boldsymbol{L}\hat{\boldsymbol{x}}-\frac{1}{2}\hat{\boldsymbol{x}}^{\mathrm{T}}\boldsymbol{L}\hat{\boldsymbol{x}}-\frac{1}{2}\|\boldsymbol{A}\hat{\boldsymbol{x}}-\boldsymbol{b}\|^2=0,
\end{aligned}
\tag{6.15}
$$

式中，$(\hat{\boldsymbol{x}}^*,\hat{\boldsymbol{\lambda}}^*,\hat{z}^*)$ 是式（6.8）的平衡点. 定义函数 H_{f}：$\mathbb{R}^{2mn+mq}\to\mathbb{R}$ 为 $H_{\mathrm{f}}(\boldsymbol{\gamma})=f(\hat{\boldsymbol{x}})+\hat{\boldsymbol{\lambda}}^{\mathrm{T}}(\boldsymbol{A}\hat{\boldsymbol{x}}-\boldsymbol{b})+\hat{z}^{\mathrm{T}}\boldsymbol{L}\hat{\boldsymbol{x}}$. 函数 H_{f} 为 $\hat{\boldsymbol{x}}$ 的凸函数，为 $(\hat{z},\hat{\boldsymbol{\lambda}})$ 的线性函数，和 L_{f} 有相同的鞍点. 因此，$H_{\mathrm{f}}(\hat{\boldsymbol{x}}^*,\hat{\boldsymbol{\lambda}},\hat{z})-H_{\mathrm{f}}(\hat{\boldsymbol{x}},\hat{\boldsymbol{\lambda}}^*,\hat{z}^*)\leqslant 0$，或者 $f(\hat{\boldsymbol{x}}^*)-f(\hat{\boldsymbol{x}})-\hat{\boldsymbol{\lambda}}^{*\mathrm{T}}(\boldsymbol{A}\hat{\boldsymbol{x}}-\boldsymbol{b})-\hat{z}^{*\mathrm{T}}\boldsymbol{L}\hat{\boldsymbol{x}}\leqslant 0$. 对比这个不等式和

式（6.15），等式 $L\hat{x}=0$，$A\hat{x}=b$ 和 $f(\hat{x})=f(\hat{x}^*)$ 成立，意味着 $\hat{x}$ 是式（6.4）的最优解.

由于$\mathcal{M}$是$\mathcal{R}$的弱不变集，$\hat{x}$ 中的个体变量保持一致，即 $\hat{x}(t)=\mathbf{1}_m\otimes v(t)$，其中 $v(t)$ 是式（6.4）的解，并且 $A\hat{x}(t)=b$. 因此$\frac{\mathrm{d}\hat{\lambda}(t)}{\mathrm{d}t}=0$，$\mathcal{M}$中的 $\hat{\lambda}(t)$ 是所提方法的平衡点，同时也是最优对偶变量，用常向量 $\hat{w}\in\mathbb{R}^{mq}$表示. 式子 $\mathbf{1}_m\otimes\dot{v}(\mathrm{t})+L\hat{z}(t)+A^{\mathrm{T}}\hat{w}\in-\partial f(\hat{x}(t))$ 两端同时乘 $\mathbf{1}_m^{\mathrm{T}}\otimes I_n$，可以得到 $m\dot{v}(t)\in-\sum_{i=1}^{m}(\partial f_i(v(t))+A_i^{\mathrm{T}}w_i)$. 由引理 6.3，可得 $\dot{v}(t)=\mathbf{0}$ 和 $L\hat{z}(t)+A^{\mathrm{T}}\hat{w}\in-\partial f(\hat{x}(t))$. 因此，任何点$(\hat{x},\hat{\lambda},\hat{z})\in\mathcal{M}$都是式（6.8）的一个平衡点. 由于在命题 6.1 中已经证得式（6.8）会收敛到集合$\mathcal{M}$，因此变量轨迹最终收敛到式（6.8）的平衡点集合.

接下来，将利用半稳定性理论来证明变量轨迹收敛于式（6.8）的一个平衡点，也意味着变量状态收敛到式（6.4）的一个最优解.

在此，先引入一个引理，讨论非线性脉冲系统的半稳定性，具体证明可参考文献［4］.

引理 6.4

假定解是有界的，并且令 $\gamma(\cdot)$ 为式（6.8）的一个解，初始点 $\gamma(0)=\gamma_0\in\mathbb{R}^{2mn+mq}$. 如果 e 是 γ_0 极限集合中一个李雅普诺夫稳定的平衡点，则 $\lim_{t\to\infty}\gamma(t)=e$ 且 $w(\gamma_0)=\{e\}$.

定理 6.1

假定假设 6.1 成立，所提出的式（6.8）生成的任意轨迹 $\gamma(t)$ 收敛到式（6.4）的一个最优解.

证明　由命题 6.1 和命题 6.2，证得 $\gamma(t)$收敛到式（6.8）的平衡点集合且所有的平衡点都是李雅普诺夫稳定的. 因此，任意极限点 γ^* 都是李雅普诺夫稳定的. 由引理 6.4 可得变量 $\gamma(t)$随着 $t\to\infty$ 收敛到式（6.8）的一个李雅普诺夫稳定的平衡点. 由引理 6.2 可知，式（6.8）任意轨迹收敛到式（6.4）的一个最优解.

注 简言之，所提出算法的收敛性能分析过程如下：

首先，在命题 6.1 中证明变量收敛到一个弱不变集，并且式（6.8）的平衡点都是李雅普诺夫稳定的. 其次，在命题 6.2 中进一步证明不变集中的变量都是式（6.8）的平衡点. 最后，利用半稳定性理论，证明任意变量轨迹都收敛到一个平衡点，也意味着任意变量状态都收敛到式（6.4）的一个最优解.

6.3.4 数值仿真

考虑由 5 个智能体求解的分布式优化问题（6.4），如图 6.1 所示.

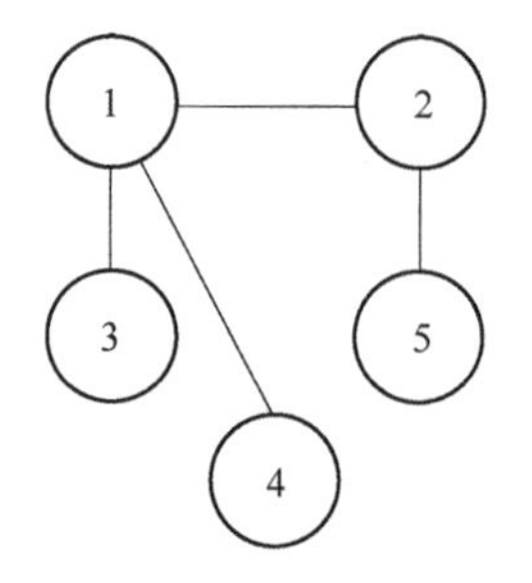

图 6.1 多智能体网络连接拓扑

为了对比仿真结果，在此给出仅具有连续动力学的分布式算法[3]来求解式（6.4），其中每个个体的更新如下：

$$\dot{\boldsymbol{x}}_i(t)=\sum_{j\in\mathcal{N}_i}a_{ij}(\boldsymbol{x}_j(t)-\boldsymbol{x}_i(t))+\sum_{j\in\mathcal{N}_i}a_{ij}(\boldsymbol{z}_j(t)-\boldsymbol{z}_i(t))-$$

$$\boldsymbol{A}_i^{\mathrm{T}}\boldsymbol{\lambda}_i-\boldsymbol{g}_i(\boldsymbol{x}_i(t))-\boldsymbol{A}_i^{\mathrm{T}}(\boldsymbol{A}_i\boldsymbol{x}_i(t)-\boldsymbol{b}_i),\tag{6.16a}$$

$$\dot{\boldsymbol{\lambda}}_i(t)=\boldsymbol{A}_i\boldsymbol{x}_i(t)-\boldsymbol{b}_i,\tag{6.16b}$$

$$\dot{\boldsymbol{z}}_i(t)=\sum_{j\in\mathcal{N}_i}a_{ij}(\boldsymbol{x}_i(t)-\boldsymbol{x}_j(t)),\tag{6.16c}$$

该方法与式（6.6）相似，唯一的不同在于式（6.16）是完全连续时间算法，不存在离散动力学.

接下来，利用所提的分布式混杂脉冲算法（式（6.6））和分布式连续时间算法（式（6.16））来求解多智能体网络上一个带有 L_1 正则项的线性回归问题，其中优化变量维度为 $n=2$，并且目标函数为不可微的. 图 6.1

所示的多智能体网络拓扑的邻接矩阵 $\boldsymbol{A}$ 为

$$\boldsymbol{A}=\begin{bmatrix} 0 & \frac{1}{4} & \frac{1}{5} & \frac{1}{6} & 0 \\ \frac{1}{4} & 0 & 0 & 0 & \frac{1}{4} \\ \frac{1}{5} & 0 & 0 & 0 & 0 \\ \frac{1}{6} & 0 & 0 & 0 & 0 \\ 0 & \frac{1}{4} & 0 & 0 & 0 \end{bmatrix}.$$

网络上带有 L_1 正则项的线性回归问题可以建模为如下分布式优化问题：

$$\min \quad f(\boldsymbol{x}),f(\boldsymbol{x})=\frac{1}{2}\sum_{i=1}^{5}(\boldsymbol{x}^{\mathrm{T}}\boldsymbol{d}_i-y_i)^2+\mu\|\boldsymbol{x}\|_1, \tag{6.17a}$$

$$\text{s. t.} \quad \boldsymbol{A}_i\boldsymbol{x}=\boldsymbol{b}_i,\ i=1,2,\cdots,5, \tag{6.17b}$$

式中，$\boldsymbol{x}\in\mathbb{R}^2$ 为未知优化变量；$\boldsymbol{d}_i\in\mathbb{R}^2$ 是第 i 个样本的特征向量；$y_i\in\mathbb{R}$ 是第 i 个样本的期望输出；$\boldsymbol{A}_i,\boldsymbol{b}_i$ 代表了局部等式约束，正则化因子 $\mu=0.01$.

对于每个个体 i，变量初始值 $\hat{\boldsymbol{x}}_0,\hat{\boldsymbol{\lambda}}_0,\hat{\boldsymbol{z}}_0$ 随机生成. 仿真时间设为 $t=10$，对比式（6.6）和式（6.16）的仿真结果，这两种方法生成的变量 $\boldsymbol{x}_i$，$\boldsymbol{\lambda}_i,\boldsymbol{z}_i,i\in\{1,2,\cdots,5\}$ 的轨迹如图 6.2 所示. 由图 6.2 中的局部优化变量轨迹可知，不同个体的变量收敛到同一个值，即网络中的所有个体达到一致；并且可以看出，所提混杂算法（式（6.6））生成的变量轨迹具有更好的暂态性能.

具体来说，不同个体间的变量差 $\hat{\boldsymbol{x}}(t)^{\mathrm{T}}\boldsymbol{L}\hat{\boldsymbol{x}}(t)$ 绘制在图 6.3（a）中，结果表明，与连续时间算法相比，所提的混杂算法具有更好的一致收敛性. 图 6.3（b）绘制了 $\hat{\boldsymbol{x}}(t)-\hat{\boldsymbol{x}}^*$ 随时间变化的轨迹. 可以看出，这两种方法生成的变量 $\hat{\boldsymbol{x}}(t)$ 都最终收敛到一个最优解且混杂算法轨迹有五次状态跳变.

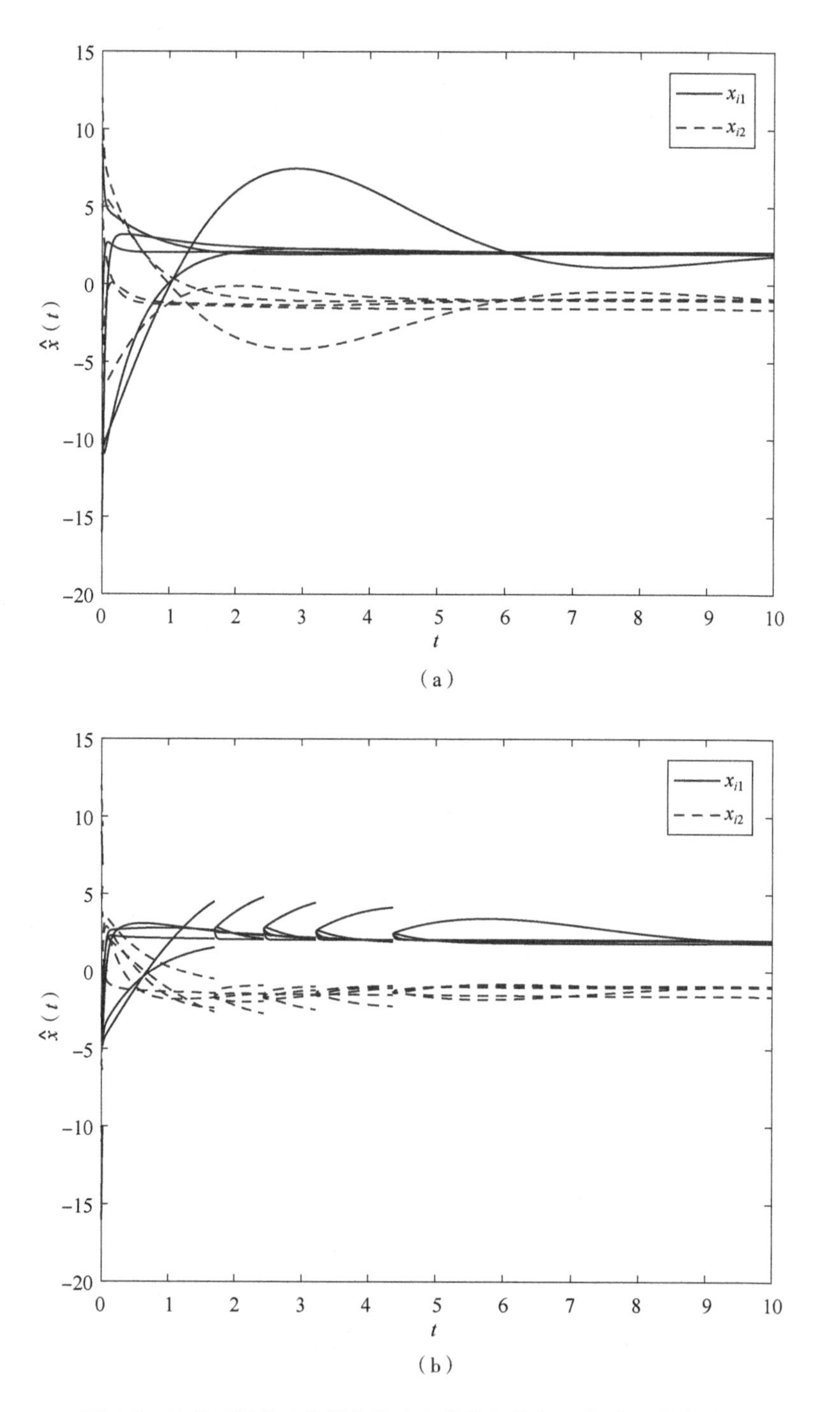

图 6.2 连续时间算法和混杂算法生成的变量 $\hat{x}(t)$ 轨迹（附彩图）

（a）连续算法（6.16）生成的 $\hat{x}$ 轨迹；（b）混杂算法（6.6）生成的 $\hat{x}$ 轨迹

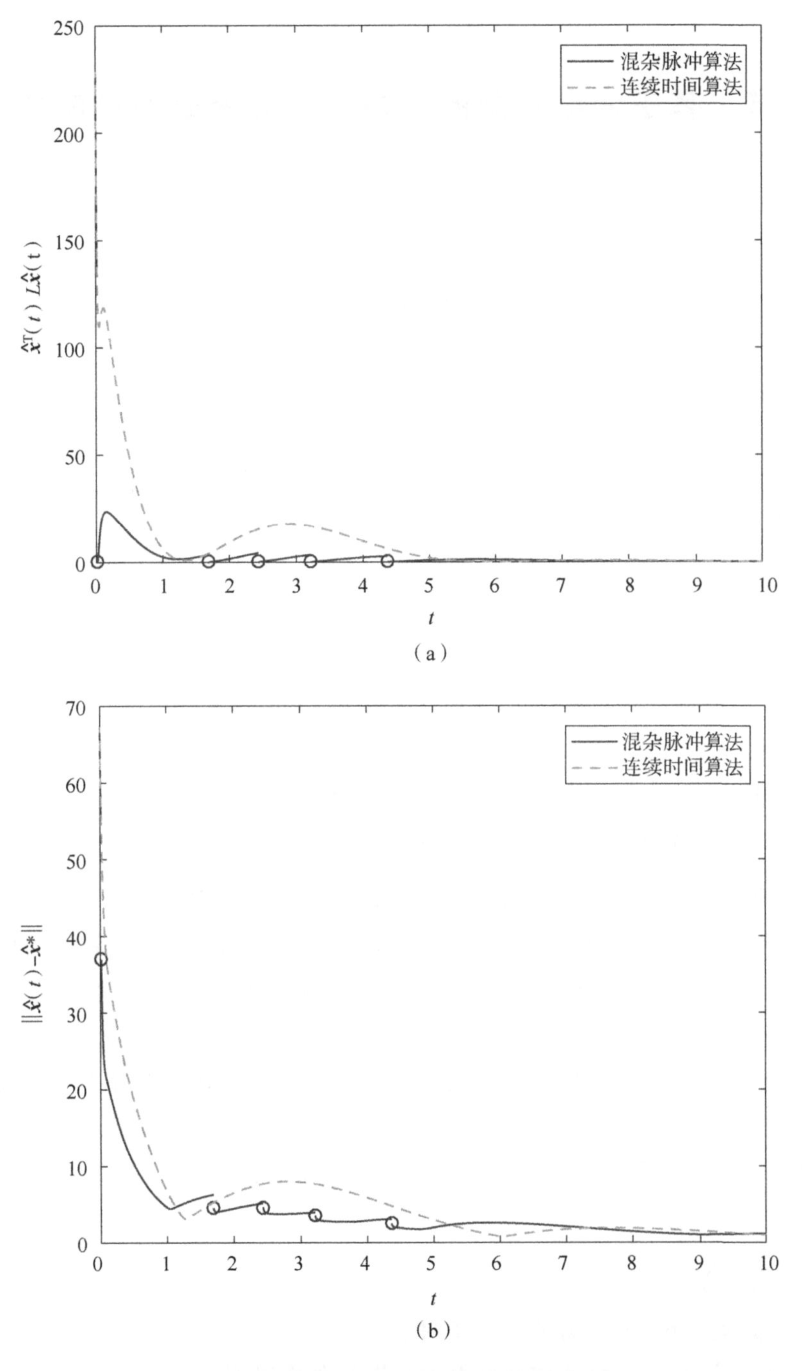

图 6.3　$\hat{x}^{T}L\hat{x}$ 和 $\hat{x}(t)-\hat{x}^{*}$ 随时间变化轨迹(附彩图)

(a) $\hat{x}^{T}L\hat{x}$ 随时间变化的轨迹；(b) $\hat{x}(t)-\hat{x}^{*}$ 随时间变化的轨迹

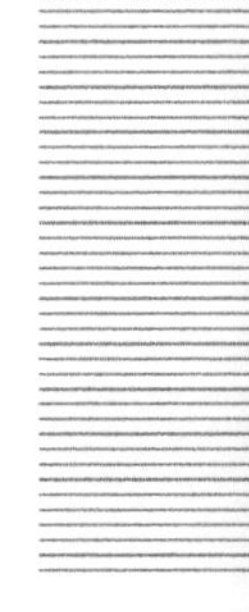

6.4 基于混杂控制的分布式非光滑资源分配控制

本节研究带有不可微分代价函数的分布式非光滑资源分配控制问题.

考虑由 m 个节点构成的多智能体网络系统，个体之间通过网络拓扑$\mathcal{G}$进行通信. 每个个体已知局部的不可微分目标函数和局部可行约束集合 Ω_i，网络中每个个体 i 的局部优化变量估计为 $\boldsymbol{x}_i \in \Omega_i \subset \mathbb{R}^{q_i}$，其中 q_i 为局部变量估计的维度. 所有个体的估计变量定义为 $\boldsymbol{x} \triangleq [\boldsymbol{x}_1^{\mathrm{T}}, \boldsymbol{x}_2^{\mathrm{T}}, \cdots, \boldsymbol{x}_m^{\mathrm{T}}]^{\mathrm{T}} \in \Omega \triangleq \prod_{i=1}^{m} \Omega_i \subset \mathbb{R}^{\sum_{i=1}^{m} q_i}$. 网络的全局目标函数为$f(\boldsymbol{x}) = \sum_{i=1}^{m} f_i(\boldsymbol{x}_i), \boldsymbol{x} \in \Omega \subset \mathbb{R}^{\sum_{i=1}^{m} q_i}$.

构建如下分布式资源分配优化问题：

$$\min f(\boldsymbol{x}), \ f(\boldsymbol{x}) = \sum_{i=1}^{m} f_i(\boldsymbol{x}_i), \tag{6.18a}$$

$$\text{s.t.}\ \boldsymbol{W}\boldsymbol{x} = \sum_{i=1}^{m} \boldsymbol{W}_i \boldsymbol{x}_i = \boldsymbol{d}_0, \quad \boldsymbol{x}_i \in \Omega_i \subset \mathbb{R}^{q_i}, \tag{6.18b}$$

式中，$\boldsymbol{W}_i \in \mathbb{R}^{n \times q_i}, i \in \{1, 2, \cdots, m\}$，并且 $\boldsymbol{W} = [\boldsymbol{W}_1, \boldsymbol{W}_2, \cdots, \boldsymbol{W}_m] \in \mathbb{R}^{n \times \sum_{i=1}^{m} q_i}$. 在该问题中，个体 i 具有本地变量 $\boldsymbol{x}_i \in \Omega_i \subset \mathbb{R}^{q_i}$、目标函数 $f_i(\boldsymbol{x}_i)$、集合约束 $\Omega_i \subset \mathbb{R}^{q_i}$、约束矩阵 $\boldsymbol{W}_i \in \mathbb{R}^{n \times q_i}$和来自邻居个体的通信信息.

分布式非光滑资源分配的目标是用分布式的算法来求解式（6.18）. 在多智能体网络中，每个个体只知道本地的局部代价函数、本地集合约束、全局等式约束的分解信息以及通过个体之间的局部通信传输的信息. 每个智能体求解局部约束优化问题，并通过局部通信与邻居共享其估计解，从而获得全局最优解.

为了使问题得到很好的解决，引入以下假设，这些条件在分布式优化中是相当普遍的.

假设 6.3

考虑式（6.18）满足如下条件：

（1）个体之间的通信网络拓扑$\mathcal{G}$是无向连通图.

（2）对于所有个体 $i \in \{1, 2, \cdots, m\}$，$f_i(\boldsymbol{x}_i)$ 函数是在包含集合 Ω_i 的

开集合上的严格凸函数，并且集合 $\Omega_i \subset \mathbb{R}^{q_i}$ 是闭凸集.

(3)（Slater's 约束条件）存在变量 $\boldsymbol{x} \in \Omega^{\circ}$ 满足约束 $\boldsymbol{W}\boldsymbol{x} = \boldsymbol{d}_0$，其中 Ω° 是集合 Ω 的内点.

注　式（6.18）所述的分布式优化问题由于其一般的描述方法可以涵盖很多优化问题. 例如，通过允许目标函数不可微和更一般的等式约束，将资源分配问题[7-8]中的优化模型推广. 通过允许异构约束，将研究文献［9］中的模型推广到分布式约束一致性问题中.

6.4.1　分布式混杂算法设计

在进行算法设计之前，定义一些必要的数学符号. 定义变量 $\boldsymbol{x} \triangleq [\boldsymbol{x}_1^{\mathrm{T}}, \boldsymbol{x}_2^{\mathrm{T}}, \cdots, \boldsymbol{x}_m^{\mathrm{T}}]^{\mathrm{T}} \in \Omega \subset \mathbb{R}^{\sum_{i=1}^{m} q_i}$, $\boldsymbol{y} \triangleq [\boldsymbol{y}_1^{\mathrm{T}}, \boldsymbol{y}_2^{\mathrm{T}}, \cdots, \boldsymbol{y}_m^{\mathrm{T}}]^{\mathrm{T}} \in \mathbb{R}^{\sum_{i=1}^{m} q_i}$, $\boldsymbol{\lambda} = [\boldsymbol{\lambda}_1^{\mathrm{T}}, \boldsymbol{\lambda}_2^{\mathrm{T}}, \cdots, \boldsymbol{\lambda}_m^{\mathrm{T}}]^{\mathrm{T}} \in \mathbb{R}^{mn}$, $\boldsymbol{z} = [\boldsymbol{z}_1^{\mathrm{T}}, \boldsymbol{z}_2^{\mathrm{T}}, \cdots, \boldsymbol{z}_m^{\mathrm{T}}]^{\mathrm{T}} \in \mathbb{R}^{mn}$ 和 $\boldsymbol{\gamma}(t) = \mathrm{col}\{\boldsymbol{y}(t), \boldsymbol{x}(t), \boldsymbol{\lambda}(t), \boldsymbol{z}(t)\} \in \mathbb{R}^{2mn+2\sum_{i=1}^{m} q_i}$. 本节提出分布式混杂算法求解带有不可微分目标函数的资源分配问题（式（6.18））如下：

$$
\begin{cases}
\dot{\boldsymbol{y}}_i(t) \in -\boldsymbol{y}_i(t) + \boldsymbol{x}_i(t) - \partial f_i(\boldsymbol{x}_i(t)) + \boldsymbol{W}_i^{\mathrm{T}} \boldsymbol{\lambda}_i(t), \\
\dot{\boldsymbol{\lambda}}_i(t) = \boldsymbol{d}_i - \boldsymbol{W}_i \boldsymbol{x}_i(t) - \sum\limits_{j=1}^{n} a_{i,j}(\boldsymbol{\lambda}_i(t) - \boldsymbol{\lambda}_j(t)) - \\
\qquad \sum\limits_{j=1}^{n} a_{i,j}(\boldsymbol{z}_i(t) - \boldsymbol{z}_j(t)), \quad \boldsymbol{\gamma}(t) \notin \mathcal{Z} \\
\dot{\boldsymbol{z}}_i(t) = \sum\limits_{j=1}^{n} a_{i,j}(\boldsymbol{\lambda}_i(t) - \boldsymbol{\lambda}_j(t)), \\
\boldsymbol{x}_i(t) = P_{\Omega_i}(\boldsymbol{y}_i(t)), \\
\boldsymbol{\lambda}_i^{+} = \dfrac{1}{m} \sum\limits_{j=1}^{m} \boldsymbol{\lambda}_j(t), \quad \boldsymbol{\gamma}(t) \in \mathcal{Z},
\end{cases}
\tag{6.19}
$$

式中，$t \geqslant 0$，变量 $\boldsymbol{y}_i(t)$ 满足 $\boldsymbol{y}_i(0) = \boldsymbol{y}_{i0} \in \mathbb{R}^{q_i}$, $\boldsymbol{x}_i(0) = \boldsymbol{x}_{i0} \in \Omega_i \subset \mathbb{R}^{q_i}$, $\boldsymbol{\lambda}_i(0) = \boldsymbol{\lambda}_{i0} \in \mathbb{R}^n$, $\boldsymbol{z}_i(0) = \boldsymbol{z}_{i0} \in \mathbb{R}^n$，$\sum_{i=1}^{m} \boldsymbol{d}_i = \boldsymbol{d}_0$，并且 $a_{i,j}$ 是网络拓扑 $\mathcal{G}$ 的邻接矩阵的

第 (i,j) 个元素.

重置集合定义为

$$\mathcal{Z}=\left\{\boldsymbol{\gamma}(t):\frac{\mathrm{d}}{\mathrm{d}t}\boldsymbol{\lambda}(t)^{\mathrm{T}}\boldsymbol{L}\boldsymbol{\lambda}(t)\leqslant\sigma\right\},\tag{6.20}$$

式中，$\sigma<0$.

令 $\boldsymbol{W}=[\boldsymbol{W}_1,\boldsymbol{W}_2,\cdots,\boldsymbol{W}_m]\in\mathbb{R}^{n\times\sum_{i=1}^{m}q_i}$ 和 $\overline{\boldsymbol{W}}=\operatorname{diag}\{\boldsymbol{W}_1,\boldsymbol{W}_2,\cdots,\boldsymbol{W}_m\}\in\mathbb{R}^{nm\times\sum_{i=1}^{m}q_i}$，定义改进的拉格朗日函数 $\hat{L}$：$\boldsymbol{\Omega}\times\mathbb{R}^{nm}\times\mathbb{R}^{nm}$ 为

$$\hat{L}(\boldsymbol{x},\boldsymbol{z},\boldsymbol{\lambda})=f(\boldsymbol{x})+\boldsymbol{\lambda}^{\mathrm{T}}(\boldsymbol{d}-\overline{\boldsymbol{W}}\boldsymbol{x}-\boldsymbol{L}\boldsymbol{z})-\frac{1}{2}\boldsymbol{\lambda}^{\mathrm{T}}\boldsymbol{L}\boldsymbol{\lambda},\tag{6.21}$$

式中，$\boldsymbol{L}=\boldsymbol{L}_m\otimes\boldsymbol{I}_n\in\mathbb{R}^{nm\times nm}$，$\boldsymbol{L}_m\in\mathbb{R}^{m\times m}$是拓扑图$\mathcal{G}$的拉普拉斯矩阵.

式（6.19）可以写成如下形式：

$$\begin{bmatrix}\dot{\boldsymbol{y}}(t)\\ \dot{\boldsymbol{\lambda}}(t)\\ \dot{\boldsymbol{z}}(t)\end{bmatrix}\in\mathcal{F}(\boldsymbol{y}(t),\boldsymbol{\lambda}(t),\boldsymbol{z}(t)),\tag{6.22}$$

$$\boldsymbol{x}(t)=P_{\Omega}(\boldsymbol{y}(t)),\tag{6.23}$$

$$\mathcal{F}(\boldsymbol{y},\boldsymbol{\lambda},\boldsymbol{z})\triangleq\left\{\begin{bmatrix}-\boldsymbol{y}+\boldsymbol{x}-\boldsymbol{p}_x\\ \nabla_{\boldsymbol{\lambda}}\hat{L}(\boldsymbol{x},\boldsymbol{z},\boldsymbol{\lambda})\\ -\nabla_{\boldsymbol{z}}\hat{L}(\boldsymbol{x},\boldsymbol{z},\boldsymbol{\lambda})\end{bmatrix}:\boldsymbol{p}_x\in\partial_x\hat{L}(\boldsymbol{x},\boldsymbol{z},\boldsymbol{\lambda}),\boldsymbol{x}=P_{\Omega}(\boldsymbol{y})\right\},\tag{6.24}$$

式中，$\boldsymbol{y}(0)=\boldsymbol{y}_0\in\mathbb{R}^{\sum_{i=1}^{m}q_i}$，$\boldsymbol{\lambda}(0)=\boldsymbol{\lambda}_0\in\mathbb{R}^{nm}$，$\boldsymbol{z}(0)=\boldsymbol{z}_0\in\mathbb{R}^{nm}$，函数 $\hat{L}(\cdot,\cdot,\cdot)$ 由式（6.21）定义.

式（6.19）中的跳变映射可写为如下紧凑形式：

$$\boldsymbol{\lambda}^{+}=\frac{1}{m}\boldsymbol{1}_m\otimes(\boldsymbol{1}_m^{\mathrm{T}}\otimes\boldsymbol{I}_n)\boldsymbol{\lambda}(t).\tag{6.25}$$

注 在所提出的算法中，我们为对偶变量 $\boldsymbol{\lambda}$ 设计了跳变映射，而没有设计变量 $\boldsymbol{y}$ 和 $\boldsymbol{x}$. 该设计适用于系统状态不能突然变化的物理系统. 对于决策变量 $\boldsymbol{x}$，我们采用 $\boldsymbol{x}(t)=P_{\Omega}(\boldsymbol{y}(t))$ 来估计资源分配问题的最优解. 这样可以保证即使 $\boldsymbol{y}(t)$ 可能不在约束集合 $\boldsymbol{\Omega}$ 中，$\boldsymbol{x}(t)$ 仍然可以在所有的时刻 $t\geqslant 0$ 属于约束集合 $\boldsymbol{\Omega}$. 并且，对偶变量 $\boldsymbol{\lambda}$ 的跳变映射和跳变集合设计可加速算法的一致性过程.

6.4.2　理论分析

本小节分析式（6.19）的收敛性能．由非线性混杂系统的不变性原理，证明所设计的方法可以收敛到分布式资源分配优化问题的最优解．

首先，引入一个引理，描述设计方法的均衡点和优化问题(式（6.18）)解的关系．具体证明可参考文献［10］．由于后续的证明需要，这里只给出引理的结果．

引理6.5

假定假设6.3成立．如果$(\boldsymbol{y}^*,\boldsymbol{\lambda}^*,\boldsymbol{z}^*)\in\mathbb{R}^{\sum_{i=1}^{m}q_i+2mn}$是式（6.19）的平衡点，则$\boldsymbol{x}^*=P_\Omega(\boldsymbol{y}^*)$是式（6.18）的解．反之，如果$\boldsymbol{x}^*\in\Omega$是式（6.18）的一个解，则存在$(\boldsymbol{y}^*,\boldsymbol{\lambda}^*,\boldsymbol{z}^*)\in\mathbb{R}^{\sum_{i=1}^{m}q_i+2mn}$使得$(\boldsymbol{y}^*,\boldsymbol{\lambda}^*,\boldsymbol{z}^*)$是式（6.19）的平衡点，并且变量$\boldsymbol{x}^*=P_\Omega(\boldsymbol{y}^*)$．

关于投影算子$P_\Omega(\cdot)$在闭凸集$\Omega\subset\mathbb{R}^n$上的一个基本命题为

$$(\boldsymbol{u}-P_\Omega(\boldsymbol{u}))^{\mathrm{T}}(\boldsymbol{v}-P_\Omega(\boldsymbol{u}))\leqslant 0,\quad \forall \boldsymbol{u}\in\mathbb{R}^n,\quad \forall \boldsymbol{v}\in\Omega. \tag{6.26}$$

利用式（6.26），可以很容易验证如下结果．

引理6.6[11]

令$\Omega\subset\mathbb{R}^n$为闭凸集，定义函数$V$：$\mathbb{R}^n\to\mathbb{R}$为$V(\boldsymbol{x})=\frac{1}{2}(\|\boldsymbol{x}-P_\Omega(\boldsymbol{y})\|^2-\|\boldsymbol{x}-P_\Omega(\boldsymbol{x})\|^2)$，其中$\boldsymbol{y}\in\mathbb{R}^n$．则$V(\boldsymbol{x})\geqslant\frac{1}{2}\|P_\Omega(\boldsymbol{x})-P_\Omega(\boldsymbol{y})\|^2$，$V(\boldsymbol{x})$为可微函数，并且是关于变量$\boldsymbol{x}$的凸函数，$\nabla V(\boldsymbol{x})=P_\Omega(\boldsymbol{x})-P_\Omega(\boldsymbol{y})$．

接下来，给出一个连续可微函数V，并证明该方法的变量状态收敛于$\mathcal{R}$的一个弱不变集，$\mathcal{R}$定义在式（6.30）．进一步证明，所提算法生成的每个变量轨迹$\boldsymbol{x}_i(t)$都收敛于式（6.18）的最优解，$i\in\{1,2,\cdots,m\}$．

定义连续可微函数V为

$$V(\boldsymbol{y},\boldsymbol{\lambda},z) \triangleq \frac{1}{2}(\|\boldsymbol{y}-P_{\Omega}(\boldsymbol{y}^*)\|^2 - \|\boldsymbol{y}-P_{\Omega}(\boldsymbol{y})\|^2) + \frac{1}{2}\|\boldsymbol{\lambda}-\boldsymbol{\lambda}^*\|^2 + \frac{1}{2}\|z-z^*\|^2, \tag{6.27}$$

式中，$(\boldsymbol{y}^*,\boldsymbol{\lambda}^*,z^*)$是式（6.19）的一组平衡点.

引理 6.7

针对式（6.19）. 假定假设 6.3 成立，函数 $V(\boldsymbol{y},\boldsymbol{\lambda},z)$定义为式（6.27）. 如果 $a\in\mathcal{L}_{\mathcal{F}}V(\boldsymbol{y},\boldsymbol{\lambda},z)$，则存在 $\boldsymbol{g}(\boldsymbol{x})\in\partial f(\boldsymbol{x})$和 $\boldsymbol{g}(\boldsymbol{x}^*)\in\partial f(\boldsymbol{x}^*)$ $(\boldsymbol{x}=P_{\Omega}(\boldsymbol{y}),\boldsymbol{x}^*=P_{\Omega}(\boldsymbol{y}^*))$使得 $a\leqslant-(\boldsymbol{x}-\boldsymbol{x}^*)^{\mathrm{T}}(\boldsymbol{y}-\boldsymbol{y}^*)+\|\boldsymbol{x}-\boldsymbol{x}^*\|^2-(\boldsymbol{x}-\boldsymbol{x}^*)^{\mathrm{T}}(\boldsymbol{g}(\boldsymbol{x})-\boldsymbol{g}(\boldsymbol{x}^*))-\boldsymbol{\lambda}^{\mathrm{T}}\boldsymbol{L}\boldsymbol{\lambda}\leqslant 0$ 成立.

证明 参照文献［10］中的引理 5.3.

定理 6.2

假定假设 6.3 成立，则

（ⅰ）每组解$(\boldsymbol{y}(t),\boldsymbol{x}(t),\boldsymbol{\lambda}(t),z(t))$都是有界的.

（ⅱ）对于每组解，$\boldsymbol{x}(t)$都收敛到式（6.18）的最优解.

证明 令 $V(\boldsymbol{y},\boldsymbol{\lambda},z)$定义为式（6.27）. 当 $\boldsymbol{\gamma}(t)\notin\mathcal{Z}$时，由引理 6.7 可得

$$\max\mathcal{L}_{\mathcal{F}}V(\boldsymbol{y},\boldsymbol{\lambda},z)\leqslant\max\{-(\boldsymbol{x}-\boldsymbol{x}^*)^{\mathrm{T}}(\boldsymbol{g}(\boldsymbol{x})-\boldsymbol{g}(\boldsymbol{x}^*))-\boldsymbol{\lambda}^{\mathrm{T}}\boldsymbol{L}\boldsymbol{\lambda}:\boldsymbol{g}(\boldsymbol{x})\in\partial f(\boldsymbol{x})\}\leqslant 0. \tag{6.28}$$

并且，由引理 6.6 可得 $V(\boldsymbol{y},\boldsymbol{\lambda},z)\geqslant\frac{1}{2}\|\boldsymbol{x}-\boldsymbol{x}^*\|^2+\frac{1}{2}\|\boldsymbol{\lambda}-\boldsymbol{\lambda}^*\|^2+\frac{1}{2}\|z-z^*\|^2$. 根据式（6.28）可知$(\boldsymbol{x}(t),\boldsymbol{\lambda}(t),z(t)),t\geqslant 0$ 是有界的. 因为$\partial f(\boldsymbol{x})$是紧集，存在 $\theta=\theta(\boldsymbol{y}_0,\boldsymbol{\lambda}_0,z_0)>0$ 满足

$$\|\boldsymbol{x}(t)-\boldsymbol{g}(\boldsymbol{x}(t))+\overline{\boldsymbol{W}}^{\mathrm{T}}\boldsymbol{\lambda}(t)\|<\theta \tag{6.29}$$

式（6.29）对于任意 $\boldsymbol{g}(\boldsymbol{x}(t))\in\partial f(\boldsymbol{x}(t))$和 $t\geqslant 0$ 都成立.

定义 $X:\mathbb{R}^{\sum_{i=1}^{m}q_i}\to\mathbb{R}$为 $X(\boldsymbol{y})=\|\boldsymbol{y}\|^2$. 沿着式（6.19）的轨迹，函数$X(\boldsymbol{y})$满足

$$\mathcal{L}_{\mathcal{F}}X(\boldsymbol{y})=\{\boldsymbol{y}^{\mathrm{T}}(-\boldsymbol{y}+\boldsymbol{x}-\boldsymbol{g}(\boldsymbol{x})+\overline{\boldsymbol{W}}^{\mathrm{T}}\boldsymbol{\lambda}):\boldsymbol{g}(\boldsymbol{x})\in\partial f(\boldsymbol{x})\}.$$

并且 $\boldsymbol{y}^{\mathrm{T}}(t)(-\boldsymbol{y}(t)+\boldsymbol{x}(t)-\boldsymbol{g}(\boldsymbol{x}(t))+\overline{\boldsymbol{W}}^{\mathrm{T}}\boldsymbol{\lambda}(t))\leqslant-\|\boldsymbol{y}(t)\|^2+\theta\|\boldsymbol{y}(t)\|$,

其中 $t \geqslant 0$，θ 定义为式（6.29），$\boldsymbol{g}(\boldsymbol{x}(t)) \in \partial f(\boldsymbol{x}(t))$．因此，

$$\begin{aligned}\max \mathcal{L}_{\mathcal{F}} X(\boldsymbol{y}(t)) &\leqslant -\|\boldsymbol{y}(t)\|^2 + \theta\|\boldsymbol{y}(t)\| \\ &= -2X(\boldsymbol{y}(t)) + \theta\sqrt{2X(\boldsymbol{y}(t))}.\end{aligned}$$

容易验证 $X(\boldsymbol{y}(t))$，$t \geqslant 0$，是有界的，因此 $\boldsymbol{y}(t)$，$t \geqslant 0$ 也是有界的.

当 $\boldsymbol{\gamma}(t) \in \mathcal{Z}$时，由于$\boldsymbol{\lambda}(t)$ 有界，$\boldsymbol{\lambda}^+ = \frac{1}{m}\mathbf{1}_m \otimes (\mathbf{1}_m^{\mathrm{T}} \otimes \boldsymbol{I}_n)\boldsymbol{\lambda}(t)$同样有界.

概括可知（ⅰ）得证.

（ⅱ）当 $\boldsymbol{\gamma}(t) \in \mathcal{Z}$时，通过式（6.19）中的离散时间跳变映射，可得

$$\begin{aligned}2\Delta V(\boldsymbol{\gamma}) &= 2(V(\boldsymbol{\gamma}^+) - V(\boldsymbol{\gamma})) \\ &= \|\boldsymbol{\lambda}^+ - \boldsymbol{\lambda}^*\|^2 - \|\boldsymbol{\lambda} - \boldsymbol{\lambda}^*\|^2 \\ &= \left\langle \frac{1}{m}\mathbf{1}\boldsymbol{\lambda} - \boldsymbol{\lambda}, \frac{1}{m}\mathbf{1}\boldsymbol{\lambda} + \boldsymbol{\lambda} - 2\boldsymbol{\lambda}^* \right\rangle \\ &= \left\|\frac{1}{m}\mathbf{1}\boldsymbol{\lambda} - \boldsymbol{\lambda}\right\|^2 + 2\left\langle \frac{1}{m}\mathbf{1}\boldsymbol{\lambda} - \boldsymbol{\lambda}, \boldsymbol{\lambda} - \boldsymbol{\lambda}^* \right\rangle \\ &= \left\|\frac{1}{m}\mathbf{1}\boldsymbol{\lambda}\right\|^2 - 2\left\langle \frac{1}{m}\mathbf{1}(\boldsymbol{\lambda} - \boldsymbol{\lambda}^*), \boldsymbol{\lambda} \right\rangle - 2\langle \boldsymbol{\lambda}^*, \boldsymbol{\lambda} \rangle + \\ &\quad \frac{2}{m}\langle \mathbf{1}\boldsymbol{\lambda}, \boldsymbol{\lambda} - \boldsymbol{\lambda}^* \rangle - \langle \boldsymbol{\lambda}, \boldsymbol{\lambda} \rangle + 2\langle \boldsymbol{\lambda}, \boldsymbol{\lambda}^* \rangle \\ &= \left\|\frac{\mathbf{1}\boldsymbol{\lambda}}{m}\right\|^2 - \langle \boldsymbol{\lambda}, \boldsymbol{\lambda} \rangle,\end{aligned}$$

式中，$\mathbf{1} = \mathbf{1}_m \otimes (\mathbf{1}_m^{\mathrm{T}} \otimes \boldsymbol{I}_n)$.

由二次型函数的凸性，容易证明 $\left\|\frac{1}{m}\mathbf{1}_m \otimes (\mathbf{1}_m^{\mathrm{T}} \otimes \boldsymbol{I}_n)\boldsymbol{\lambda}\right\|^2 \leqslant \langle \boldsymbol{\lambda}, \boldsymbol{\lambda} \rangle$．因此，$\Delta V \leqslant 0$.

因为（ⅰ）中的$\mathcal{L}_{\mathcal{F}} V(\boldsymbol{y}, \boldsymbol{\lambda}, \boldsymbol{z}) \leqslant 0$和沿着式（6.19）的轨迹 $\Delta V(\boldsymbol{y}, \boldsymbol{\lambda}, \boldsymbol{z}) \leqslant 0$，引理 6.1 中的条件满足．相应的正不变集合为$\mathcal{D}_c = \{\boldsymbol{\gamma}: V(\boldsymbol{\gamma}) \leqslant c\}$，其中$c > 0$. 定义集合$\mathcal{R}$为

$$\mathcal{R} = \{\boldsymbol{\gamma} \in \mathcal{D}_c: \boldsymbol{\gamma} \notin \mathcal{Z},\quad 0 \in V(\boldsymbol{\gamma})^{\mathrm{T}} f_c(\boldsymbol{\gamma})\}. \tag{6.30}$$

由于$\mathcal{R} \subset \{(\boldsymbol{y}, \boldsymbol{\lambda}, \boldsymbol{z}) \in \mathbb{R}^{\sum_{i=1}^{m} q_i + 2mn}: 0 = \min_{\boldsymbol{g}(\boldsymbol{x}) \in \partial f(\boldsymbol{x}), \boldsymbol{g}(\boldsymbol{x}^*) \in \partial f(\boldsymbol{x}^*)} (\boldsymbol{x} - \boldsymbol{x}^*)^{\mathrm{T}}(\boldsymbol{g}(\boldsymbol{x}) - \boldsymbol{g}(\boldsymbol{x}^*)), \boldsymbol{L}\boldsymbol{\lambda} = \mathbf{0}_{nm}, \boldsymbol{x} = P_{\Omega}(\boldsymbol{y}), \boldsymbol{x}^* = P_{\Omega}(\boldsymbol{y}^*)\}$，并且由于$f$ 的强凸性假设，如果 $\boldsymbol{x} \neq \boldsymbol{x}^*$，则$(\boldsymbol{x} - \boldsymbol{x}^*)^{\mathrm{T}}(\boldsymbol{g}(\boldsymbol{x}) - \boldsymbol{g}(\boldsymbol{x}^*)) > 0$．因此，$\mathcal{R} \subset \{(\boldsymbol{y}, \boldsymbol{\lambda}, \boldsymbol{z}) \in$

$\mathbb{R}^{\sum_{i=1}^{m} q_i+2mn}: \boldsymbol{x}=P_{\Omega}(\boldsymbol{y})=\boldsymbol{x}^*, \boldsymbol{L\lambda}=\boldsymbol{0}_{nm}\}$. 令$\mathcal{M}$为$\mathcal{R}$的最大弱不变集. 由引理 6.1 可得，有界变量$\boldsymbol{\gamma}(t)$随着$t\to\infty$，收敛到最大弱不变集$\mathcal{M}$. 因此，随着$t\to\infty$，$\boldsymbol{x}(t)\to\boldsymbol{x}^*$.

6.4.3 数值仿真

本小节用简单的数值例子验证所提算法的有效性. 考虑在 10 个个体构成的无向连通网络上求解如下不可微优化问题：

$$\min_{\boldsymbol{x}} f(\boldsymbol{x}),\quad f(\boldsymbol{x})=\sum_{i=1}^{10}\frac{1}{2}x_i^2+|x_i|, \tag{6.31a}$$

$$\text{s. t.}\quad \sum_{i=1}^{10}\boldsymbol{W}_i x_i=\sum_{i=1}^{10}\boldsymbol{d}_i=\boldsymbol{d}_0,\ |x_i|\leqslant 1, \tag{6.31b}$$

式中，$i\in\{1,2,\cdots,10\}$，$\boldsymbol{W}=[\boldsymbol{W}_1,\boldsymbol{W}_2,\cdots,\boldsymbol{W}_{10}]\in\mathbb{R}^{2\times 10}$，$x_i\in\mathbb{R}$和$\boldsymbol{x}=[x_1, x_2,\cdots,x_{10}]^{\mathrm{T}}\in\mathbb{R}^{10}$. 每个个体$i$只知道$\boldsymbol{W}_i$和$\boldsymbol{d}_i$的信息. 设定$\boldsymbol{d}_i=[0.3;0.2]$，$\boldsymbol{W}_i$是矩阵$\boldsymbol{W}$的第$i$个列向量，$\boldsymbol{W}$矩阵定义为

$$\boldsymbol{W}=\begin{bmatrix}1&1&1&0&0&1&1&1&0&0\\1&0&0&1&1&1&0&0&1&1\end{bmatrix}.$$

网络中不同个体之间的拓扑连接为图 6.4 所示的无向连通图. 采用文献[10]提出的分布式连续时间算法和本章所提的混杂算法进行了对比仿真实验，结果如图 6.5 ~ 图 6.7 所示.

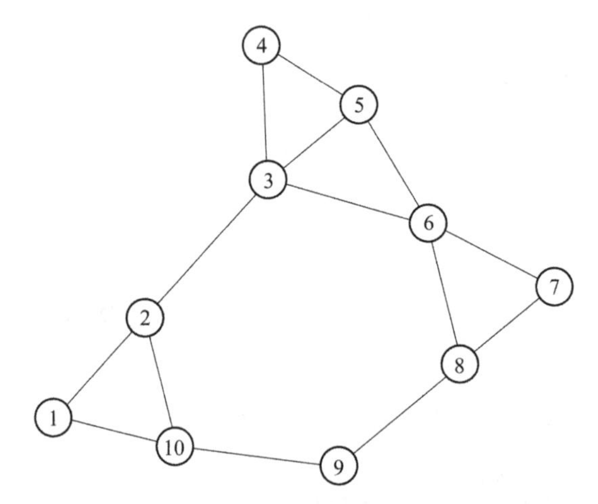

图 6.4 多节点连通拓扑图

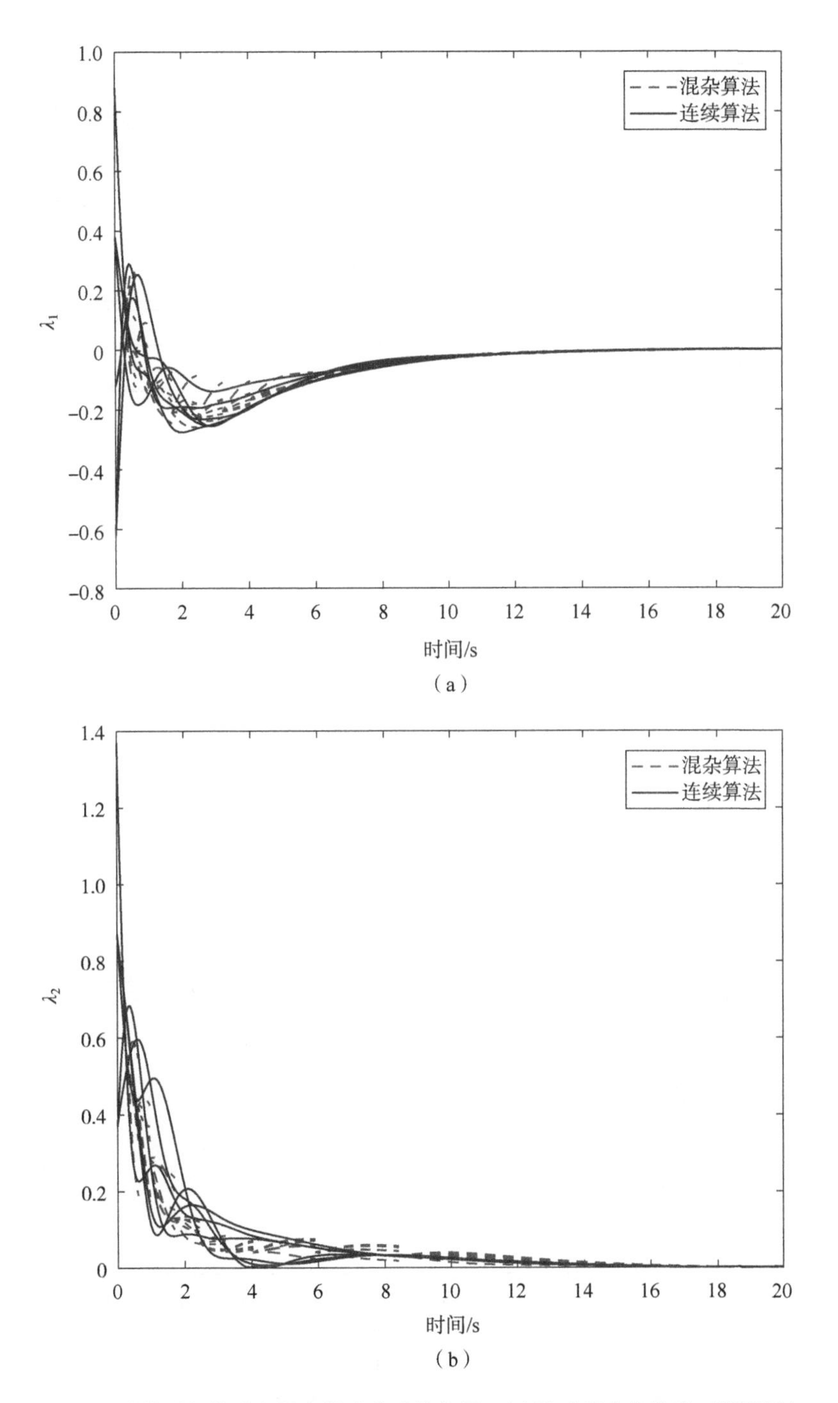

图 6.5　连续时间算法和混杂算法生成的变量 $\boldsymbol{\lambda}(t)$ 随时间变化轨迹（附彩图）

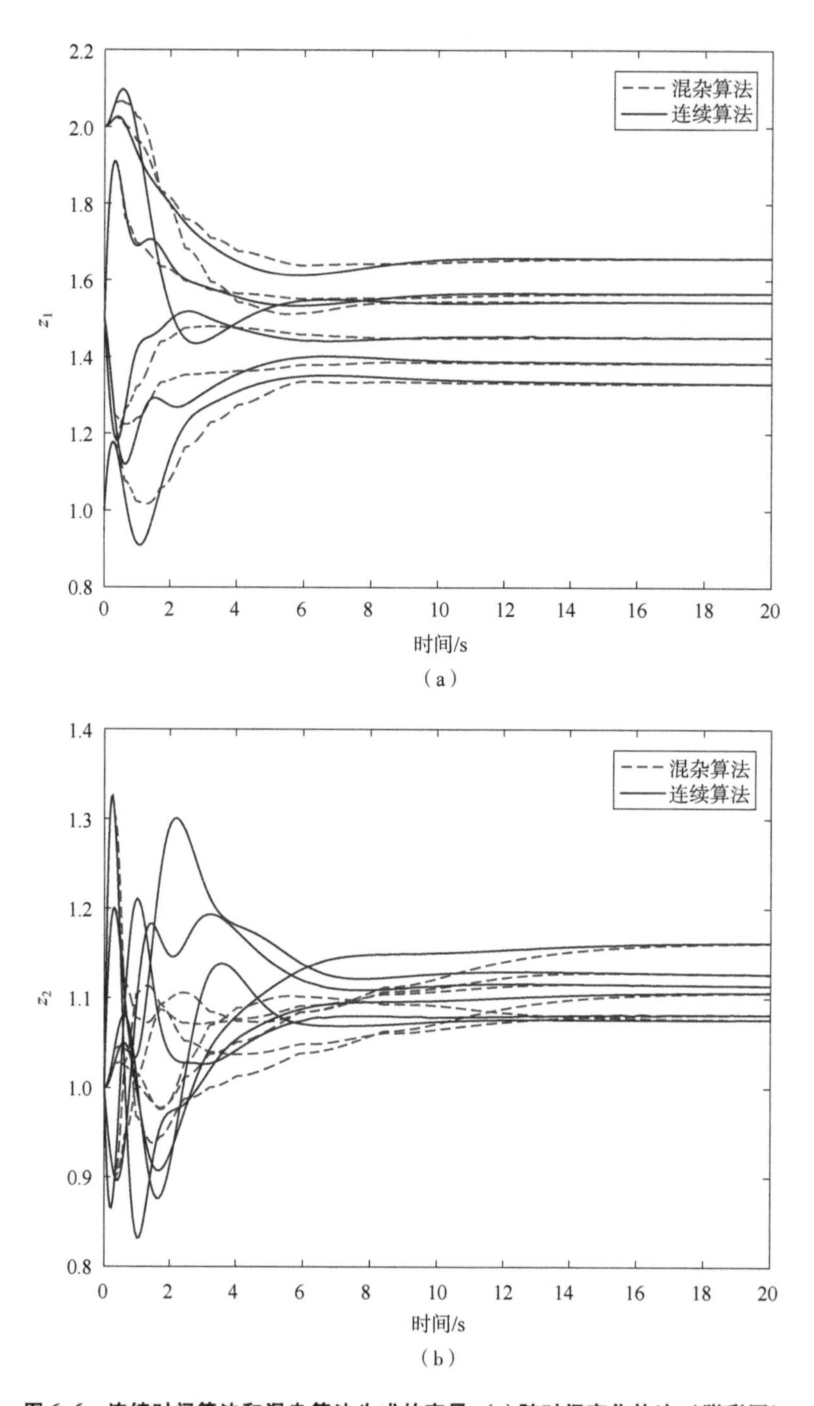

图 6.6　连续时间算法和混杂算法生成的变量 $z(t)$ 随时间变化轨迹（附彩图）

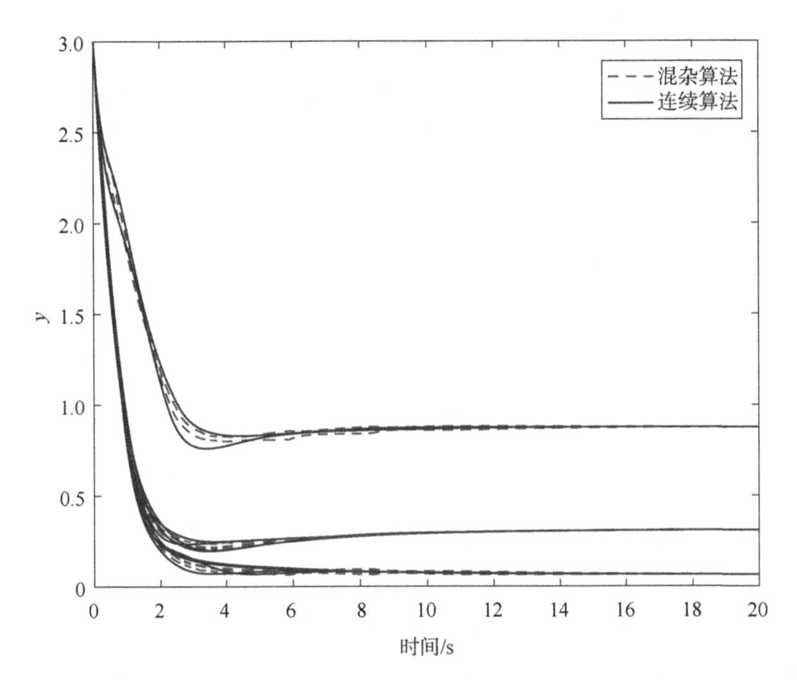

图 6.7　连续时间算法和混杂算法生成的变量 $y(t)$ 随时间变化轨迹（附彩图）

图 6.5 和图 6.6 展示了对偶变量 $\boldsymbol{\lambda}$ 和辅助变量 $\boldsymbol{z}$ 随时间的收敛轨迹，图中的不同子图分别采用了文献［10］中的连续时间方法和所提出的混杂方法（式（6.19））. 图 6.7 给出了辅助决策变量 $\boldsymbol{y}$ 在不同方法下的轨迹. 两种方法都采用$\boldsymbol{x}(t)=P_{\Omega}(\boldsymbol{y}(t))$来估计最优解. 由图 6.5 可以看出，对偶变量 $\boldsymbol{\lambda}$ 收敛到相同的值，不同于大多数优化问题中的原始变量趋于一致；并且，通过图 6.5 中的收敛性能比较可以看出，混杂方法加快了对偶变量 $\boldsymbol{\lambda}$ 的一致性收敛. 从仿真图可以看出，混杂方法生成的轨迹对比文献［10］中的分布式连续时间算法生成的轨迹具有更好的暂态性能. 虽然仿真实例中的决策变量是一维变量，但可以很容易地将其扩展到多维变量.

6.5　本章小结

针对多智能体网络中目标函数为不可微函数的分布式一致性优化和资源分配问题，受混杂动态系统理论的启发，本章提出有效的分布式状态依赖的混杂算法，该混杂算法改进了针对大规模约束优化问题的连续时间原始-对偶算法的动态收敛性能. 利用混杂动态系统的稳定性理论，该算法保证了在任意初始化情况下，不同节点的变量状态达成一致，并最终收敛到优化问题的最优解. 数值仿真结果表明，对比现有的分布式连续时间求解方法，该混杂算法具有更好的一致性能和暂态收敛性能，为加速分布式优化算法提供了一种可行的选择.

参考文献

[1] GOEBEL R, SANDELICE R G, TEEL A R. Hybrid dynamical systems [J]. IEEE Control Systems Magazine, 2009, 29 (2): 28-93.

[2] SEURET A, PRIEUR C, TARBOURIECH S, et al. A nonsmooth hybrid invariance principle applied to robust event-triggered design [J]. IEEE Transactions on Automatic Control, 2019, 64 (5): 2061-2068.

[3] WANG J, ELIA N. Control approach to distributed optimization [C] // Annual Allerton Conference on Communication, Control, and Computing, Monticello, 2010: 557-561.

[4] HUI Q. Hybrid consensus protocols: an impulsive dynamical system approach [J]. International Journal of Control, 2010, 83 (6): 1107-1116.

[5] GHARESIFARD B, CORTES J. Distributed continuous-time convex optimization on weight-balanced digraphs [J]. IEEE Transactions on Automatic Control, 2014, 59 (3): 781-786.

[6] BACCIOTTI A, CERAGIOLI F. Stability and stabilization of discontinuous systems and nonsmooth Lyapunov functions [J]. ESAIM: Control, Optimisation and Calculus of Variations, 1999, 4 (4): 361-376.

[7] YI P, HONG Y G, LIU F. Distributed gradient algorithm for constrained optimization with application to load sharing in power systems [J]. Systems & Control Letters, 2015, 83: 45-52.

[8] YI P, HONG Y G, LIU F. Initialization-free distributed algorithms for optimal resource allocation with feasibility constraints and its application to economic dispatch of power systems [J]. Automatica, 2016, 74: 259-269.

[9] QIU Z, LIU S, XIE L. Distributed constrained optimal consensus of multi - agent systems [J]. Automatica, 2016, 68: 209 - 215.

[10] ZENG X L, YI P, HONG Y G, et al. Continuous - time distributed algorithms for extended monotropic optimization problems [J]. SIAM Journal on Control and Optimization, 2016, 56 (6): 3973 - 3993.

[11] LIU Q, WANG J. A one - layer projection neural network for nonsmooth optimization subject to linear equalities and bound constraints [J]. IEEE Transactions on Neural Networks and Learning Systems, 2013, 24 (5): 812 - 824.

附录

基础数学知识

本附录包括了本书中用到的一些基本数学.

A.1 非光滑凸优化

有一个封闭的凸集 $\Omega\subset\mathbb{R}^n$，有如下引理.

引理 A.1

对于一个封闭的凸集 Ω，距离函数 $d(\boldsymbol{x},\Omega)$ 是定义在$\mathbb{R}^n$上的凸函数，它的次微分有如下性质：

$$\partial d(\boldsymbol{x},\Omega)=\begin{cases}\{0\}, & \boldsymbol{x}\in\mathrm{int}(\Omega)\\ \mathcal{N}_\Omega(\boldsymbol{x})\cap\mathcal{B}(0;1), & \boldsymbol{x}\in\mathrm{bd}(\Omega)\\ \left\{\dfrac{\boldsymbol{x}-P_\Omega(\boldsymbol{x})}{d(\boldsymbol{x},\Omega)}\right\}, & \boldsymbol{x}\notin\Omega.\end{cases}\tag{A.1}$$

显然，如果 $\boldsymbol{x}\in\Omega$，则$\partial d(\boldsymbol{x},\Omega)\subset\mathcal{N}_\Omega(\boldsymbol{x})$.

一个函数$f(\boldsymbol{x})$：$\mathbb{R}^n\to\mathbb{R}$是凸的，则对于任意的$\boldsymbol{x},\boldsymbol{y}\in\mathbb{R}^n$和$\alpha\in(0,1)$：

$$f(\alpha\boldsymbol{x}+(1-\alpha)\boldsymbol{y})\leqslant\alpha f(\boldsymbol{x})+(1-\alpha)f(\boldsymbol{y}).$$

$f(\boldsymbol{x})$ 是μ强凸的，则存在$\mu>0$ 使得$f(\boldsymbol{x})-\dfrac{\mu}{2}\|\boldsymbol{x}\|^2$ 是凸的.

一个凸函数$f(\boldsymbol{x})$ 在 $\boldsymbol{x}$ 的次微分$\partial f(\boldsymbol{x})=\{\boldsymbol{g}\,|f(\boldsymbol{y})\geqslant f(\boldsymbol{x})+\boldsymbol{g}^{\mathrm{T}}(\boldsymbol{y}-\boldsymbol{x}),\ \forall\boldsymbol{y}\in\mathbb{R}^n\}$. 显然，对于所有 $\boldsymbol{g}\in\partial f(\boldsymbol{x})$，都有$\partial f(\boldsymbol{x})\neq\varnothing$且 $\boldsymbol{g}^{\mathrm{T}}(\boldsymbol{y}-\boldsymbol{x})\leqslant f(\boldsymbol{y})-f(\boldsymbol{x})$.

接下来，介绍一些引理.

引理 A.2

令 Ω_i，$i\in\{1,2,\cdots,N\}$ 是$\mathbb{R}^n$上的子集，其交集是非空的，令 f 在$\mathbb{R}^n$上是 M - Lipschitz 的. 令$\bar{\boldsymbol{a}}\in\mathbb{R}^N_{>0}$，且$\bar{a}_i\geqslant M+\sum_{j=1}^{i-1}\bar{a}_j, i\in\{2,3,\cdots,N\}$. 对于所有满足 $a_i\geqslant\bar{a}_i$ 的 $\boldsymbol{a}\in\mathbb{R}^N$，（定义在 $\Omega_0=\cap_{i=1}^N\Omega_i$ 上的）f 的最小值的集合，与（定义在$\mathbb{R}^n$上的）

$$f(\boldsymbol{x})+\sum_{i=1}^{N}a_i d(\boldsymbol{x},\Omega_i)$$

的最小值的集合吻合.

引理 A.3

如果 $K\subset\mathbb{R}^n$是一个凸集，则

$$(\boldsymbol{u}-P_K(\boldsymbol{u}))^{\mathrm{T}}(\boldsymbol{v}-P_K(\boldsymbol{u}))\leqslant 0,\quad \forall\boldsymbol{u}\in\mathbb{R}^n,\quad \forall\boldsymbol{v}\in K. \tag{A.2}$$

A.2 图论

一个加权无向图$\mathcal{G}$记为$\mathcal{G}(\mathcal{V},\mathcal{E},\mathcal{A})$，其中$\mathcal{V}=\{1,2,\cdots,n\}$是点集，$\mathcal{E}\subset\mathcal{V}\times\mathcal{V}$是边集，$\boldsymbol{A}=[a_{i,j}]\in\mathbb{R}^{n\times n}$是加权邻接矩阵，其中 $a_{i,j},a_{j,i}>0$（$i\neq j$），$a_{i,i}=0$. 定义加权的拉普拉斯矩阵 $\boldsymbol{L}_n=\boldsymbol{D}-\boldsymbol{A}$，其中 $\boldsymbol{D}\in\mathbb{R}^{n\times n}$是对角阵（$\boldsymbol{D}_{i,i}=\sum_{j=1,j\neq i}^{n}a_{i,j},i\in\{1,2,\cdots,n\}$），在本书没有特殊说明的情况下简称为：图$\mathcal{G}$的拉普拉斯阵 $\boldsymbol{L}_n$ 和图$\mathcal{G}$的邻接阵 $\boldsymbol{A}$. 特殊地，如果加权无向图$\mathcal{G}$是连通的，那么 $\boldsymbol{L}_n\geqslant\boldsymbol{0}$，$\mathrm{rank}(\boldsymbol{L}_n)=n-1$，并且 $\ker(\boldsymbol{L}_n)=\{k\boldsymbol{1}_n: k\in\mathbb{R}\}$. $\boldsymbol{L}_n\boldsymbol{x}=\boldsymbol{0}$ 等价于 $x_1=x_2=\cdots=x_n$，其中 $\boldsymbol{x}=[x_1,x_2,\cdots,x_n]^{\mathrm{T}}\in\mathbb{R}^n$；$\boldsymbol{y}^{\mathrm{T}}(\boldsymbol{L}_n\otimes\boldsymbol{I}_m)\boldsymbol{y}=\boldsymbol{0}$ 等价于 $(\boldsymbol{L}_n\otimes\boldsymbol{I}_m)\boldsymbol{y}=\boldsymbol{0}$，其中 $\boldsymbol{y}=[\boldsymbol{y}_1^{\mathrm{T}},\boldsymbol{y}_2^{\mathrm{T}},\cdots,\boldsymbol{y}_n^{\mathrm{T}}]^{\mathrm{T}}\in\mathbb{R}^{nm}$.

A.3 微分包含

微分包含定义如下：

$$\dot{\boldsymbol{x}}(t)=\mathcal{H}(\boldsymbol{x}(t)),\ \boldsymbol{x}(0)=\boldsymbol{x}_0,\ t\geqslant 0, \tag{A.3}$$

式中，$\mathcal{H}$：$\mathbb{R}^q\to\mathfrak{B}(\mathbb{R}^q)$ 是一个集值映射，其映射结果是非空的紧集. 令 $\tau>0$，式（A.3）的解是一个定义在$[0,\tau]\subset[0,\infty)$上且在 $t\in[0,\tau]$ 上绝对连续的函数 $\boldsymbol{x}:[0,\tau]\to\mathbb{R}^q$（Lebesgue 度量的意义下的）.

如果式（A.3）的一个解 $t \mapsto \boldsymbol{x}(t)$ 不随时间的增加而不断增加，则这个解称为右极大解（right maximal solution）. 假定在 $[0,\infty)$ 上式（A.3）的所有右极大解都存在. 如果有一个集合 $\mathcal{M}$，它包含了所有初值满足 $\boldsymbol{x}_0 \in \mathcal{M}$ 的式（A.3）的所有极大解，则称 $\mathcal{M}$ 是对应于式（A.3）的弱不变集（weakly invariant）. 有一个点 $\boldsymbol{x}_*$，对于任意的 $\varepsilon > 0$，当 t 趋于无穷时都有 $\mu\{t \geqslant 0 : \|\phi(t) - \boldsymbol{x}_*\| \leqslant \varepsilon\} = \infty$，其中 $\mu(\cdot)$ 是勒贝格测度，则称 $\boldsymbol{x}_*$ 是可测函数 $\phi(\cdot)$ 的近似聚点.

式（A.3）的平衡态是一个点 $\boldsymbol{x}_e \in \mathbb{R}^q$ 且满足 $\boldsymbol{0}_q \in \mathcal{H}(\boldsymbol{x}_e)$. 显然，$\boldsymbol{x}_e$ 是式（A.3）的一个平衡态等价于方程 $\boldsymbol{x}(\cdot) = \boldsymbol{x}_e$ 是式（A.3）的一个解. 令 $V: \mathbb{R}^q \to \mathbb{R}$ 是局部 Lipschitz 连续的函数，V 的关于式（A.3）的 Lie 集值导数 $\mathcal{L}_{\mathcal{H}}V: \mathbb{R}^q \to \mathfrak{B}(\mathbb{R})$ 定义为：$\mathcal{L}_{\mathcal{H}}V(\boldsymbol{x}) \triangleq \{a \in \mathbb{R}:$ 存在 $\boldsymbol{v} \in \mathcal{H}(\boldsymbol{x})$，使得对于任意的 $\boldsymbol{p} \in \partial V(\boldsymbol{x})$ 都有 $: \boldsymbol{p}^{\mathrm{T}}\boldsymbol{v} = a\}$. 我们称 $V(\boldsymbol{x})$ 是正规的（regular）：如果在 $\boldsymbol{x}$ 任何点的任意方向 $\boldsymbol{d}$，单侧方向导数 $V'(\boldsymbol{x};\boldsymbol{d}) := \lim_{t\downarrow 0}\dfrac{V(\boldsymbol{x}+t\boldsymbol{d}) - V(\boldsymbol{x})}{t}$ 都存在且等于广义方向导数 $V^{\circ}(\boldsymbol{x};\boldsymbol{d}) := \limsup_{y\to x,t\downarrow 0}\dfrac{V(\boldsymbol{y}+t\boldsymbol{d}) - V(\boldsymbol{y})}{t}$，且可以证明任何凸集都是正规的. 当 $\mathcal{L}_{\mathcal{H}}V(\boldsymbol{x})$ 是非空的，记 $\max \mathcal{L}_{\mathcal{H}}V(\boldsymbol{x})$ 是 $\mathcal{L}_{\mathcal{H}}V(\boldsymbol{x})$ 中最大的元素. 然后，给出 Caratheodory 解的一个引理（A.4）.

引理 A.4

如果 $\mathcal{H}$ 取非空凸紧值，则任何初始状态下式（A.3）都有 Caratheodory 解，且该解上半连续且局部有界.

接下来，介绍一个基于非光滑正则函数的不变性原理.

引理 A.5

对于式（A.3），假设 $\mathcal{H}$ 且该解上半连续且局部有界. $\mathcal{H}(\boldsymbol{x})$ 取非空紧凸值. 令 $V: \mathbb{R}^q \to \mathbb{R}$ 是局部 Lipschitz 且正则的函数，$\mathcal{S} \subset \mathbb{R}^q$ 是关于式（A.3）的强时不变紧集，$\phi(\cdot) \in \mathcal{S}$ 是式（A.3）的一个 Caratheodory 解.

$$\mathcal{R} = \{\boldsymbol{x} \in \mathbb{R}^q : 0 \in \mathcal{L}_{\mathcal{H}}V(\boldsymbol{x})\},$$

和 $\mathcal{M}$ 是 $\overline{\mathcal{R}} \cap \mathcal{S}$ 的最大弱不变集，其中 $\overline{\mathcal{R}}$ 是 $\mathcal{R}$ 的闭包. 如果存在 $T = T(\phi(0)) \geqslant 0$ 使得 $\max \mathcal{L}_{\mathcal{F}}V(\phi(t)) \leqslant 0$ 对于所有的 $t \geqslant T$ 都成立，那么当 $t \to +\infty$ 时，$d(\phi(t), \mathcal{M}) \to 0$.

令 $\mathcal{D}$ 是关于式（A.3）的强正不变紧集（strongly positive invariant set），

令 W 是定义在 $\mathbb{R}^q \times \mathbb{R}^q$ 的非负下半连续（lower semicontinuous）方程，V 是定义在 $\mathbb{R}^q$ 的非负下半连续且无穷紧集（inf - compact）方程. 假定存在一个上半连续的闭值映射 $\tilde{\mathcal{H}}(\boldsymbol{x})$，满足：对于所有 $\boldsymbol{x} \in \mathcal{D}$ 都有 $\mathcal{H}(\boldsymbol{x}) \subset \tilde{\mathcal{H}}(\boldsymbol{x})$，$\boldsymbol{0}_q \in \tilde{\mathcal{H}}(\boldsymbol{x})$ 当且仅当 $\boldsymbol{0}_q \in \mathcal{H}(\boldsymbol{x})$，下面介绍关于接近聚点的存在性结论.

引理 A. 6

如果 $\phi(\cdot) \in \mathbb{R}^q$ 是式（A. 3）的解，满足 $\phi(0) = \boldsymbol{x}_0 \in \mathcal{D}$ 以及 $V(\phi(t)) - V(\phi(s)) + \int_s^t W(\phi(\tau), \dot{\phi}(\tau))\mathrm{d}\tau \leqslant 0, 0 \leqslant s \leqslant t$，那么 $\phi(\cdot)$ 和 $\dot{\phi}(\cdot)$ 存在近似聚点 $\boldsymbol{x}_*$ 和 $\boldsymbol{v}_*$，且满足 $\boldsymbol{v}_* \in \mathcal{H}(\boldsymbol{x}_*)$ 且 $W(\boldsymbol{x}_*, \boldsymbol{v}_*) = 0$，其中 $W(\boldsymbol{x}, \boldsymbol{v}) > 0$ 对于所有 $\boldsymbol{x} \in \mathbb{R}^q$ 与所有 $\boldsymbol{v} \neq \boldsymbol{0}_q$ 都有 $\boldsymbol{x}_*$ 是式（A. 3）的平衡点.

证明 由于 $\phi(\cdot)$ 和 $\dot{\phi}(\cdot)$ 有近似聚点 $\boldsymbol{x}_*$ 和 $\boldsymbol{v}_*$ 且满足 $W(\boldsymbol{x}_*, \boldsymbol{v}_*)$. 如果对于所有的 $\boldsymbol{x} \in \mathbb{R}^q$ 和所有的 $\boldsymbol{v} \neq \boldsymbol{0}_q$ 都有 $W(\boldsymbol{x}, \boldsymbol{v}) > 0$，那么必然有 $\boldsymbol{0}_q = \boldsymbol{v}_*$，令 $\{t_i\}_{i=1}^{\infty}$ 是一个递增的非负序列，且满足当 $t_i \to \infty$ 时 $\{\phi(t_i), \dot{\phi}(t_i)\} \to (\boldsymbol{x}_*, \boldsymbol{0}_q)$. 即：$\dot{\phi}(t_i) \in \mathcal{H}(\phi(t_i)) \subset \tilde{\mathcal{H}}(\phi(t_i))$（对于所有的 $i \in \{1, 2, \cdots, \infty\}$）. 因为 $\mathcal{H}(\cdot)$ 是上半连续的，因此根据定义 $\boldsymbol{0}_q \in \tilde{\mathcal{H}}(\boldsymbol{x}_*)$（注意到 $\boldsymbol{0}_q \in \tilde{\mathcal{H}}(\boldsymbol{x}_*)$ 等价于 $\boldsymbol{0}_q \in \mathcal{H}(\boldsymbol{x}_*)$），$\boldsymbol{x}_*$ 是式（A. 3）的一个平衡态.

引理 A. 7

令 $\mathcal{D}$ 是对应于式（A. 3）的强正不变集，令 $\phi(\cdot) \in \mathbb{R}^q$ 是式（A. 3）满足 $\phi(0) = \boldsymbol{x}_0 \in \mathcal{D}$ 的解. 如果 $\boldsymbol{z}$ 是 $\phi(\cdot)$ 的近似聚点，也是式（A. 3）的李雅普诺夫平衡态，那么有 $\boldsymbol{z} = \lim\limits_{t \to \infty} \phi(t)$.

证明 $\boldsymbol{z}$ 是 $\phi(\cdot)$ 的接近聚点，也是式（A. 3）的李雅普诺夫平衡态. 令 $\varepsilon > 0$. 由于 $\boldsymbol{z}$ 是李雅普诺夫平衡态，则存在 $\delta = \delta(\varepsilon, \boldsymbol{z}) > 0$ 使得式（A. 3）的解 $\tilde{\phi}(t)$（$\tilde{\phi}(t)$ 满足 $\tilde{\phi}(0) = \boldsymbol{y} \in \mathcal{B}_\delta(\boldsymbol{z})$）满足对于所有的 $t \geqslant 0$ 都有 $\tilde{\phi}(t) \in \mathcal{B}_\varepsilon(\boldsymbol{z})$. 因为 $\boldsymbol{z}$ 是 $\phi(\cdot)$ 的接近聚点，故存在 $h = h(\delta, \boldsymbol{x}_0) > 0$ 使得 $\phi(h) \in \mathcal{B}_\delta(\boldsymbol{z})$. 我们可以通过构造对所有 $t \geqslant h$ 都满足的 δ，使得 $\phi(t) \in \mathcal{B}_\varepsilon(\boldsymbol{z})$. 由于 $\varepsilon > 0$ 是任意的，因此 $\boldsymbol{z} = \lim\limits_{t \to \infty} \phi(t)$.

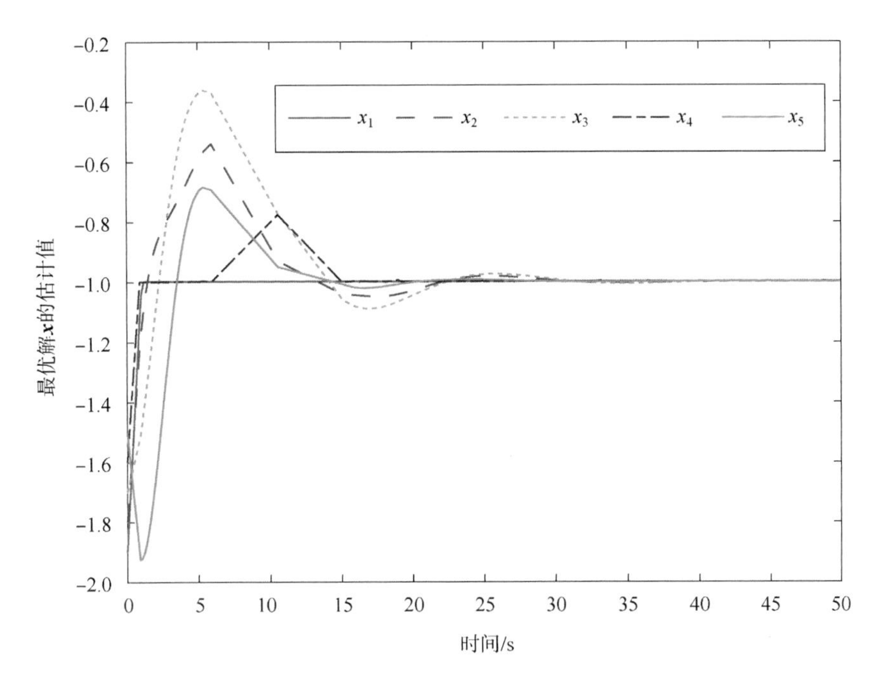

图 2.1　案例 1：最优解 x 的估计值随时间的变化曲线

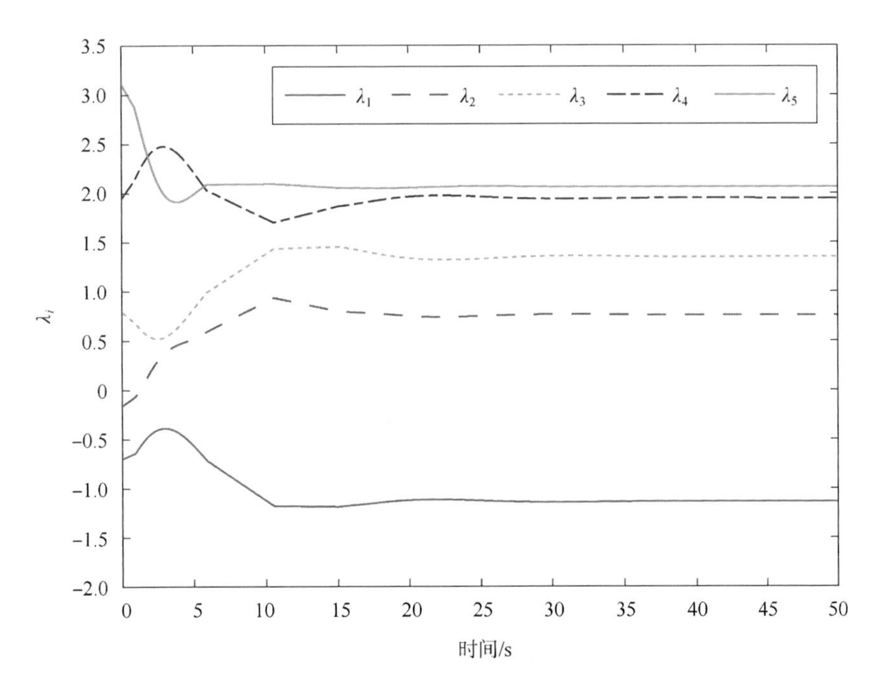

图 2.2　案例 1：辅助变量 $\boldsymbol{\lambda}_i$ 随时间变化的曲线

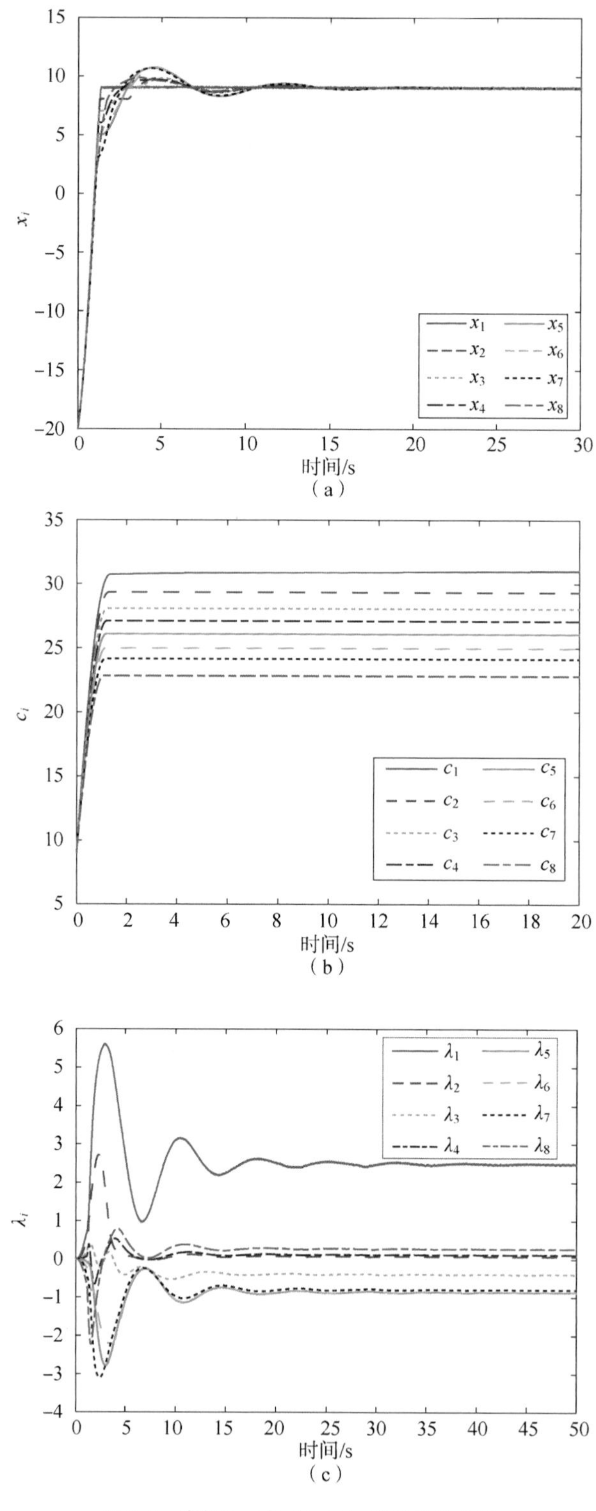

图 2.4　案例 2：式（2.21）的收敛性分析

（a）x_i 的轨迹；（b）c_i 的轨迹；（c）λ_i 的轨迹

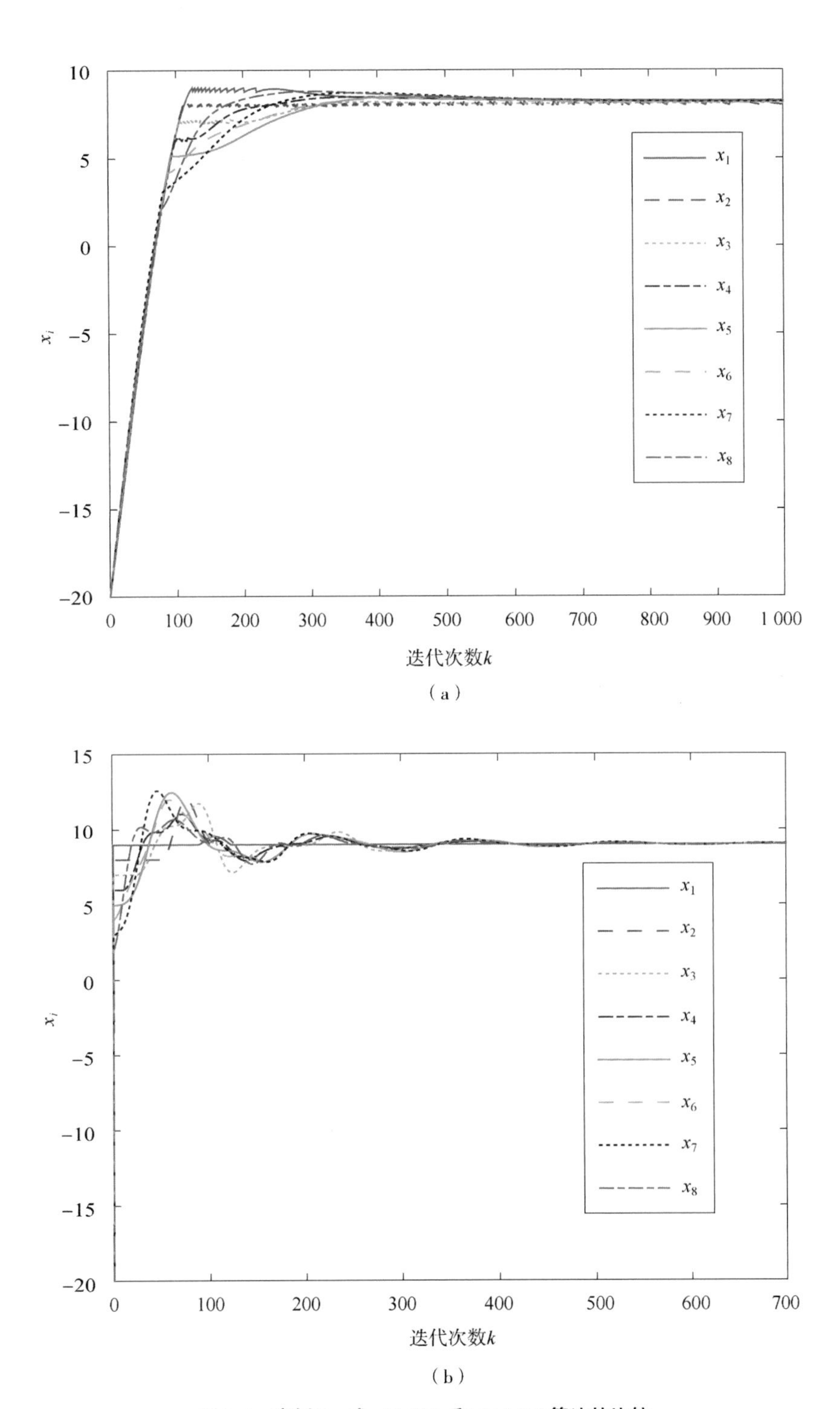

图 2.6　案例 3：式（2.21）和 ADMM 算法的比较

（a）使用式（2.21）下 x_i 的轨迹；（b）使用 ADMM 算法下 x_i 的轨迹

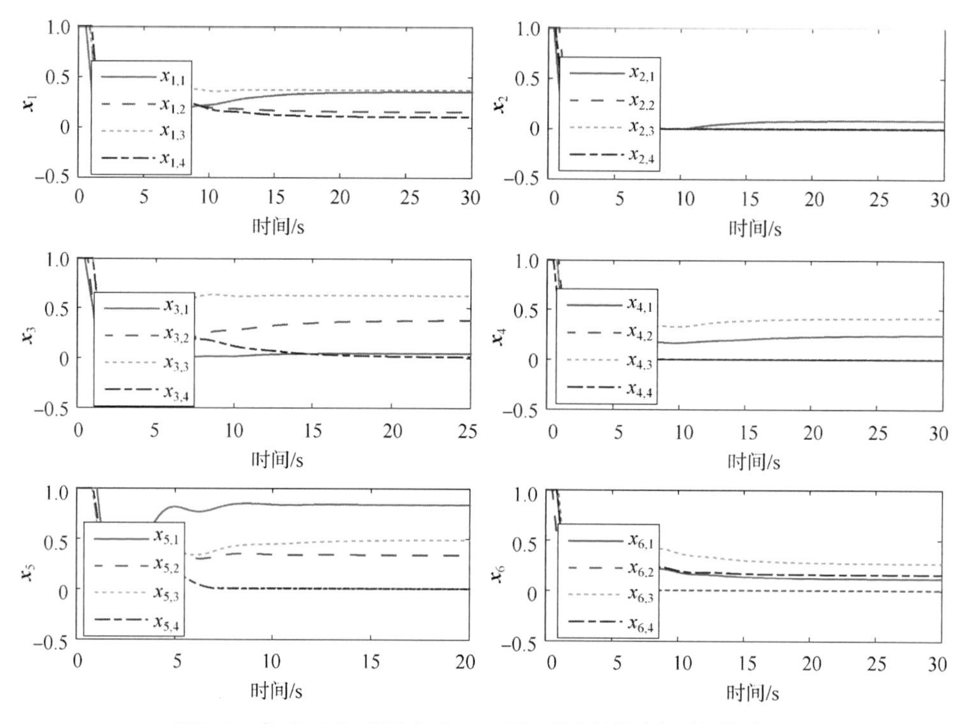

图 3.1　式（3.38）应用式（3.9）下 x 的估计轨迹与时间的关系

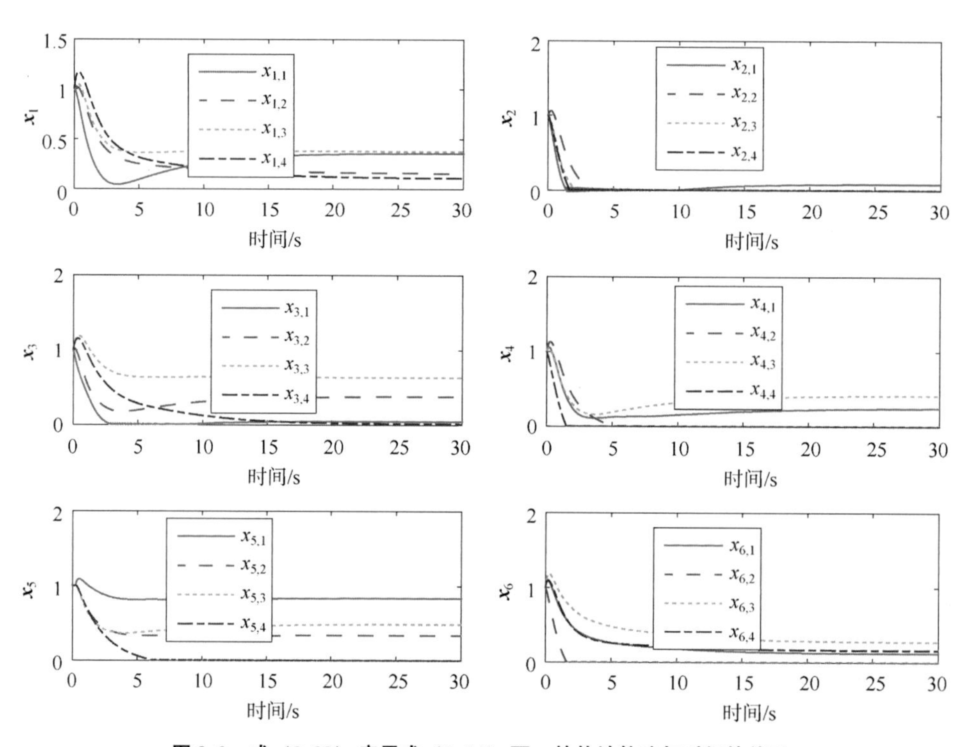

图 3.2　式（3.38）应用式（3.14）下 x 的估计轨迹与时间的关系

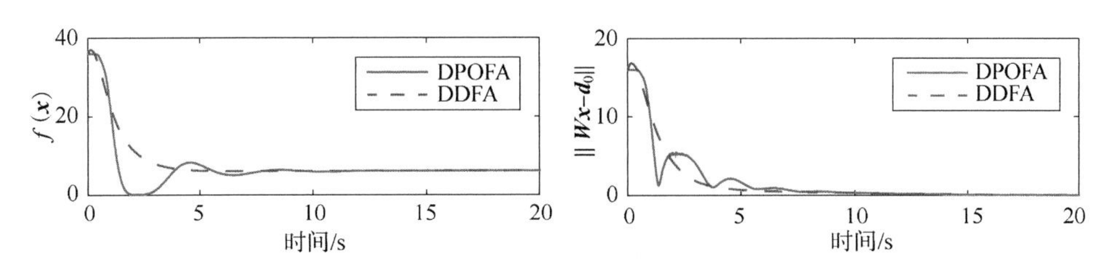

图 3.5　式（3.38）应用式（3.9）和式（3.14）下目标函数 $f(x)$ 和约束 $\|Wx-d_0\|$ 与时间的关系

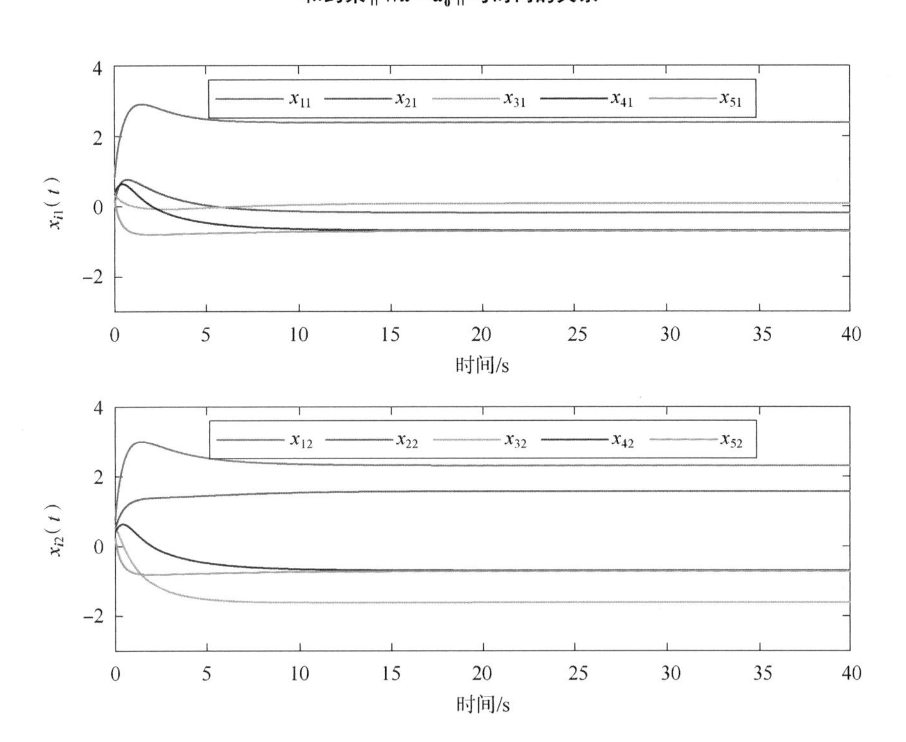

图 4.2　状态轨迹

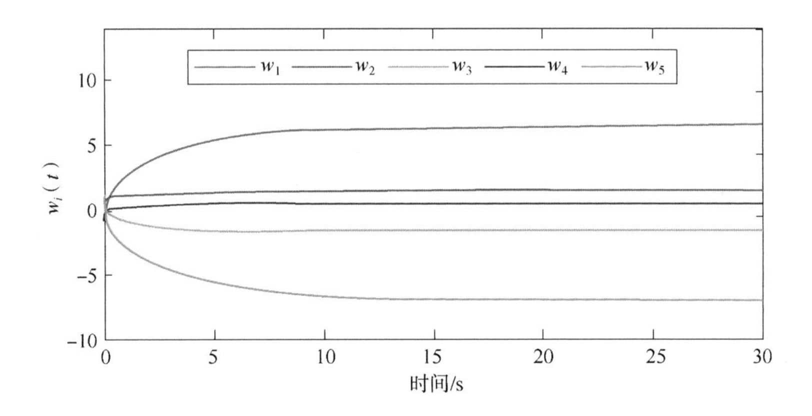

图 4.3　梯度轨迹

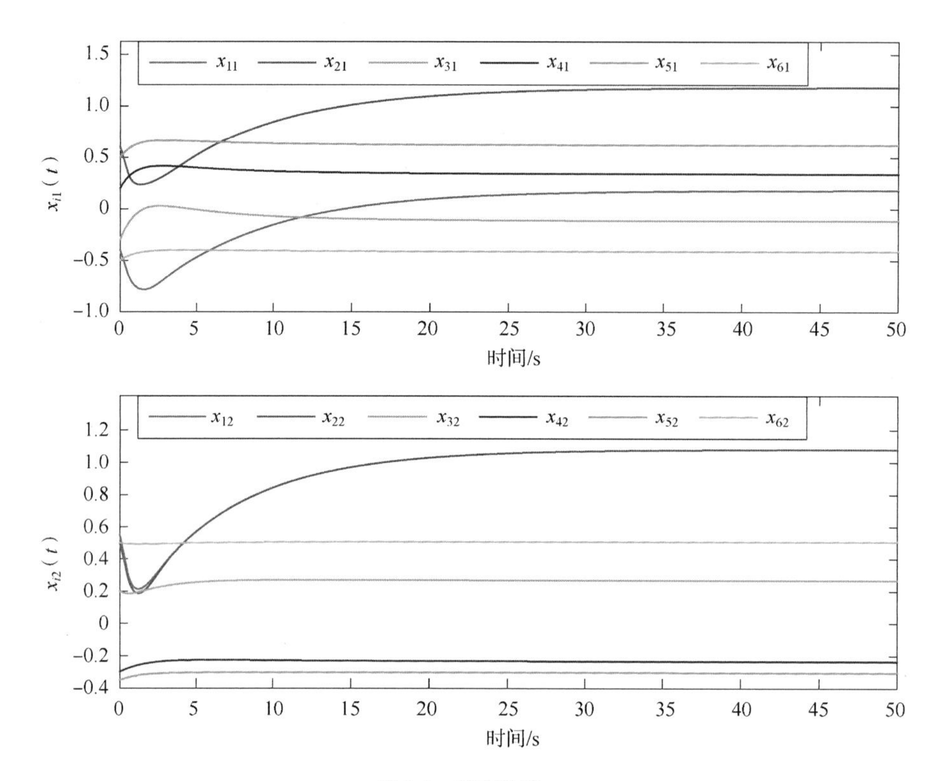

图 4.5　状态轨迹 $\boldsymbol{x}_i$

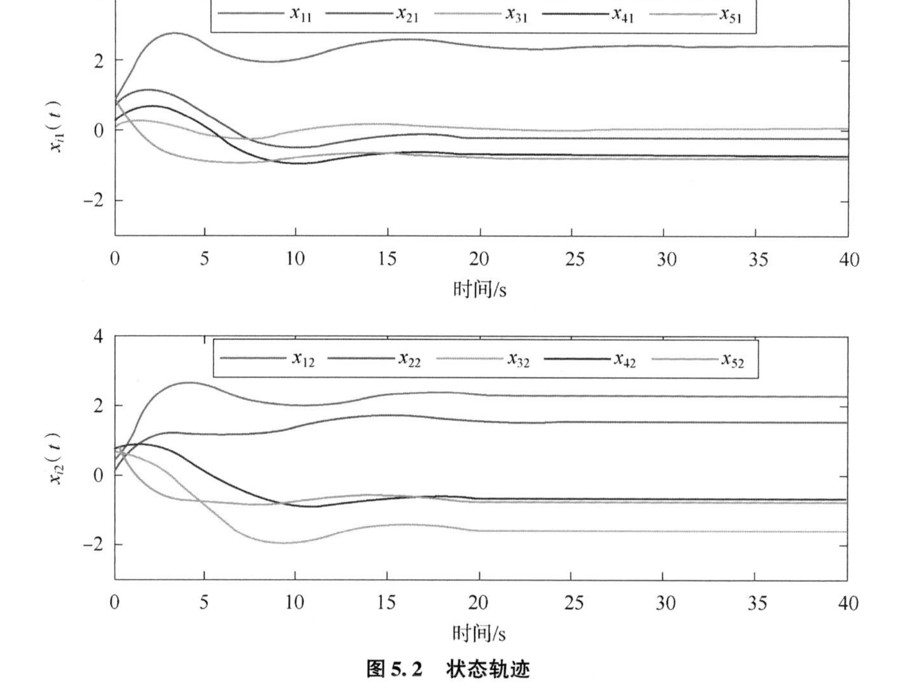

图 5.2　状态轨迹

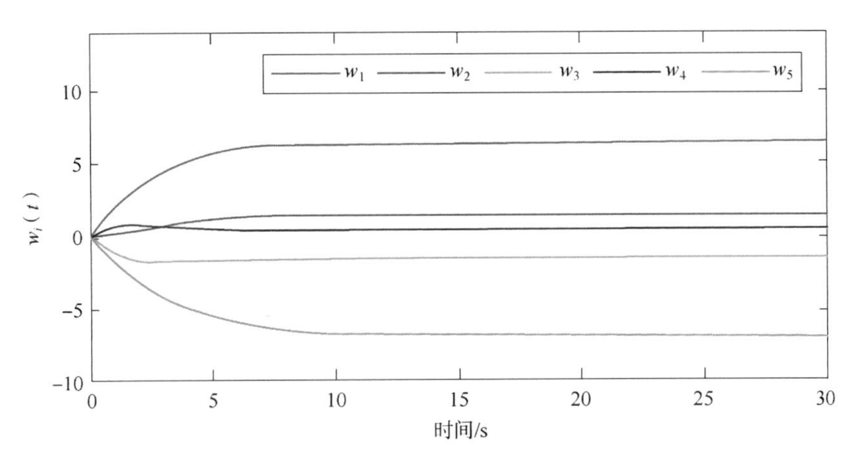

图 5.3　梯度轨迹

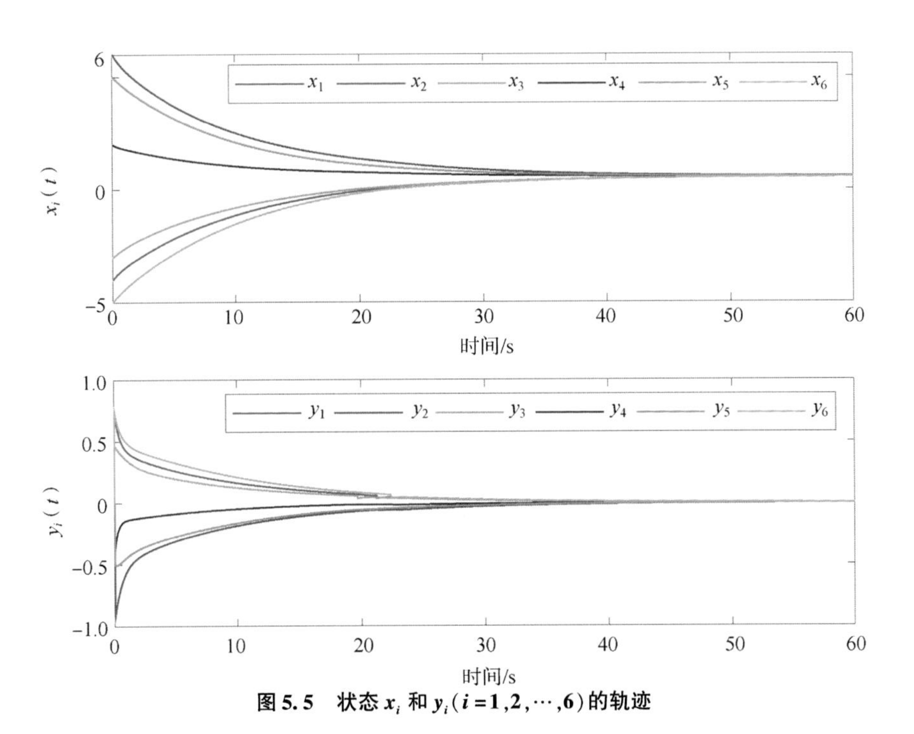

图 5.5　状态 x_i 和 $y_i(i=1,2,\cdots,6)$ 的轨迹

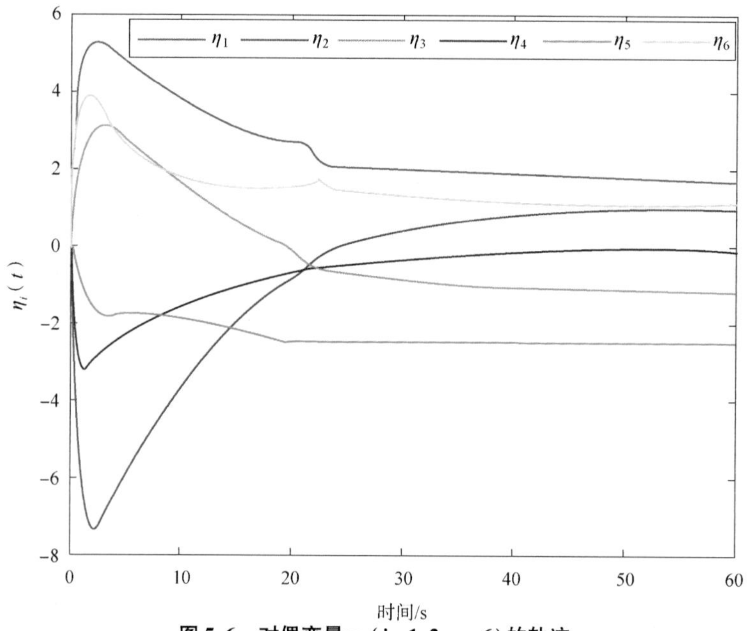

图 5.6　对偶变量 $\boldsymbol{\eta}_i(i=1,2,\cdots,6)$ 的轨迹

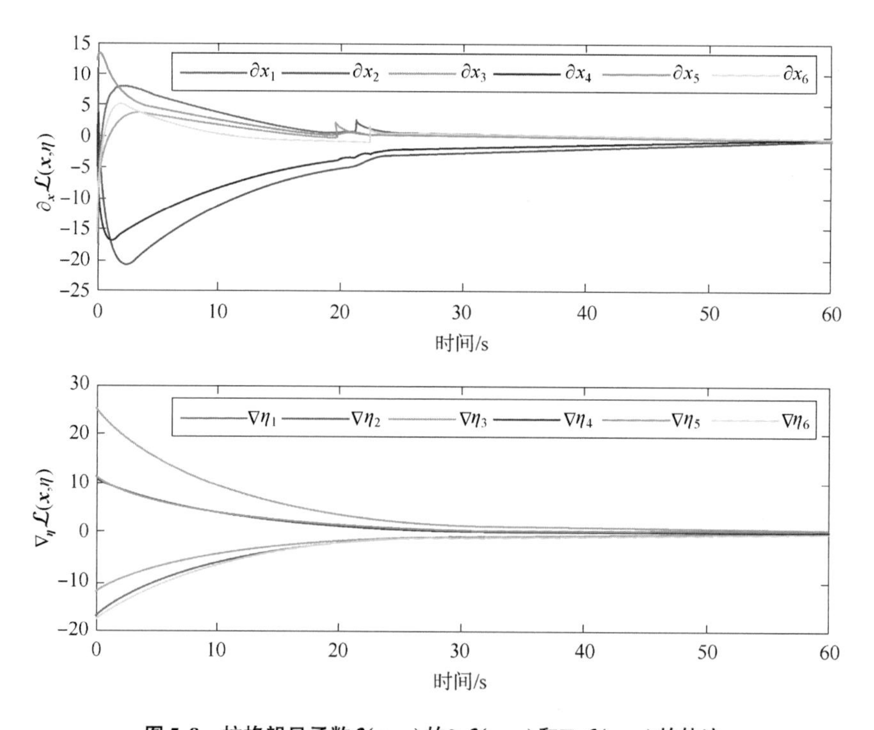

图 5.8　拉格朗日函数 $\mathcal{L}(\boldsymbol{x},\boldsymbol{\eta})$ 的 $\partial_x\mathcal{L}(\boldsymbol{x},\boldsymbol{\eta})$ 和 $\nabla_\eta\mathcal{L}(\boldsymbol{x},\boldsymbol{\eta})$ 的轨迹

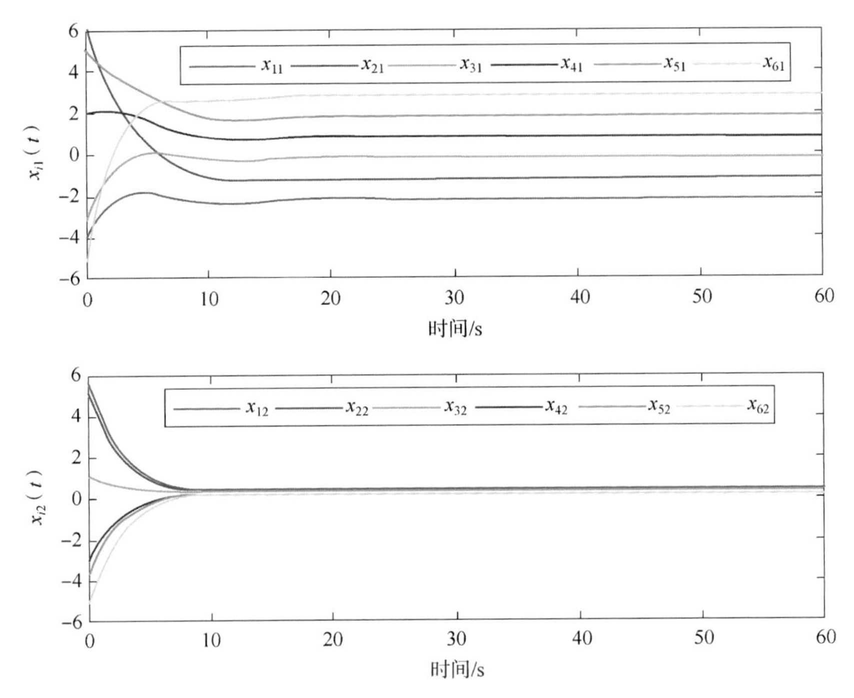

图 5.9　状态 $x_i(i=1,2,\cdots,6)$ 的轨迹

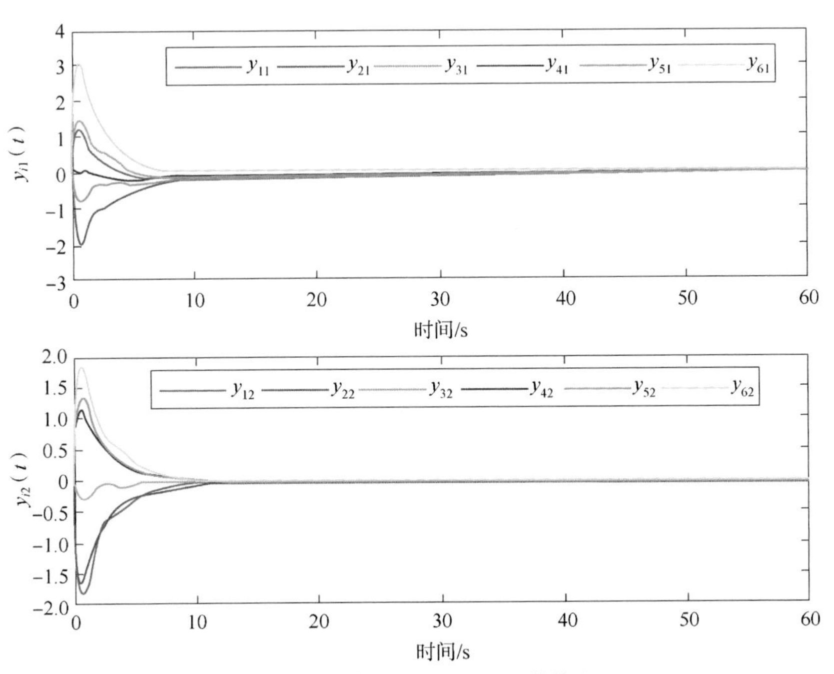

图 5.10　状态 $y_i(i=1,2,\cdots,6)$ 的轨迹

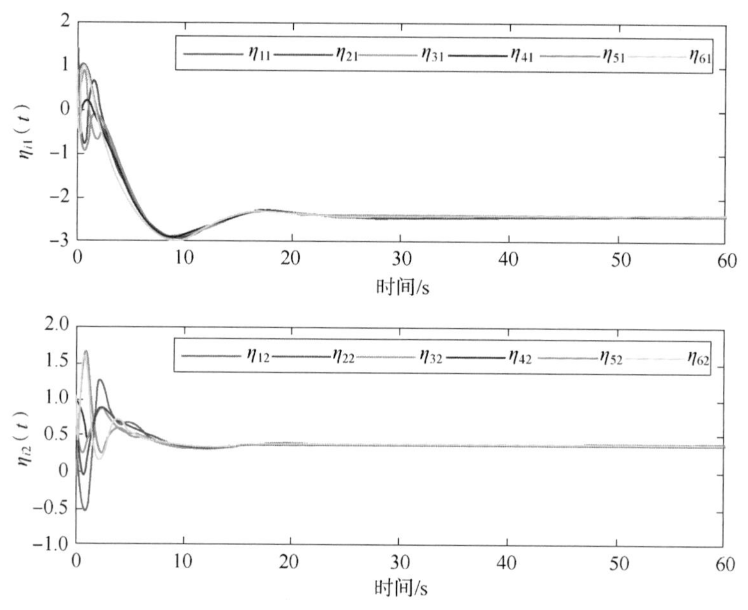

图 5.11　对偶变量 $\boldsymbol{\eta}_i(i=1,2,\cdots,6)$ 的轨迹

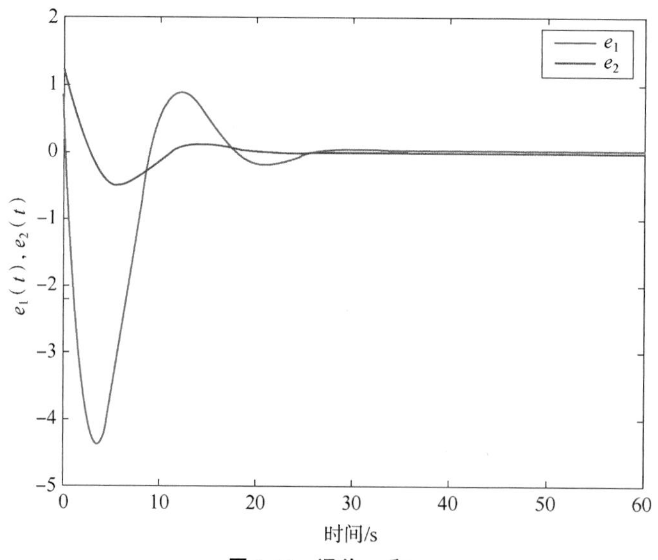

图 5.12　误差 e_1 和 e_2

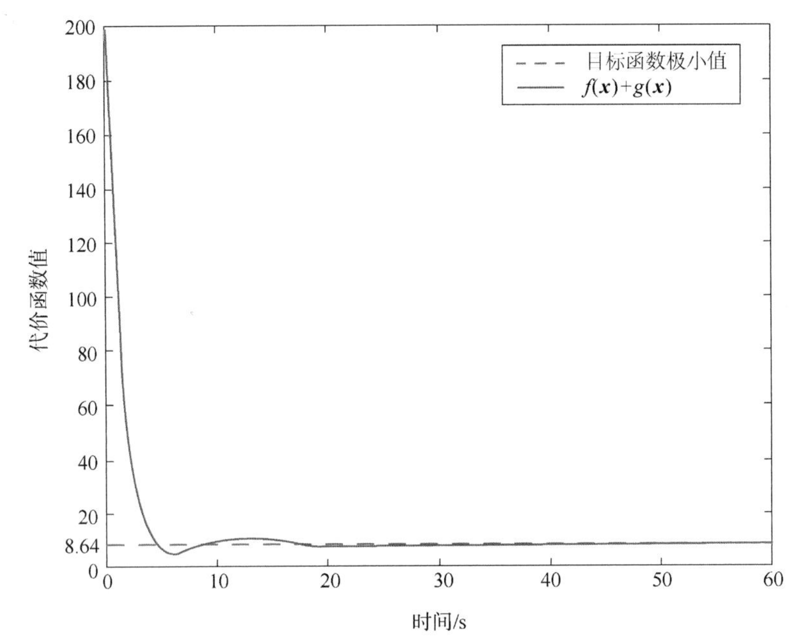

图 5.13　目标函数 $f(\boldsymbol{x})+g(\boldsymbol{x})$ 的轨迹

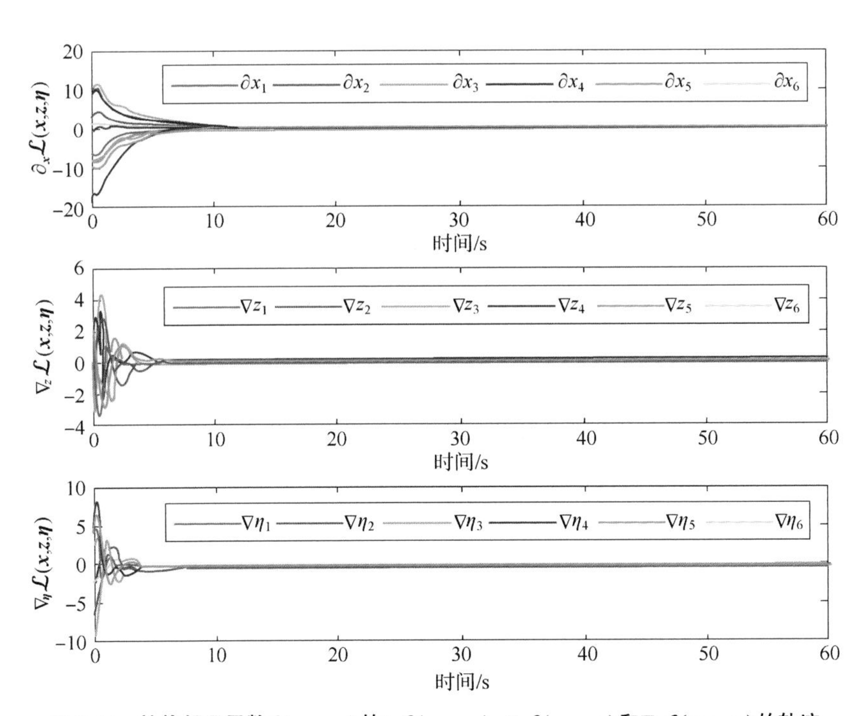

图 5.14　拉格朗日函数 $\mathcal{L}(\boldsymbol{x},z,\boldsymbol{\eta})$ 的 $\partial_x\mathcal{L}(\boldsymbol{x},z,\boldsymbol{\eta})$、$\nabla_z\mathcal{L}(\boldsymbol{x},z,\boldsymbol{\eta})$ 和 $\nabla_\eta\mathcal{L}(\boldsymbol{x},z,\boldsymbol{\eta})$ 的轨迹

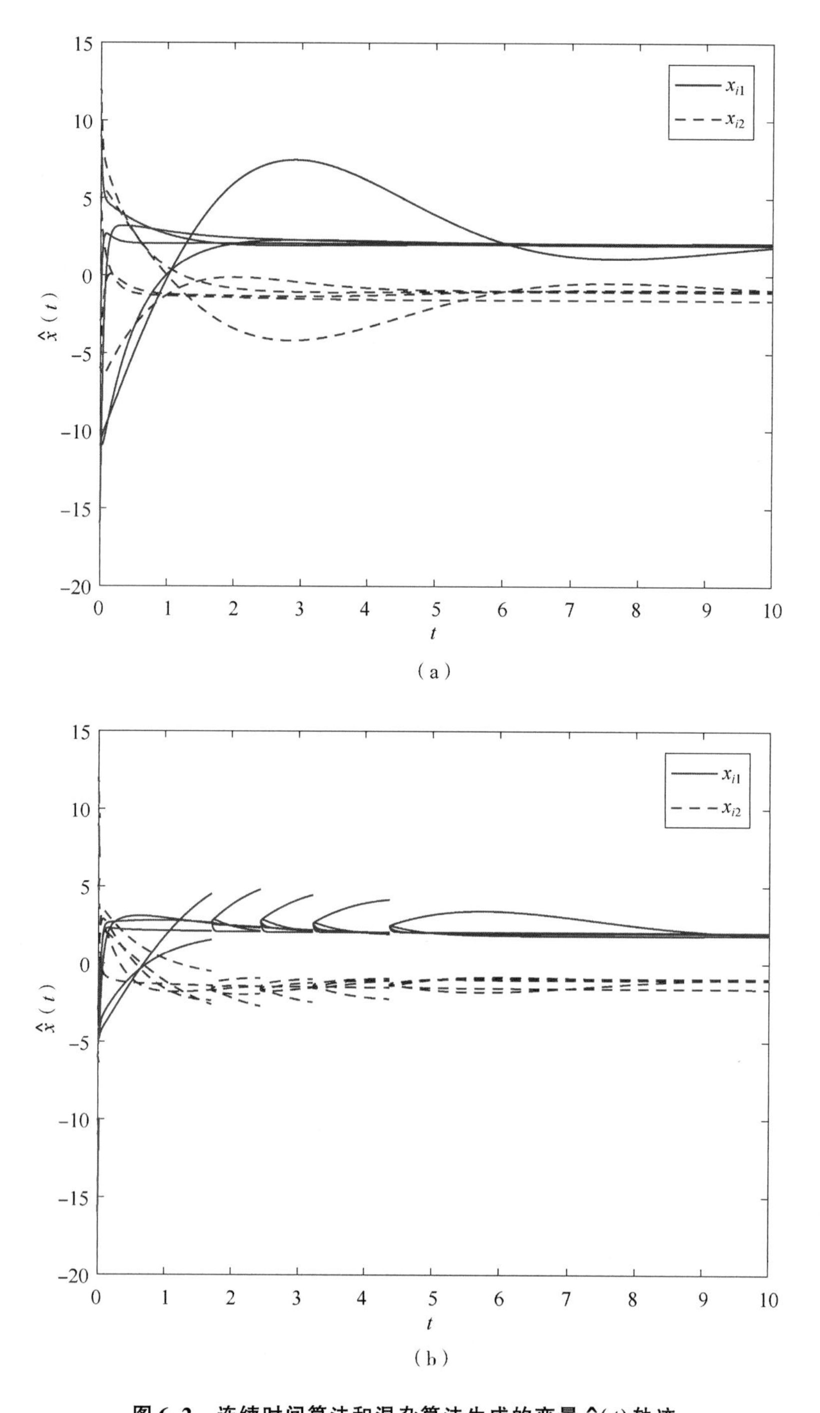

图 6.2　连续时间算法和混杂算法生成的变量 $\hat{x}(t)$ 轨迹

(a) 连续算法 (6.16) 生成的 $\hat{x}$ 轨迹；(b) 混杂算法 (6.6) 生成的 $\hat{x}$ 轨迹

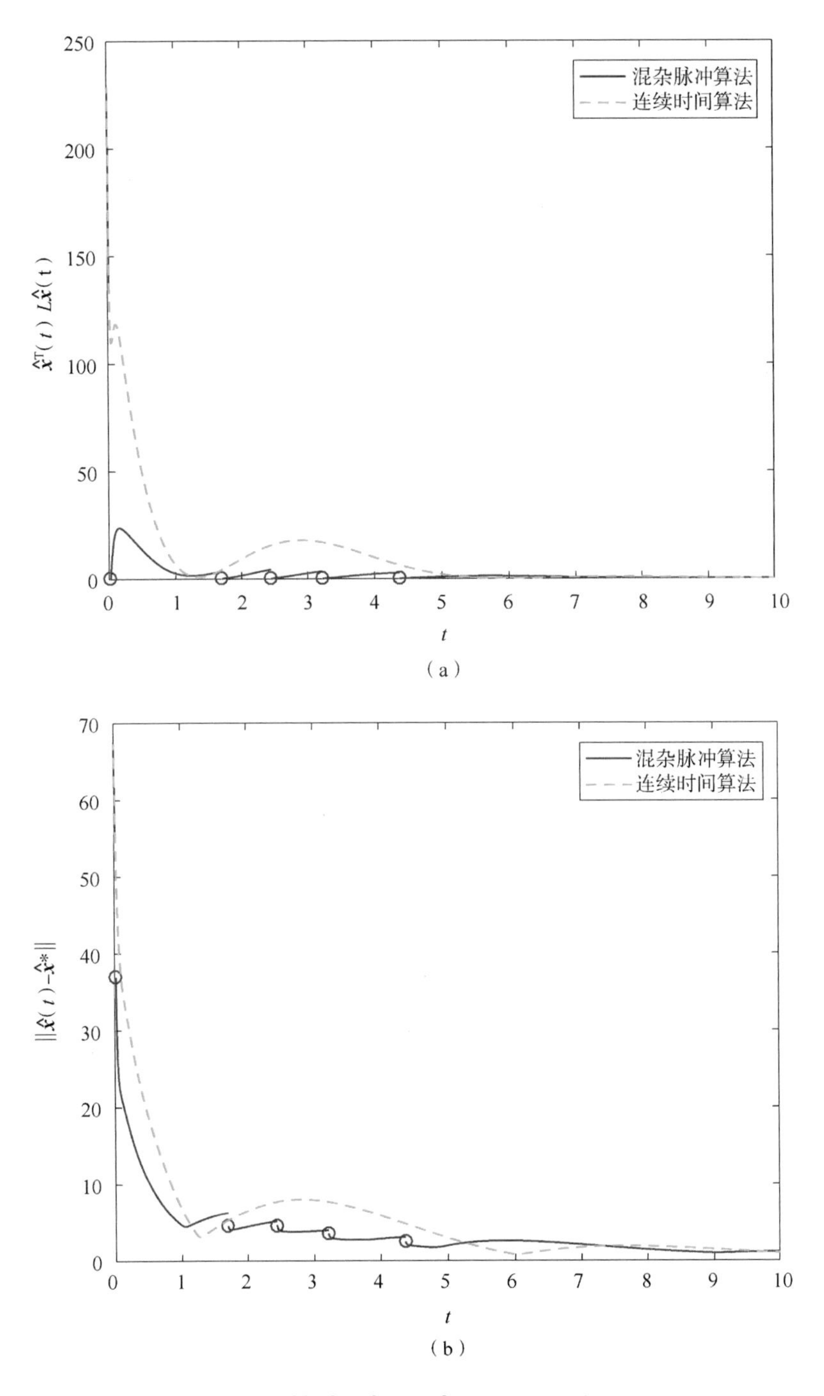

图 6.3　$\hat{x}^{T}L\hat{x}$ 和 $\hat{x}(t)-\hat{x}^{*}$ 随时间变化轨迹

(*a*) $\hat{x}^{T}L\hat{x}$ 随时间变化的轨迹；(b) $\hat{x}(t)-\hat{x}^{*}$ 随时间变化的轨迹

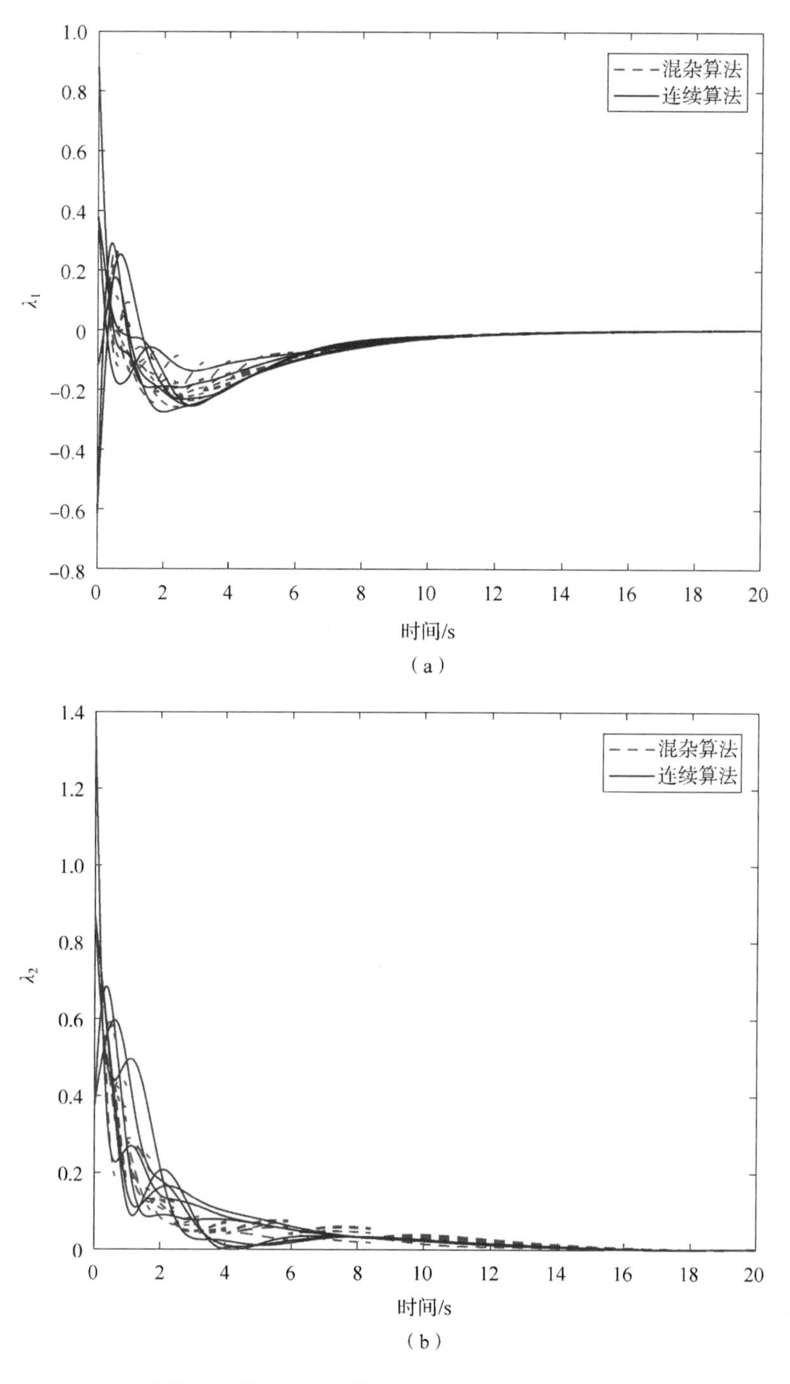

图 6.5　连续时间算法和混杂算法生成的变量 $\boldsymbol{\lambda}(t)$ 随时间变化轨迹

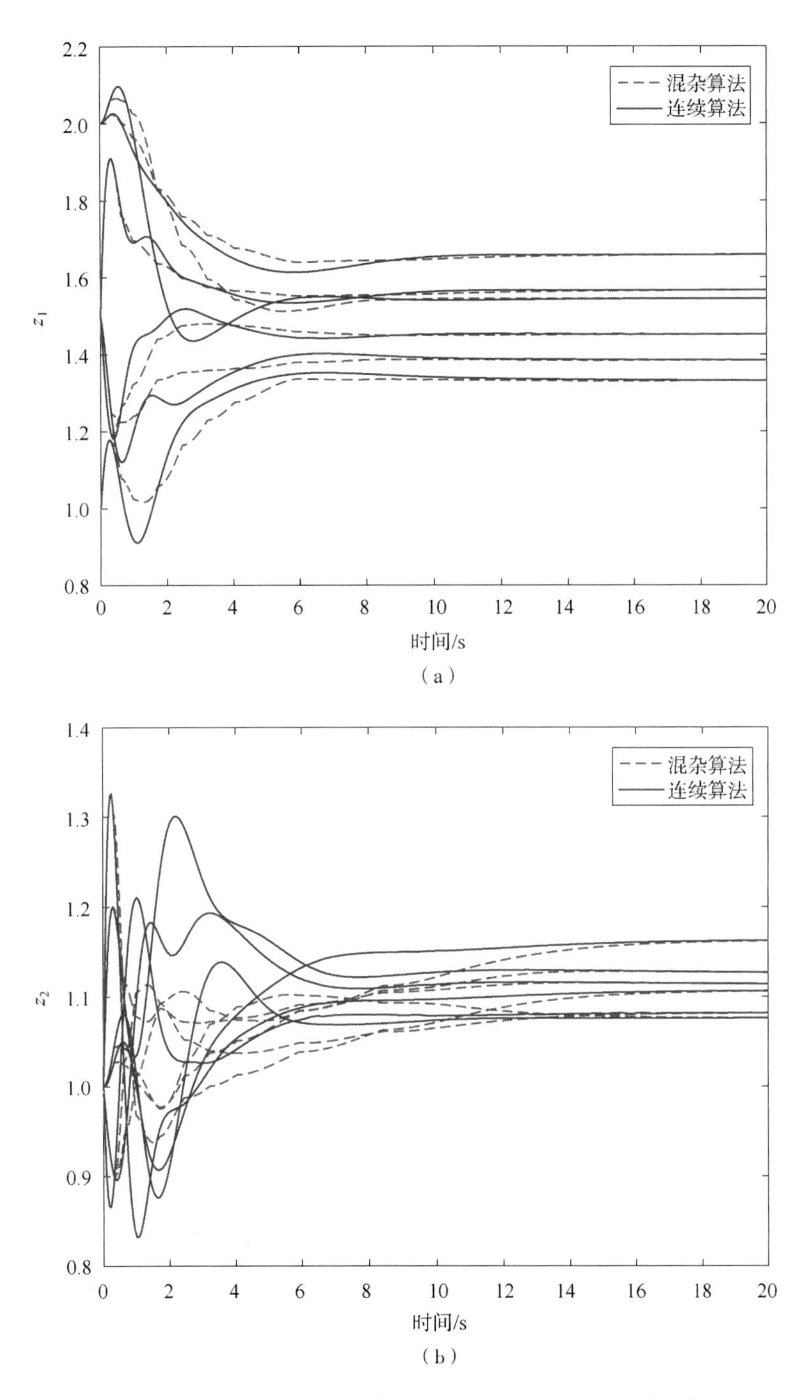

图 6.6　连续时间算法和混杂算法生成的变量 $z(t)$ 随时间变化轨迹

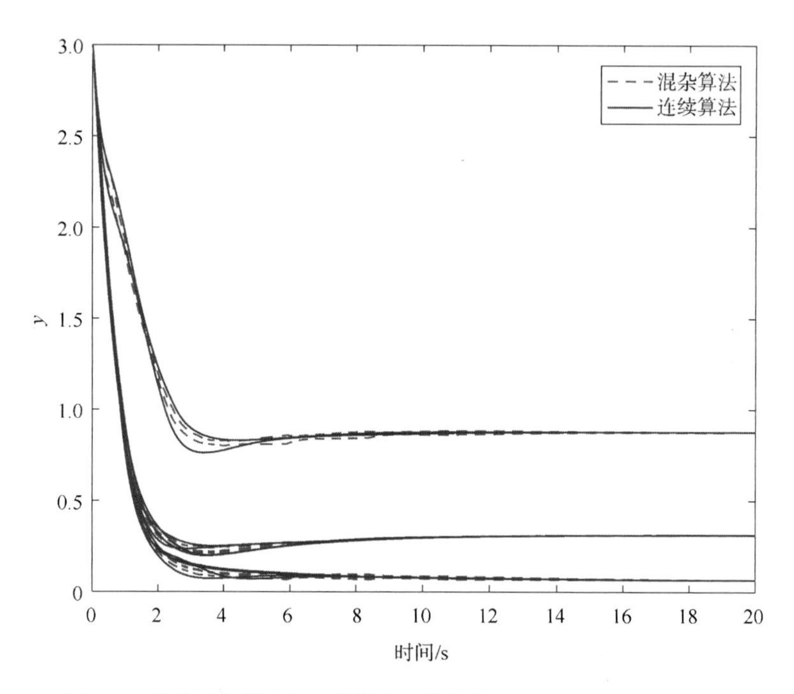

图 6.7　连续时间算法和混杂算法生成的变量 $y(t)$ 随时间变化轨迹